U0179845

国产医用内窥镜研发与应用

——从国家重点研发计划到国产医用设备的创新与转化

名誉主编　蔡　葵　孙京昇　陈克能　刘伦旭

主　　编　胡　坚　冯靖祎　吴李鸣　汪路明

副 主 编　曾理平　孙　静　倪彭智　吕　望

ZHEJIANG UNIVERSITY PRESS
浙江大学出版社
·杭州·

图书在版编目(CIP)数据

国产医用内窥镜研发与应用：从国家重点研发计划
到国产医用设备的创新与转化 / 胡坚等主编. — 杭州：
浙江大学出版社，2022.9
ISBN 978-7-308-22752-0

Ⅰ.①国… Ⅱ.①胡… Ⅲ.①内窥镜－研究－中国
Ⅳ.①TH773

中国版本图书馆 CIP 数据核字(2022)第 105757 号

国产医用内窥镜研发与应用
——从国家重点研发计划到国产医用设备的创新与转化

名誉主编　蔡　葵　孙京昇　陈克能　刘伦旭
主　　编　胡　坚　冯靖祎　吴李鸣　汪路明
副 主 编　曾理平　孙　静　倪彭智　吕　望

责任编辑　张　鸽(zgzup@zju.edu.cn)　殷晓彤
责任校对　季　峥
封面设计　续设计－黄晓意
出版发行　浙江大学出版社
　　　　　(杭州市天目山路 148 号　邮政编码 310007)
　　　　　(网址：http://www.zjupress.com)
排　　版　杭州朝曦图文设计有限公司
印　　刷　浙江省邮电印刷股份有限公司
开　　本　710mm×1000mm　1/16
印　　张　18.75
字　　数　337 千
版 印 次　2022 年 9 月第 1 版　2022 年 9 月第 1 次印刷
书　　号　ISBN 978-7-308-22752-0
定　　价　198.00 元

《国产医用内窥镜研发与应用
——从国家重点研发计划到国产医用
设备的创新与转化》
编委会

吴李鸣　浙江大学医学院附属第一医院

吴勇锋　浙江大学医学院附属第一医院

何　诚　浙江大学医学院附属第一医院

何天煜　浙江大学医学院附属第一医院

汪路明　浙江大学医学院附属第一医院

张　倩　浙江大学医学院附属第一医院

张家智　浙江优忆医疗器械股份有限公司

陆中杰　浙江大学医学院附属第一医院

陈克能　北京大学肿瘤医院

陈侃伦　浙江大学医学院附属第一医院

陈德宝　浙江省医疗器械检验研究院

林丙义　浙江大学医学院附属第一医院

金以勒　浙江大学医学院附属第一医院

郑　骏　浙江大学医学院附属第一医院

赵建刚　浙江大学医学院附属第一医院

胡　坚　浙江大学医学院附属第一医院

闫夏轶　浙江大学医学院附属第一医院

夏棋强　浙江优忆医疗器械股份有限公司

倪彭智　浙江大学医学院附属第一医院

陶凯雄　华中科技大学同济医学院附属协和医院

黄　沙　浙江大学医学院附属第一医院

程　钧　浙江大学医学院附属第一医院

曾理平　浙江大学医学院附属第一医院

蔡　葵　北京医院

熊　伟　浙江大学医学院附属第一医院

颜青来　浙江省医疗器械检验研究院

潘　亮　浙江大学医学院附属第一医院

潘　瑾　浙江大学医学院附属第一医院

序

医用内窥镜是通过自然腔道或者微小切口对人体进行观察、诊断、治疗等的一种医疗器械。目前,医用内窥镜技术在临床工作中已经得到了广泛的应用。随着科学技术的快速发展,这项技术的研发更加深入,临床应用也更加广泛,并为疾病诊治提供了非常重要的技术手段,其具有非常重要的医疗临床价值,可极大减少患者的损伤,缩短康复时间。

长期以来,医用内窥镜设备以国外为主导,尤其在内窥镜设备的研发、生产和使用等方面,我国开展的时间远远晚于国外。医用内窥镜设备长期依赖进口,极大地阻碍了我国医疗事业的发展,同时增加了民众医疗资源的支出。因此,内窥镜设备的国产化具着非常重要的意义。如何使国产医用内窥镜快速成长,是摆在我们面前的艰巨任务。

近几年来,我国经济社会高速发展,国家出台了一系列鼓励医疗器械创新的政策,如扶植并支持国产医疗器械生产企业,促进国产医疗设备替代进口设备等政策。"十三五"期间,科技部组织并实施了国家重点研发计划项目——"数字诊疗装备研发"重点专项,在国产医用内窥镜技术方面进行布局。该书是浙江大学医学院附属第一医院主持的科技部两项"十三五"国家重点研发计划项目——"医用内窥镜评价体系的构建和应用研究""基于医疗'互联网+'的国产创新医疗设备应用示范"的研究成果。该书通过调研、收集和整理研究过程中的真实数据,较系统地完成了基于国内医用内窥镜的临床研究,对医用内窥镜技术的现状及发展趋势进行了系统总结,并深入调研和分析了该项技术的临床应用情况,对该项技术进行了科学、客观的评价,构建了该项技术的体系与应用推广模式,尤其对国产创新医疗设备的应用示范做了系统阐述。

　　该书全面总结了国产医用内窥镜在目前的应用场景及现状,每个章节内容都非常有意义和价值,有助于广大医务工作者了解并掌握医用内窥镜技术,在医疗装备管理、使用、保障维护等方面具有重要意义。因此,该书适合各级医疗机构的从业人员、管理人员、临床使用人员、医学工程人员等阅读和使用。相信该书的出版对我们从基础到研发、从诊断到治疗,认识和了解国产医用内窥镜,起到非常好的推动作用。

　　我相信基于前期国家重点研发计划成果的应用推广,广大医务工作者协同医用内窥镜企业,会进一步促进国产医用内窥镜技术和设备的研发、转化与应用,推动产学研用的融合发展。

北京医院

2022 年 8 月

前　言

　　"十三五"时期是我国全面建成小康社会决胜阶段,也是建立健全基本医疗卫生制度、推进健康中国建设的关键时期。当前,人民生活水平不断提高,健康需求日益增长,但我国卫生资源总量不足、结构不合理、分布不均衡、供给主体相对单一、基层服务能力薄弱等问题仍比较突出,维护和促进人民健康的制度体系还需不断完善。《"健康中国2030"规划纲要》为全体公民设计了健康幸福的宏伟蓝图。在临床医疗高速发展的时代背景下,科技部致力于推动国产高新设备的转化及应用。现阶段,国产高新设备主要存在以下三个问题:①与国外先进设备相比,核心技术仍存在较大差距;②进口及国产高端医疗设备均缺乏客观评价体系;③国产高端医疗设备的临床占有率明显低于进口设备,临床使用率堪忧。

　　坚持以全民健康为中心的基本原则,本著作依托浙江大学医学院附属第一医院牵头的两项"十三五"科技部重点研发项目"医用内窥镜评价体系的构建和应用研究"(2017YFC0113500)、"基于医疗'互联网+'的国产创新医疗设备应用示范"(2017YFC0114100),多角度展示和介绍了项目的实施与相关成果,期望早日实现相关成果的转化。这两项重点研发项目均以优秀结论通过了科技部项目验收。在积极推动项目实施及应用的过程中,如何进一步认识并应用相关成果,进而实现成果转化是今后我们工作的重要内容和目标,也将是后续工作的重点内容。本著作相关内容简要概述如下。

　　第一篇,全面阐述了医疗设备及内窥镜全球和国内相关背景及今后发展态势。

　　第二篇,基于国家重点研发计划项目"医用内窥镜评价体系的构建和应用研究",从医用内窥镜的应用现状与发展趋势出发,针对已有内窥镜品牌的临床应用现状,通过科学、有效的手段,联合国内51家单位进行充分论证和实践,建立了一套完整、客观的科学评价体系;同时,从相关维度(技术指标等)进行充分评估,形成一套完整、科学的医用内窥镜评价体系,提出符合临床规范且科学的标准化设备配置,促使国产内窥镜的研发技术得到进一步提升。在提供客观依据的同时,有利于国产医用内窥镜在临床标准场景的应用与推广,也将为国家集采及疾病诊断相关组(diagnosis related groups,DRG)结算系统提供依据与基础,实现扩大国产医用内窥镜在临床实践中应用市场份额的国家布局。

　　第三篇,以国家重点研发计划项目"基于医疗'互联网+'的国产创新医疗设备应用示范"为基础,介绍了以医用内窥镜为代表的国产创新微创医疗设备在基层医疗机构以及军事医疗机构的应用示范情况。通过构建涵盖临床新配置、新技术、新服务模式的微创外科系统解决方案,借由"互联网＋"的辐射效应,实现国产创新微创医疗设备的全国范围辐射＋网格化应用,推动国产创新微创医疗设备在浙江省和宁夏回族自治区医疗机构的示范应用。国产微创医疗器械应用示范中心的建设,将改变国产与进口高新微创医疗设备的竞争态势,并为国产创新微创医疗设备今后的发展以及国际化奠定良好的基础,最终实现国产医疗设备总体份额提升的中远期目标。

　　研发转化与应用是重点研发项目价值与意义的延伸。第四篇讨论了在获得优秀结题并取得丰硕科研成果的同时,如何使优秀创新成果进一步转化,并推动国产化应用设备的研发与应用。本篇结合已有的相关国产设备研发项目,并借鉴国外相关设备发展思路,以期实现项目成果转化与应用。目前,对标科研成果转化内容,国家积极布局超细多功能纤维支气管镜、超细微损伤胸腔镜与国产手术智能及专科化机器人研发等领域。通过医、工、信结合,产、学、研联动,倡导全国科研院校与高科技企业、国家区域各大临床中心共同合作,积极推动国产高新设备持续研发、转化。大力提倡工匠精神,以"十四五"项目继续推动项目转化,为国家、为人民带来具有中国特色的新型国产高新医疗设备。

　　本著作的出版将启发后来者,为后续的产学研带来进一步思考。例如,如何缩小与国际垄断巨头的技术差距,实现中国医疗设备国有化,还需要进一步探讨。现阶段,超细多功能纤维支气管镜已获得产品注册证,并已开展临床验证,进入临床应用阶段,其可能改变中央型肺癌的早期筛查模式,实现"十四五"规划期间的可持续发展及相关布局。在"十四五""十五五"规划期间,将进一步推动超细微损伤胸腔镜与国产手术智能及专科化机器人的研发与转化。

　　现阶段,我国科研成果的转化与实际技术的应用仍存在明显不足。每一项优秀科研成果的落地转化都需要通过产学研、医工信多方努力,勇敢尝试,或成功或失败,形成持续推动科学技术不断向前发展的原动力。在科技研发转化的过程中,我们一定会遇到诸多障碍与瓶颈,如何攻克"卡脖子"技术,最终实现"临门一脚",为国家健康中国 2030 总目标做出最大贡献?铆足劲、沉住气,努力实现可持续创新研发及示范应用,打破进口产品垄断,实现创新国产医疗设备品牌化,这离不开大家的共同努力与奋斗。

　　唯奋斗者进,唯实干者强!

浙江大学医学院附属第一医院

2022 年 7 月

内容摘要

医疗装备是医疗卫生和健康事业的重要物质基础，直接关系人民群众的生命安全和身体健康。"十四五"时期是全面推进健康中国建设、深入实施制造强国战略的关键时期，也是推进医疗装备产业高质量发展的关键时期。我国医疗装备产业发展既面临重大机遇，也面临重大挑战。

本书聚焦医用内窥镜，概述了浙江大学医学院附属第一医院主持的两项"十三五"国家重点研发计划项目——"医用内窥镜评价体系的构建和应用研究""基于医疗'互联网＋'的国产创新医疗设备应用示范"，围绕医用内窥镜的现状及发展趋势、临床应用、评价体系的构建与应用，系统阐述了国产创新医疗设备的应用示范。基于前期国家重点研发计划成果的应用推广，研究团队协同医用内窥镜企业，主导了国产筛查用超细纤维支气管镜、超细微损伤胸腔镜的研发、转化与应用，推动产学研用的融合发展。

本书旨在促进医疗机构、科研院校、医疗器械企业等建立紧密型合作关系，推进产学研用融合，促进医疗器械技术的不断创新升级和推广应用，切实推进我国医疗器械产业发展，为保障人民全方位、全生命期健康提供有力支撑。

Contents

第三篇 基于医疗"互联网＋"的国产创新医疗设备应用示范

第四篇　研发、转化与应用

第一篇　总　论

第一章　医用内窥镜的现状及发展趋势

第一节　医用内窥镜的定义

　　医用内窥镜是指可通过人体自然腔道或经较小的手术切口进入体内进行观察、诊断、治疗的一种医疗光学装置,也称为内镜。医用内窥镜大体由窥镜部分、图像显示部分和照明部分组成。内窥镜可作为消化道、腹腔、呼吸道等的医学检查装置,也可以协助手术器械,进行微创手术。内窥镜按照成像构造主要可以分为硬性内镜和软性内镜两大类,其形态、结构特点及主要应用领域如表 1-1 所示。

表 1-1　硬性内镜和软性内镜的形态、结构特点和应用领域

分类	外观形态	内部结构	应用领域
硬性内镜	镜身主体不可弯曲或扭转,硬性内镜进入机体的深度和距离小于软式内镜	外镜管(鞘套)、镜体、光导束接口、目端接管以及成像接口部分	主要进入人体表层的自然腔室或者手术开口的人体无菌腔室,如腹腔镜、胸腔镜、关节镜、椎间盘镜、脑室镜等
软性内镜	镜身柔软,可弯曲,插入端部能够自由调整角度	前端部、弯曲部、插入管、操纵部、接目部以及成像接口部	主要通过人体的自然腔道来完成检查、诊断和治疗,如胃镜、肠镜、喉镜、支气管镜等

第二节　医用内窥镜发展历程

　　内窥镜"endoscopy"一词起源于希腊语,由字母"endo"(意为内部)与动词"skopein"(意为观察)组合而成,意为窥视人体内部腔道的一种方法。自 1806 年

德国菲利普·博齐尼(Philipp Bozzini)第一次利用蜡烛光做光源,应用一根细管窥视尿道以来,医用内窥镜在 200 多年的发展过程中经历了 4 次大的结构改进,从最初的硬管式内窥镜(1806－1932 年)、半可曲式内窥镜(1932－1957 年)、纤维内窥镜(1957 年以后),再到电子内窥镜(1983 年以后),如图 1-1 所示。内窥镜曾仅用于检查和简单手术;而今,得益于内窥镜的发展以及各类手术技术的大幅革新,使得原有的创伤大、手术时间长的复杂手术能够以微创化形式开展,可大大减轻患者的痛苦,缩短住院时间。随着内镜成像技术的发展,影像质量也实现了质的飞跃。医用内窥镜在临床上的应用越来越普及,并且正朝着小型化、多功能、高像质不断发展。

> **1806—1932 年:硬管式内窥镜**
> · 1806 年,首次出现开放式的硬管内窥镜
> · 1879 年,首次出现含有光学系统的硬管内窥镜
> · 光源的发展经历了自然光、煤油灯、通电铂丝环、白炽灯等阶段

> **1932—1957 年:半可曲式内窥镜**
> · 1932 年,首次出现开放式的硬管内窥镜

> **1957 年以后:纤维内窥镜**
> · 1957 年,第一个光导纤维内窥镜问世。
> · 镜体内有两条光导纤维束,一条是光束,将外部冷光源产生的光线导入体内;另一条是像束,将检测部位的反射光传出

> **1983 年以后:电子内窥镜**
> · 1983 年,美国 Welch Allyn 公司研制并应用图像传感器电商耦合元件(charge coupled device,CCD)代替内镜的光导纤维导向束,宣告电子内窥镜的诞生
> · 成像依赖于内窥镜镜身前端 CCD,CCD 获得图像后再传输到外部设备进行图像处理
> · 比普通光导纤维内窥镜的图像清晰,色泽逼真,分辨率更高,可供多人同时观看,且具有录像功能

图 1-1　内窥镜的发展历程

一、硬管式内窥镜

硬管式内窥镜分为光学成像系统和照明系统两个部分:光学成像系统主体是一个内部包含透镜的不可弯曲的金属管,主要包含物镜、目镜和转像系统三个部分;照明系统则主要负责提供光源,便于在腔体内清晰观察。硬管式内窥镜是最早投入使用的内窥镜。1805 年,德国 Philip Bozzini(图 1-2)首次提出内镜的设想,于

1806 年制作由花瓶状光源、蜡烛和一系列镜子组成的系统,并成功通过动物的尿道和直肠观察其内部结构,这种仪器被称为明光器,如图 1-3 所示。1853 年,法国外科医生 Antonin Jean Desormeaux 公布了他发明的泌尿生殖内窥镜(图 1-4),首次实现通过镜子折射观察人体膀胱,他被世人称作"内窥镜之父"。此后,他多次使用该器具进行泌尿系统检查。1868 年,食管镜被投入使用,通过食管镜为一名患者取出了食管异物。1869 年,另一位医生 Pantaleoni 利用子宫镜治疗子宫息肉。早期的内窥镜光源以蜡烛为主。自 1880 年白炽灯发明以来,内窥镜光源逐渐转变为白炽灯。尽管如此,热效应引发的灼伤依然是当时内窥镜的主要问题之一。

图 1-2 Philip Bozzini(1773—1809)

图 1-3 Philipp Bozzini 发明的明光器

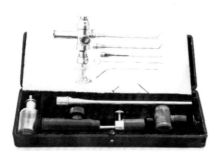

图 1-4 Antonin Jean Desormeaux 发明的泌尿生殖内窥镜

二、半可曲式内窥镜

1932 年,Rudolf Schindler(图 1-5)与柏林设备制造商 Georg Wolf 合作开发了第一台半可曲式胃镜(图 1-6),这款胃镜成为后续 20 多年胃镜领域的标准产品。半可曲式胃镜前半段镜身为螺旋形青铜,外加一层橡皮套,内部装有 26 块短焦距棱镜,前端弯曲幅度可达 34°,从而使观察视野大大增加。相对而言,由于半可曲式胃镜结构大部分可以弯曲,比硬性内镜灵活性要大,所以可观察到的视野区更开阔,盲区也减小了。短焦距棱镜在弯曲情况下仍可将图像传送到目镜部分,从而使胃黏膜可视面积大为增加。接着,Henning 等进一步把目镜的放大倍数增大。Taylor 在操作部装上可使末端上下弯曲的控制装置,使观察盲区进一步缩小。Bendict 为胃镜添加上吸引管和活检孔道,使其性能进一步完善。Henning 于 1939 年发明了内镜照相技术,可以从不同角度拍摄胃内照片。半可曲式胃镜由观测部的硬管和可弯曲部的软管两部分构成,其结构设计为现代软镜奠定了基础。半可曲式胃镜为胃镜检查开创了新纪元。经多次改进后,胃镜功能日臻完善,被临床医师广泛应用于胃病检查和治疗。

 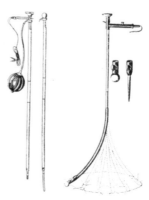

图 1-5　Rudolf Schindler　　　　图 1-6　Rudolf Schindler
　　　（1888－1968）　　　　　　　设计的半可曲式胃镜

　　Rudolf Schindler 不仅在研发和改造胃镜方面取得了很高的成就,而且他本人也是历史上最活跃的胃镜推广者之一,他出版的 *Lehrbuch und Atlas der Gastroskopie*《胃镜检查教科书和图谱》首次报告了 400 例以上无并发症的胃镜检查病例,为胃镜的推广应用做出了杰出的贡献。

　　虽然 Rudolf Schindler 的胃镜取得了巨大成功,但是这款产品仍然有两个致命的弱点:一是白炽灯是一种热光源,对人体检查非常不友好,易在术中造成患者人体组织灼伤;二是这种半可曲式内镜虽然比硬性内镜体验略好,但改进有限,患者的体验仍不乐观。直到 1952 年,法国科学家 Fourestier,Gladu 和 Valmiere 制造出了一种冷光源玻璃纤维照明装置,提高了腹腔镜的安全性,极大地降低了内光源引起的腹腔内烧伤和电气故障的风险,为随后柔性纤维内窥镜的应用奠定了基础。

三、纤维内窥镜

　　纤维内窥镜是通过光导纤维与透镜的组合来完成光线和图像的传导,经人体腔道或手术切口进入人体,观察体内组织结构的一种医疗器械。时至今日,纤维内窥镜因其优越的成像性能仍在使用。20 世纪 50 年代初,纤维的漏光问题以及纤维丝之间的精密排列问题被相继解决,为纤维内镜的问世打下了基础。1957 年,Hirschowitz 制成了第一台用于胃、十二指肠的光导纤维内镜原型,宣告了硬性内窥镜和半可曲式内窥镜时代的结束,为纤维内窥镜的发展拉开了序幕。图 1-7 所示为 Hirschowitz 医生用第一台柔性纤维胃镜为患者检查的画面。

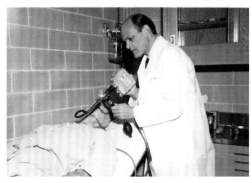

图 1-7　Hirschowitz 医生用第一台柔性纤维胃镜为患者检查

1963 年,美国 Overhoet 成功开发了纤维结肠内窥镜并将其应用于临床检查。1971 年,Veyle 的报道表明,对约 81% 的患者可进镜至盲肠,体现了纤维结肠镜在肠道检查中的优越性。1964 年,日本开始尝试制作纤维支气管镜。池田茂人等于 1967 年将纤维支气管镜应用于临床检查,并成功地看到亚段、亚亚段支气管的清晰图像。1965 年,美国医生 Shore 与美国膀胱镜制造商公司(American Cystoscope Makers Inc,ACMI)协作,在硬性胆道镜的基础上研制了纤维胆道镜(图 1-8)。纤维胆道镜具有质软、末端部可弯曲、焦点可自由调节、成像清晰等特点,克服了硬性胆道镜的缺点,使用范围较广,使用价值较高。此后还出现了纤维喉镜、纤维关节镜、纤维纵隔镜等。

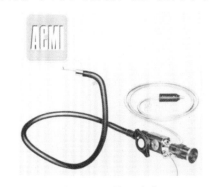

图 1-8　纤维胆道镜

纤维光导内镜的出现从根本上解决了内镜照明不足的问题。遵循光全内反射原理,玻璃纤维中光的传导从一端到另一端有序地进行,当玻璃光纤弯曲时,反射角相应地发生变化,光线随着纤维的弯曲而改变传导方向,这样就能在任何位置上看到从任何方向射来的物体反光。利用此原理,将各玻璃纤维两端位置正确地对应排列,使整束玻璃纤维两端成一平面形式,则在任何一端平面上产生影像,每根纤维都能将其所受光线的亮度不改变地传到另一端,几乎可以实现无失真地传送影像。

四、电子内窥镜

1983 年，美国 Welch Allyn 公司首先成功研发了电子内窥镜，并运用于临床。电子内窥镜主要通过 CCD 来采集光信号，并将其转换为电信号，最终经过视频处理呈现在显示器上。不同于传统内窥镜，电子内窥镜的图像传导不借助光导纤维或者棱镜等介质，而是通过记录传输的电信号，即可实现对视频图像的存储和二次处理。除不具有观察用的目镜外，电子内窥镜的其他机械结构——送气送水系统、活检通道、角度钮等均与光学内窥镜完全相同。

CCD 的基本构造为对光敏感的硅片，本身仅能感受光信号的明暗强弱，得到黑白图像。为了获得彩色图像，必须在光学通路中放置色滤光片，滤光片的放置有顺次方式和同时方式两种。顺次方式的优点是采用红、绿、蓝三色光分别照射，相当于像素点数提高到了 3 倍，图像具有较高分辨率；缺点是滤光片高速旋转，可能引起图像闪烁。Welch Allyn、富士通及奥林巴斯的第一代和第三代产品均采用此种彩色化方式。同时方式则采用红、绿、蓝三色光同时照射，优点在于所采集到的图像亮度高且图像内容清晰、稳定；缺点是滤光片的植入要求内窥镜直径较小，整体技术难度较大。东芝及奥林巴斯的第二代产品均采用同时方式。

电子内窥镜具有图像分辨率高、所采集到的腔体图像清晰、图像可以储存等优点。近几年来，电子内窥镜具有较好的发展趋势。但由于电子内窥镜价格昂贵，且目前的生产工艺相较纤维内窥镜尚不成熟，所以还不能完全取代纤维内窥镜。

第三节　医用内窥镜技术进展

在 200 多年的发展过程中，医用内窥镜由最早的蜡烛光源发展到现在的冷光源，由长式硬镜发展到胶囊内镜。医学、光学、电学、影像学、工程学等学科的发展与融合不断促进新型内窥镜的产生，不断推动新技术萌发、碰撞，并展现出新的活力。

一、胶囊内镜技术

胶囊内镜（capsule endoscopy，CE）是一种胶囊形状的无线内窥镜（见图 1-9），用于检查人体消化道的健康状况，以及用于诊断患者是否存在消化系统疾病。在进行胶囊内镜检查时，受检者吞咽胶囊状的内镜，胶囊内镜随着消化道的蠕动在体内运动，同时拍摄图像并传输到人体外的图像记录仪进行显示。胶囊内镜具有无痛、无创伤、无交叉感染等优点,可以实现大范围的消化道检查,被广泛应用于检查消化道各个部位。

根据检查部位的不同,胶囊内镜的电池容量、摄像器结构、拍摄频率各不相同,主要细分为食管胶囊内镜、胃胶囊内镜、小肠胶囊内镜以及结肠(大肠)胶囊内镜。其中,小肠胶囊内镜应用最为普遍,其被广泛用于不明原因消化道出血、小肠克罗恩病、小肠肿瘤等小肠疾病的诊断。胶囊内镜技术作为一种新兴的无创诊断技术,是消化内镜检查技术发展史上的一个里程碑,为消化系统疾病的诊断提供了新的方向。

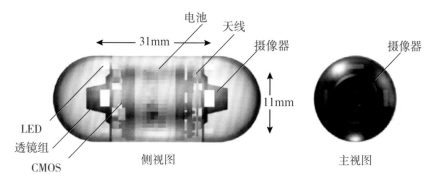

图 1-9 胶囊内镜

二、气囊辅助内镜技术

由于胶囊内镜不能对病变部位进行活体取样,无法实施治疗,也较难控制其在小肠内的位置,所以目前在临床上通常只用作单纯的诊断工具。而气囊辅助内镜技术(balloon assisted endoscopy,BAE)的出现为小肠疾病的治疗提供了新的途径。

气囊辅助内镜包括双气囊小肠镜(double-balloon enteroscopy,DBE)和单气囊小肠镜(single-balloon enteroscopy,SBE)。2001 年,首次有研究使用双气囊推进式小肠镜实现对小肠的检查。双气囊小肠镜是在肠镜顶端加装一个气囊和一个带气囊的外套管,利用气囊充气来保持内镜的稳定。通过对气囊的重复充放气操作来推进外套管并向后牵拉缩短肠管,使镜头可抵达回肠中下段甚至末端,从而全面且无盲区地对整个小肠进行检查。2006 年,奥林巴斯公司研发出了单气囊小肠镜系统,其结构与双气囊小肠镜类似,但是只保留了外套管气囊,将镜身前端气囊去除,因此增加了整体的可视范围,操作上也得以更加简便。

气囊辅助内镜技术具有检查范围广、图像清晰、操作可控、能在内镜下取活检组织明确病变性质等特点,因此在小肠疾病的治疗中得到了广泛的应用。例如:

小肠多发息肉患者的定期复查和息肉切除就可以在双气囊小肠镜下进行,在镜下通过钛夹、电凝等方法直接止血。与传统的药物和手术治疗方式相比,双气囊小肠镜具有明显的优势,可以预防手术后肠粘连、肠出血和肿瘤等并发症发生,避免多次开腹手术。另外,双气囊小肠镜还可以对克罗恩病导致的肠腔狭窄或其他病因所致的肠道狭窄进行明确诊断和治疗。经过多年的临床应用,气囊辅助内镜技术已被证实是一种安全、有效的小肠疾病诊疗手段。

三、超声内窥镜技术

为了弥补内镜的检查范围被限制在组织表面的不足,进一步提升胰腺、胆总管下部等深部脏器的诊断率,超声内镜(endoscopic ultrasonography,EUS)逐渐进入人们的视野,它被认为是内镜技术与超声诊断仪的结合。

20世纪80年代,日本科学家久永光道等人在内镜的前端成功安装了微型超声探头。这种光学、超声复合成像内窥镜可以经食管探测心脏。1980年,德国Strohm公布了由超声内镜采集到的胰腺及小胰腺癌的超声图像。该内镜是日本阿洛卡公司的超声探头与奥林巴斯公司的侧视内镜结合的产品。随后,一些制造商又对超声内镜进行了系统性改进。至此,超声内镜取得了三个主要方面的应用:①消化道黏膜下肿瘤、浸润深度等黏膜下病变的诊断;②胆管结石或胰腺内分泌肿瘤的诊断;③部分消化道肿瘤的分期诊断。到了20世纪90年代,超声与光学复合成像的技术逐渐趋于成熟,超声内镜引导下的介入诊断和治疗技术逐步被应用于临床,并迅速发展,成为消化道疾病和胆胰疾病不可替代的诊疗手段。超声内镜引导下的介入诊断技术在微小病灶排查、病变性质判定、肿瘤分期等方面已展现出CT、MRI、ERCP等影像学技术难以比拟的优势,可与现有其他医疗技术联合应用,以提高诊断的准确率。

四、窄带成像技术

窄带成像技术,又称内窥镜窄带成像术(narrow band imaging,NBI),由奥林巴斯公司工程师K.Gono于1999年研发。传统电子内窥镜照明所使用的光为白光,其宽带光谱由红、绿、蓝三色光组成。内窥镜窄带成像术使用窄带宽的滤光器来过滤不同波长的光,只通过波长较低的绿、蓝两色光波。根据蓝色光(415nm)和绿色光(540nm)穿透性能的差异,可以实现不同层级血管的显现。因为窄带成像术内窥镜可以起到对黏膜染色的作用,所以也被称为电子染色内窥镜,其成像效果如图1-10所示。

内窥镜窄带成像术的优势在于通过它可以清晰地观察黏膜微血管结构,能更容易识别血管结构中的病变,有效提高对早期肿瘤诊断的准确率。目前,内窥镜窄带成像术被广泛应用于呼吸道、消化道、腹腔成像等多个领域的临床诊断研究。

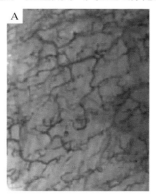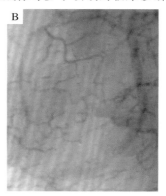

图 1-10 内窥镜窄带成像术(图 A)与普通成像技术(图 B)的对比

五、光学相干层析成像技术

光学相干层析成像(optical coherence tomography,OCT)是一种三维层析成像技术,主要基于低相干干涉原理。该成像系统主要由宽带光源、光电探测器、迈克尔逊干涉仪三部分组成,分辨率通常可以达到微米量级。

光学相干层析成像内窥镜结构上主要包括用于光束传输的单模光纤(例如,在使用 1300nm 光源时,为 SMF28e),将光束聚焦(和偏转)的微光学器件以及光束扫描设备。根据成像光束相对于探头纵轴的方向,光学相干层析成像内窥镜可分为侧视内窥镜和前视内窥镜。侧视内窥镜更适用于检查大面积的管腔器官,而前视内窥镜通常更适用于活检。远端光学器件通常装在金属防护罩中,整个光纤都包裹在扭矩线圈中,以提供保护和达到灵活性的要求。它还可以传递扭矩(用于探头旋转),并允许从近端到远端线性平移(用于探头回拉)。实际使用中,内窥镜被包裹在透明的塑料护套中,避免探头直接与体液接触,并且可以方便进行消毒。根据光束扫描设备的位置,可以分为近端扫描探头和远端扫描探头。对工程师来说,近端扫描探头更经济并且结构通常是紧凑的;而远端扫描探头则提供了更高的光束扫描速度,并使旋转光纤中弯曲应力引起的折射率变化最小化,从而使信号的失真最小化。

光学相干层析成像内窥镜具有无创伤、探测灵敏度高、实时动态成像等特点,可以实现组织内部微观形态结构的三维活体成像。通过与光谱技术、偏振技术、动态散射技术等的结合,还可以实现对三维生理组织功能信息的获取。因此,目前光学相干层析成像内窥镜在图像诊疗方面有着较为普遍的应用。

六、自体荧光技术

癌前病变和早期肿瘤因没有明显的形态特征,所以肉眼难以发现,常规诊断手段通常不易识别。荧光内镜利用能精确反映组织内部微小变化的荧光技术,使该状况发生突破性的改变。

在微创手术中,应用自体荧光(auto fluorescence,AF)技术可观察到在传统白光下不可见的病变。自体荧光能够激发皮肤黏膜中的内源性荧光团,在早期便可判定位于其中的可能的恶性肿瘤。使用光动力诊断有助于检测膀胱肿瘤中卟啉物质的异常累积,以对该恶性病变进行强化治疗。而近红外(near infrared,NIR)成像技术则扩展了自体荧光的诊断范围,使其可用于组织与器官的灌注诊断、胆管标记以及淋巴结检测的显像等领域,临床上医生可将吲哚菁绿作为精准标记的工具。

利用荧光内镜,可鉴别被测组织的良恶性病变,结合窄带成像技术,可以大大提高早期癌症和异型增生的诊断与检出率。

七、超高清光学技术

在数字技术领域,一般用构成图像的像素数描述数字图像的大小。像素数量往往非常大,通常以 K 为单位表示,如 1K = 1024,2K = 2048,4K = 4096。这样,1K 图像即水平方向上有 1024 个像素的图像,2K 图像即水平方向上有 2048 个像素的图像,4K 图像即水平方向上有 4096 个像素的图像,如图 1-11 所示。

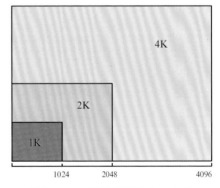

图 1-11   不同像素图像大小对比

像素越高,画面越细腻,细节越丰富。4K 拥有高像素图像,人们在观看超高清画面时,即使观看距离比普通同等尺寸的高清电视缩短一半,也察觉不到显示屏的像素点晶格,视野将全被屏幕所占据,观看距离在 1 米范围内也能呈现清晰、细腻、真实自然的画面。

超高清光学技术的发展为内窥镜提供了更清晰的器官和组织细节图像,更广泛范围的色彩再现,以及更细节化的色彩校正,可以提高基于内窥镜成像的病灶定位的精度,对手术质量及安全性的提高有很大作用。

第四节　国产医用内窥镜产业发展趋势

　　2017年,科技部在《"十三五"医疗器械科技创新专项规划》中明确指出,将复合内窥镜成像系统作为重点发展方向,重点突破三维环扫扇扫超声、高倍荧光造影光学放大成像等内窥镜实时成像关键技术,攻克超声电子复合内窥镜、荧光纤维内窥镜探头等核心部件的设计制造瓶颈,实现超声、光相干层析等高端内窥镜成像系统的研发,力求在内窥镜领域达到国际先进或领先水平。

　　我国内窥镜市场起步较晚。2013－2019年,我国医用内窥镜市场规模从102亿元增长到239亿元,年复合增长率为15.25%。受益于行业政策的支持、下游市场需求的增加和普及程度的加快,我国内窥镜市场发展趋势稳定,2020年我国医用内窥镜市场规模达到了261亿元,如图1-12所示。

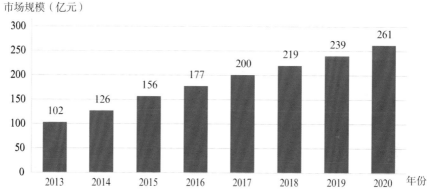

图1-12　2013－2019年我国医用内窥镜行业市场规模统计

　　2019年,在我国内窥镜市场中,硬性内窥镜的占比较大(达49%),软性内窥镜的占比为25%,软性内窥镜治疗器具的占比为26%,如图1-13所示。

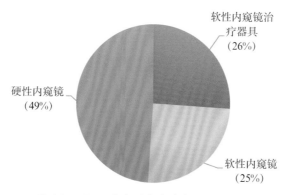

图1-13　2019年中国内窥镜市场细分格局

内窥镜微创医疗器械产业主要依托于医疗和科学技术的发展。国内由于内窥镜技术研究起步较晚,所以整体的产业化进程相较于发达国家仍有较大距离,高端医用内窥镜产品仍需要从发达国家进口。2014－2019年,中国内窥镜出口数量逐年增加;2019年,中国内窥镜出口数量为2387.06万台,较2018年增加了302.71万台;2019年,中国内窥镜进口数量为268.12万台,较2018年增加了26.24万台,如图1-14所示。

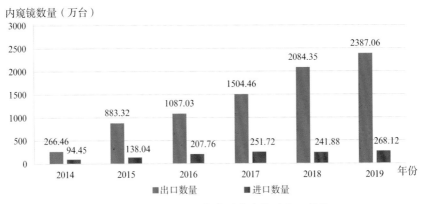

图1-14　2014－2019年中国内窥镜进出口数量

2014－2019年,中国内窥镜出口金额逐年增加。2019年,中国内窥镜出口金额为1.35亿美元,较2018年增加了0.31亿美元;2019年,中国内窥镜进口9.94亿美元,较2018年增加了3.11亿美元,如图1-15所示。由此可见,虽然我国内窥镜出口数量远高于进口数量,但在金额上却远不及进口金额,出口产品的均价远远低于进口产品,如图1-16所示。这说明我国内窥镜主要走低端路线,我国内窥镜产业仍需大力发展,增强科研力量,提高技术水平,向国际高端市场进发。

图1-15　2014－2019年中国内窥镜进出口金额

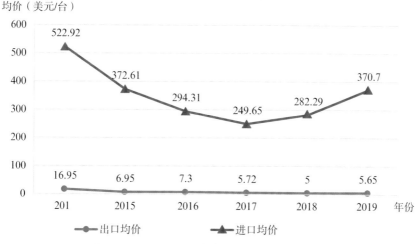

图 1-16　2014－2019 年中国内窥镜进出口均价

在应用方面,医疗内窥镜在普外科、胸外科、泌尿外科、妇产科等很多科室都是一项重要的诊疗工具。在手术治疗方面,内窥镜技术发展较为成熟,在息肉切除、心脏搭桥等手术中均有应用。从简单到复杂,从传统治疗手段逐渐升级到现代高科技的治疗水平,医用内窥镜在国内的推广和使用受到了广泛认可。内窥镜在腹腔、泌尿、肠胃、关节、耳鼻喉、妇产等临床治疗中的应用较多,不同应用领域的占比情况如图 1-17 所示。

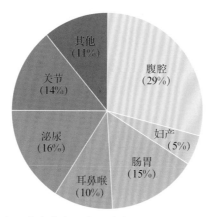

图 1-17　内窥镜在临床治疗中的应用领域分布情况

目前,国内内窥镜市场主要有两大类竞争主体。一类竞争主体是具有雄厚的研发实力和制造能力、凭借核心技术与先进产品占据市场主导地位的大型跨国公司,如奥林巴斯、强生、史塞克、宾得等。此类竞争主体通常是行业标准的制定者,主要定位于高端市场。另一类竞争主体是掌握一定核心技术的国内大型内窥镜生产企业,如南微、青岛海森、开立医疗、浙江天松等。此类公司依托其自主研发的核心技术,经过多年发展,主要占据国内中低端市场,产品逐步向高端市场延伸。整体而言,国内内窥镜市场集中度较高,基本由外资厂商垄断。国外先进企业凭借先发优势和成熟的技术优势,占据了国内内窥镜的大部分市场。国内内窥镜企业起步较晚,技术上与国外先进企业存在一定差距,综合实力普遍较弱,以单一产品生产为主,缺乏产业链协同优势,研发实力、销售能力、售后服务能力较弱,因而所占有的市场份额较小。但在医疗器械国产化的大趋势下,国产品牌也正逐步提升自己的技术水平,并逐步扩大市场份额。

在硬性内窥镜市场,硬性内窥镜核心光学技术要求较高,我国的医用领域市场主要被国外品牌所占领。以美国、德国、日本等发达国家为首的内窥镜微创医疗器械品牌,以其先进的制造加工能力、领先的创新工艺水平、完备的产品系列及强大的品牌效应占据我国内窥镜微创手术医疗器械市场的主导地位,例如卡尔史托斯、奥林巴斯、史赛克、狼牌等,市场份额占 90% 以上。国内厂商主要包括沈阳沈大、浙江天松、杭州好克光电等,但整体占比极低,产品走低端路线为主,性能方面仍有待改进。深圳迈瑞医疗推出了 1080P 高清腹腔镜产品,但其核心光学和图像处理仍然需要依赖国外技术。目前,多家国内创业公司正在着力开发国产高端腹腔镜系统,国产品牌正在硬性内窥镜领域取得蓬勃发展。

在软性内窥镜市场,软式内窥镜技术壁垒较高,国内市场主要被日本品牌所垄断。奥林巴斯、宾得、富士三家厂商几乎垄断国内软性内窥镜市场,其中奥林巴斯在中国市场及全球其他地区市场均占有 60% 以上的份额。国内不同等级医院市场份额差距不大,奥林巴斯所占份额均为 82%~83%,显示出极强的市场地位。奥林巴斯 EVIS LUCERA ELITE 内窥镜和富士胶片的 LASEREO 激光内窥镜系统为高端产品代表,奥林巴斯德 EVIS LUCERA SPECTRUM 系统、170 电子内窥镜系统及富士胶片的 EPX-4450HD 高清电子内窥镜为中端产品代表,奥林巴斯的澳辉电子内窥镜、富士胶片的 EPX-2500 一体化电子内窥镜覆盖低端市场。国产品牌方面,软性内窥镜厂商主要有上医光、上海成运、上海澳华、深圳开立、深圳迈瑞等,产品以标清内窥镜为主,如上医光 VPU200、上海澳华 VME2800、深圳开立 HD320 等。国产品牌主要在以便携化为中心的小型软性内窥镜市场占据一席之地,如珠海迈德豪、浙江优亿等多家公司生产的便携式喉镜、可视插管镜等小型软性内窥镜产品正逐步实现对进口软性内窥镜产品的替代。软性内窥镜技术方面,在国家政策的支持下,国产品牌同样取得了重大的突破。深圳迈瑞公司完成剪切波弹性成像技术的突破,获得国家科学技术进步奖二等奖;深圳英美达公司开发出了高清图像处理、激光照明结合人工智能算法的新型电子内窥镜;深圳开立公司开发了血管超声内镜系统;上海安翰光电在全球首先推出可磁控胶囊胃镜;南京微创的内窥光学相干断层扫描技术已完成产品化;腾讯公司发布觅影系统,将医学成像与人工智能相结合。

随着国内高端内窥镜技术的不断发展,国产品牌已经在多个内窥镜技术领域迎头追上了国外的品牌,相信在不久的将来,国产的高端内窥镜将会在我国的高端内窥镜市场对国外先进内窥镜企业形成强有力的冲击。

第五节　小　结

内窥镜是一种涉及医学、生物工程、光学、精密制造、图像处理、医疗材料和机电信息等多学科的医疗器械。其复杂的技术特性使得其发展成为一种特化性较高的医学装备。在内窥镜问世两个多世纪以来,内窥镜及其相关的技术实现了飞速的发展,从早期的硬管式内镜到如今的纤维内窥镜以及电子内窥镜,包括新兴的胶囊内镜、气囊辅助内镜、超声内镜等技术的出现,内窥镜的发展极大地改变了当今的医学手段,使得低痛、快速、微创化手术成为可能,开创了医学的新纪元。

在国内医疗领域,医用内窥镜被广泛应用于医疗诊断以及外科手术中。医用内窥镜具有创伤小、检查速度快、成像清晰等特点,被大部分医生以及患者所接受并得到支持,尤其在普外科、胸外科、泌尿外科等多个科室已成为不可或缺的诊疗工具。因此,医用内窥镜在我国具有极大的市场和应用前景。目前,由于技术壁垒,国内的高端内窥镜市场主要被国外的先进企业所垄断,而国产医疗企业主要占据中低端内窥镜市场。但随着国家对医疗器械产业的侧重发展,尤其是最新修正的《医疗器械监督管理条例》提出将医疗器械创新纳入发展重点,对创新医疗器械予以优先评审和审批,支持创新医疗器械临床推广和使用等措施,极大地推动了医疗器械产业的高质量发展,使得国产企业的内窥镜相关技术取得了日新月异的进步。在超声内镜、光学相干断层扫描技术等领域已经可以实现自主研发,在磁控胶囊内镜、人工智能结合内镜等领域甚至取得了世界领先的地位。相信随着国内高端内镜技术的不断革新和进步,国产厂商会逐步实现对国外厂商的追赶和超越,我国的内窥镜出口市场也将从低端医疗内窥镜的出口逐渐过渡到高端医疗内窥镜的出口,我国也会发展成为高端医用内窥镜的出口大国。

参考文献

[1] Campbell IS,Howell JD,Evans HH. Visceral vistas:basil hirschowitz and the birth of fiberoptic endoscopy[J]. Annals of Internal Medicine,2016,165

(3):214.

[2] Edmonson,James M. History of the instruments for gastrointestinal endoscopy[J]. Gastrointesinal Endoscopy,1991,37(2 SUPPL):S27.

[3] Gordon ME,Kirsner JB. Rudolf Schindler,pioneer endoscopist:glimpses of the man and his work[J]. Gastroenterology,1979,77(2):354—361.

[4] https://history. uroweb. org/biographies/bozzini-philipp/. Bozzini, Philipp-EAU European Museum of Urology.

[5] https://history. uroweb. org/history-of-urology/diagnosis/looking-into-the-body/bozzini-and-the-lichtleiter/. Bozzini and the Lichtleiter-EAU European Museum of Urology.

[6] https://history. uroweb. org/history-of-urology/diagnosis/looking-into-the-body/desormeauxs-endoscope/.

[7] 黄耀才.一种超声胶囊内窥镜及其成像方法研究[D].深圳:中国科学院大学(中国科学院深圳先进技术研究院),2020.

[8] 刘恩.胶囊内镜综合评价指标体系的构建及其应用研究[D].重庆:陆军军医大学,2020.

[9] Lin MC,Chen PJ,Shih YL,et al. Outcome and safety of anterograde and retrograde single-balloon enteroscopy:clinical experience at a tertiary medical center in Taiwan[J]. PLoS One,2016,11(8):e0161188.

[10] 刘一平.气囊内镜与胶囊内镜对小肠疾病诊断价值的研究[D].济南:山东大学,2020.

[11] 刘俊.内镜窄带成像术在消化道疾病诊断中的作用[J].临床消化病杂志,2007,19(2):76—78.

[12] Oyewole,EA. Improvised rigid oesophagoscope[J]. Tropical Doctor,2006,36(4):214.

[13] Ponsky JL,St Rong AT. A history of flexible gastrointestinal endoscopy[J]. Surgical Clinics of North America,2020,100(6):971—992.

[14] Schäfer PK. Rudolf schindler and the gastroscopy[J]. Zeitschrift fur Gastroenterologie,2014,52(1):22.

[15] 施瑞华.双气囊小肠镜侦察肠道的"福尔摩斯"[N].大众卫生报,2015—09—17(14).

[16] 佟增亮.立体电子内窥镜[D].长春:长春理工大学,2005.

[17] 向巴泽西.浅谈高原地区电子消化内镜的消毒与保养维护[J].西藏医药杂志,2012(1):26—28.

[18] 张雯雯,周正东,管绍林,等.电子内窥镜的研究现状及发展趋势[J].中国医疗设备,2017(1):93—98.

[19] 中国医疗器械行业协会.医用内窥镜市场发展浅析[J].中国医疗器械信息,2013,19(2):72—73.

[20] 2019—2025年中国内窥镜市场全景调查及发展前景预测报告[R/OL].https://www.chyxx.com/industry/202012/918590.html.

[21] 2020—2025年中国医用内窥镜行业市场调查研究及投资前景预测报告[R/OL].https://www.huaon.com/story/512902.

第二章 医用内窥镜的临床应用

医用内窥镜技术是微创技术中出现时间最早，也是发展最为成熟的技术之一。按所到达部位进行分类，医用内窥镜可分为耳鼻喉内窥镜、口腔内窥镜、神经镜、尿道膀胱镜、电切镜、腹腔镜、关节镜、呼吸内窥镜、消化道内窥镜等。本章着重探讨呼吸内窥镜的临床应用。

第一节 呼吸内窥镜技术

呼吸内窥镜技术主要包括经气管支气管内窥镜介入技术和经内科胸腔镜诊治技术。2001年，欧洲呼吸病学会（European Respiratory Society，ERS）和美国胸科学会（American Thoracic Society，ATS）将该技术纳入介入肺脏病学（interventional pulmonology），成为呼吸系统疾病诊疗学的一个重要分支。在微创技术不断进展和突破的今天，呼吸内窥镜技术作为前沿学科，取得了长足的进步。

一、硬质气管镜的临床应用

1897年，德国人Killian发明了硬质气管镜。硬质气管镜主要适用于大气道病变，一般需要在全麻下接呼吸机后进行操作。相对于可弯曲支气管镜，硬质气管镜的优势在于仅占据部分气道空间，操作端侧孔可与呼吸机相连，保持旁路通气，因而适用于呼吸衰竭和其他重症患者。此外，硬质气管镜的视野图像清晰，是部分诊疗操作的首选器械，如异物处理、激光治疗、冷冻治疗及放置气道支架等。硬质气管镜的适应证主要包括诊断和治疗两个方面。①诊断方面：大气道疾病的检查，以获取更好的图像资料，其定位准确，并可进行气道深层组织活检。②治疗方面：可用于处理大咯血、狭窄气道扩张、气道内支架置入、气道异物取出、气道内肿瘤切除、气道内激光治疗、冷冻治疗和电凝治疗等。

二、可弯曲支气管镜的临床应用

1966年，日本学者Ikeda发明了第一台可弯曲支气管镜。50多年来，可弯曲支气管镜技术不断改进，在临床上被广泛接受和应用，成为呼吸内窥镜中应用最广泛的器械。根据成像原理不同，可弯曲支气管镜可分为纤维支气管镜和电子支气管镜，其在诊断和治疗领域各具特点。在诊断领域，可弯曲支气管镜可细分为普通电子支气管镜、超声支气管镜、经支气管超声引导下淋巴结活检术（endobronchial ultrasound，EBUS）、荧光支气管镜等技术。在治疗领域，可弯曲支气管镜可用于经支气管镜高频电治疗、冷冻治疗、球囊扩张、激光、氩气刀、支架植入、放射性粒子植入、后装放疗、内科减容术、支气管胸膜瘘封堵术、共聚焦支气管镜技术等。临床上，支气管镜检查的适应证主要包括：①原因未明的咯血或痰中带血；②原因未明的咳嗽或原有的咳嗽在性质上发生改变；③支气管阻塞，可表现为局限性肺气肿、局限性干性啰音或哮鸣音，以及阻塞性肺炎或肺不张等；④临床表现或X线检查疑为肺恶性肿瘤患者；⑤痰细胞学检查阳性，影像学肺内未找到病变者；⑥原因未明的喉返神经麻痹或膈神经麻痹者；⑦诊断未明的支气管、肺部疾病或弥漫性肺部疾病诊断困难，需经支气管镜检查做支气管肺活检、刷检或冲洗等，进行细胞学及细菌学检查者；⑧难以解释的痰中找结核抗酸杆菌或肺结核并发肺癌患者；⑨支气管镜在治疗上的应用，如清除分泌物、治疗肺不张、止血、吸引冲洗、引流肺脓肿、确定外科手术方式、评价治疗效果、冷冻治疗、高频电治疗、球囊扩张治疗、支架置入治疗等；⑩通过临床及影像学等检查考虑可能有支气管结核者。

（一）诊断方面

支气管镜直视下可见3、4级支气管，并可对腔内病变进行活检及刷检，支气管肺泡灌洗液找病理细胞，防污染毛刷检测病原体，食管气管瘘、咯血及异物的诊断等。

1.经支气管肺活检

目前，肺活检主要有4种方法：开胸肺活检、胸腔镜肺活检、经皮穿刺肺活检和经支气管肺活检（transbronchial lung biopsy，TBLB）。开胸肺活检和胸腔镜肺活检创伤大且费用高，临床上多采用经皮穿刺肺活检和经支气管肺活检。一般认为，经支气管肺活检损伤小且并发症少。对于段、亚段以上支气管腔内侵及大气道的各种良恶性肿瘤、肉芽肿和感染（包括结核、霉菌等）等病变，在支气管镜直视下直接钳检或刷检，阳性率较高。

2.经支气管针吸活检

位于纵隔和肺门的占位性病变,以及支气管黏膜下和支气管壁外病变,在支气管镜直视下通常不能探及或呈外压性表现,局部黏膜可能正常,普通支气管直视下常无法有效获取病变组织,但通过经支气管针吸活检(transbronchial needle aspiration,TBNA)可以提高病理诊断的阳性率。经支气管针吸活检是通过特制的穿刺针穿透气道壁,对管壁或管腔外病变进行针刺吸引,以获取细胞、组织或微生物标本的一种技术,也属于经支气管肺活检范畴。随着操作方法和穿刺针的不断改进,经支气管针吸活检不但可用于纵隔和肺组织的良恶性病变鉴别诊断,还有助于对肺癌患者进行肿瘤分期。经支气管针吸活检所造成的创伤明显低于开胸肺活检或胸腔镜肺活检,对基础疾病较重、无法耐受手术的肺癌患者尤为适用,可为进一步治疗提供依据。

3.经支气管超声诊断

经支气管超声(transbronchial ultrasound,EBUS)诊断是指微型超声探头通过支气管镜进入气管和支气管管腔,通过实时超声扫描,获得气管、支气管管壁各层次及周围相邻的超声图像。经支气管超声诊断能对支气管壁及其邻近约 4cm 范围内的组织结构高清晰度成像。通过调节超声波的波长,可进一步判断黏膜下有无肿瘤细胞或淋巴细胞浸润,分辨肺门小淋巴结甚至淋巴滤泡和淋巴窦的细微结构,判断肿瘤有无侵犯纵隔内组织(如主动脉、腔静脉及较大血管),探测胸腔内心脏及大血管等。经支气管超声诊断的适应证包括:①气管、支气管黏膜下病灶;②气管、支气管狭窄;③表面黏膜正常而疑有管壁或管外浸润性病变者;④周围支气管小结节病灶;⑤纵隔内病变,包括淋巴结肿大等的鉴别;⑥纵隔、气管、支气管病变需穿刺定位者;⑦气管、支气管病变治疗后诊断与疗效评估。

4.荧光支气管镜诊断

荧光支气管镜是利用某种特定波长的激光(正常和异常病变组织对该种激光反射不同),敏感地辨别正常和异常或恶变组织。由于肿瘤组织和正常组织的荧光显像不同,所以通过荧光显像可检测到白光不能发现的早期肺癌,以及初步判断肿瘤组织与正常组织的界限。目前,临床常用的荧光支气管镜有两种类型,即药物荧光/自体荧光支气管镜和激光成像荧光支气管镜(laser imaging fluorescence endoscopy,LIFE)。荧光支气管镜基于两种原理。①癌组织荧光减弱现象:这可能是因为肺癌患者病变部位气道上皮增厚,癌组织充血(血红蛋白吸收所有绿光),癌基质氧化还原发生改变,从而导致荧光减弱。②癌组织荧光增强现象:某些光敏药物,如血卟啉衍生物(hematoporphyrin derivatives,HpD)、6-氨基乙酰丙酸(6-amino levulinic acid,ALA)等,口服或注射后易蓄积于癌组织且排泄慢,使得荧光增强,从而能与正常组织区别开。荧光支气管镜的应用可使异常增生和原位癌的诊断准确率从 15％提高至 39％,活检阳性率从 30％提高至 78％,有效提高了早期肺癌的诊断水平。其适用于高危患者检查(如吸烟、职业暴露人群),痰癌细胞学阳性或可疑阳性患者检查,肺癌外科手术后支气管残端检查及随访等。

(二)治疗方面

通过气道内窥镜可直视气管、支气管的病变,是外科手术或其他治疗方法所不能及的一种微创手术。

1.肺部肿瘤

临床上,部分肺部恶性肿瘤患者在确诊时已经失去了手术根治机会。但无论是否行放化疗,都可对患者行经呼吸内窥镜介入腔内治疗。部分良性肿瘤,如平滑肌瘤等,若距离隆突过近或位于主气管而无手术指征,也可行气道内窥镜介入治疗。常用的技术手段包括支气管镜介导下的冷冻、高频电灼、微波、射频、激光治疗、氩等离子凝固、光动力治疗等。其原理基本是将能量聚集到病变组织,诱导组织变性、气化、凝固和坏死。其中,激光、高频电灼、射频等切割较快,但精确度较差,易造成支气管瘘或大出血;而冷冻、微波等安全性较高。对于恶性肿瘤所引起的气道严重阻塞,除可通过上述技术治疗外,还可通过气道内放置支架迅速、有效地改善通气。目前,气道内支架主要有由硅酮或塑料材料制成的管状支架,以及由金属材料制成的可膨胀式网状支架。管状支架价格相对低,但须通过硬质气管镜介导放置,且置入后易发生移位;网状金属支架可通过支气管镜介导放置,目前国内应用较多。肺癌或食管癌患者常并发食管气管瘘,气道内置入支架常可有效闭合瘘口,带膜金属支架置入可进一步减轻食管气管瘘患者的呛咳症状,改善进食。综上,呼吸内窥镜介入治疗可有效地改善肿瘤患者气道狭窄状态和通气功能,提高治疗效果和生活质量,达到延长患者生命、减轻痛苦的目的。

2.肺部感染

肺部感染是威胁重症患者,尤其老年患者生命的主要疾病之一。若患者存在持续无症状的微量误吸,则患肺炎的概率增加,尤其长期卧床、体质虚弱、外科手术后或伴有脑血管意外的老年患者,常伴咳嗽无力,甚至无吞咽及咳嗽反射,在出现肺部感染后,呼吸道分泌物引流不畅,易发生低氧血症和二氧化碳潴留,导致呼吸衰竭。当常规的吸痰和翻身拍背、体位引流排痰等方法不能解决问题时,通过支气管镜行支气管肺泡灌洗 (bronchoalveolar lavage,BAL)是治疗肺部感染常用的方法。根据肺泡灌洗液病原体检测结果,可指导抗菌药物治疗方案的应用和调整。通过支气管肺泡灌洗治疗,多数患者低氧血症和二氧化碳潴留的状态可及时得到改善,呼吸衰竭得以纠正,肺部感染得到控制,从而降低气管插管率或气管切开率。

3.慢性阻塞性肺疾病

慢性阻塞性肺疾病多发生于老年人,患者由于肺气肿、肺大疱形成,功能残气量增加,肺功能严重受损。肺减容术(lung volume reduction surgery,LVRS)常能改善患者肺功能,但必须严格掌握其适应证。肺减容术适用于肺过度通气且核素扫描显示通气/血流分布不均者,尤其适用于以上叶病变为主的患者。以往的肺减容术通过开胸或胸腔镜实施,其创伤较大。随着生物工程学的发展,近年来国内外有学者试行了支气管镜肺减容术(bronchoscopic lung volume reduction,BLVR),其在动物实验和临床研究中均已获得理想效果。支气管镜肺减容术创伤小、费用低,对不能耐受外科治疗者有良好的效果。其基本方法有两种:①经支气管镜置入支架、单向活瓣等生物材料,或注射生物凝胶以封闭气道,使远端肺组织塌缩。②置入一根管道将过度通气的呼吸衰竭、心功能不全、急性心肌梗死或严重的肺组织与有软骨环支撑的大气道直接连接,该旁路替代有气流阻塞的小气道后可显著减小呼气阻力,从而缓解肺过度通气,改善肺功能。

4. 呼吸衰竭

对于呼吸衰竭患者,常需在建立人工气道后接呼吸机辅助呼吸。目前,已广泛应用支气管镜引导下经鼻或经口气管插管。相对于普通经口气管插管,支气管镜引导下经鼻气管插管有以下优点:①操作方便、迅速、准确,插管痛苦小,耐受性好,可用于神志清楚的患者;②留管时间可长达数周甚至数月;③易于口腔护理;④对患者进食影响较小,患者可进流质或半流质饮食,部分患者甚至可正常进食;⑤可直视到套管前端与隆突的距离,插管成功后不必担心误入食管或形成单侧肺通气;⑥能适用于部分经口插管禁忌或有困难的患者,如头颈部外伤、颈椎或颌面部骨折、强直性脊柱炎、口咽部肿瘤、短颈、肥胖等;⑦对上气道阻塞的患者,可在插管治疗的同时查明原因。

5. 重症监护

术后呼吸功能不全、肺部感染、慢性呼吸衰竭患者因为大量的分泌物堵塞气道,再加上咳嗽无力,经口鼻行吸痰没能彻底清除分泌物,可在纤维支气管镜直视下从气道中吸除分泌物,这可以改善患者症状、缩短治疗时间。机械通气、人工气道的患者,因为气道干燥、湿化不够以及气道分泌物黏稠,很容易发生引流不畅,从而阻塞气道,致使气道的阻力加大。若人工通气的效果不是很好,应定期使用纤维支气管镜进行吸痰,且对气道湿化强化管理;而对机械通气患者,可使用纤维支气管镜的接头进入,这不影响患者的通气。对突发急性呼吸道梗阻和急性呼吸衰竭患者,在很难明确原因时,应果断使用纤维支气管镜进行检查,以快速找出病因,解决病因。对于肥胖严重、面部烧伤、喉头过高以及由于痉挛、烦躁不安而不能在喉镜下插管的患者,进行纤维支气管镜的引导,人工气道的操作简易,伤害小;若发现插管位置不当,应在纤维支气管镜直视下将插管调至确切、安全的深度。在气管切开的短时期内,若套管发生异物堵塞,应及时更换套管。盲插的危险较大,但经纤维支气管镜引导则相对简便和安全。对气道出血患者,采用纤维支气管镜可以吸除分泌物、窥清出血部位、疏通其气道;而对出血部位明显的患者,局部使用止血药物,疗效显著。但对于因周身性疾病造成气道、肺泡普遍渗血的,局部使用止血药物的效果极差,应以治疗原发病为先。

6.协助双腔支气管导管插管

胸外科手术常需要采用单肺通气(one-lung ventilation,OLV)模式,以获得更大的手术操作空间,而临床上常采用双腔支气管导管插管进行肺的隔离。双腔支气管导管插管是如今较为常用的支气管内插管法,通过专用的支气管双腔导管插入主支气管内,使两侧支气管的通气暂时性隔离。此法既能通过管腔注入麻醉药品,也能在术中吸出多余的分泌物,还能用于给对侧管腔施行单肺通气和麻醉,而将术侧管腔敞开于大气中,以利于术侧肺内分泌物的自然引流。但双腔支气管导管插管的技术和术中管理较为复杂,插管位置的定位正确非常重要。纤维支气管镜定位法是一种比较理想的双腔插管定位方法。纤维支气管镜定位法的肺通气满意率高,术中调整气管导管比例低,氧饱和度维持率更高,能有效地提高双腔气管导管插管的工作效率和成功率,降低并发症和错位的发生率。其可根据患者体位改变、术中需要,再次进行定位观察和调整,在胸外科手术麻醉中有很高的应用价值,但该法的费用相对较高,需有由有一定的纤维支气管镜操作经验的麻醉医师进行操作,这对麻醉医师提出了一个新的挑战。纤维支气管镜定位法是值得推广的准确、可靠、安全的一种双腔支气管导管插管定位方法。

7.其他

此外,呼吸内窥镜治疗还包括异物取出,经支气管镜气道内止血,支气管镜介入球囊扩张气道成形术等。

第二节　胸腔镜的临床应用

胸腔镜技术是将胸腔镜经肋间隙插入胸膜腔,对胸腔内病变在直视下检查或治疗的方法。根据目的不同,胸腔镜技术可分为内科胸腔镜和外科胸腔镜,其区别在于:内科胸腔镜的主要目的是诊断疾病,其设备及操作简单,常采用局部麻醉;外科胸腔镜的主要目的是治疗疾病,其设备及操作复杂,常采用全身麻醉。

关于胸腔积液的病因,有时诊断非常困难。由于通过胸腔镜可窥视整个胸膜腔,能发现其他方法所不能识别的微小病灶,故而可以大大提高胸腔积液病因诊断的阳性率。此外,胸腔镜还可用于诊断纵隔肿瘤、邻近脏层胸膜的局限性的肺病灶、胸壁及膈肌病变、弥漫性肺疾病、肺间质化等。

通过外科胸腔镜,可清楚地观察肺表面的气胸破口、肺大疱及纤维粘连带的形态、大小及位置,从而可通过结扎、缝扎或切除等方法完成自发性气胸或肺大疱的治疗、肺减容术、胸膜松解术等。手术创伤的持续最小化是外科医生的动力。30年来,随着新技术的发展和外科技术的创新,微创外科逐渐得到蓬勃发展。与传统的开胸手术相比,微创胸腔镜技术在胸外科手术中取得了巨大的成功。

一、胸腔镜技术在肺癌手术中的应用

肺癌是目前胸外科及肺外科手术治疗的主要指征。在肺癌治疗中,以外科手术为主的综合治疗发挥了重要作用。后外侧切口是标准开胸切口,但其切口较长,切口长度一般为20～30cm,且术中需切断胸壁主要肌肉,切断或切除肋骨,易导致术后出现切口疼痛、上肢活动受限等不良现象,影响患者术后恢复及生活质量。20世纪90年代,随着技术及器械的进步,胸腔镜外科得到了飞速发展。而且,随着这项新技术的广泛应用和研究的不断深入,胸腔镜手术的指征逐渐接近传统的开放手术。除早期肺癌楔形切除以外,胸腔镜手术也可以适用于肺段切除、袖状切除、全肺切除、隆突重建等。

全胸腔镜下肺癌微创手术大多在胸壁上选择1～3个孔,术中无须撑开肋骨,组织创伤较小。大量研究提示胸腔镜手术的安全性、可行性及肿瘤学效果与开放手术相当,而且切口更小、创伤更小,更有利于快速康复。但值得注意的是,虽然胸腔镜手术对肺癌的治疗较传统开胸手术有更多优势,但在实际治疗中仍须严格掌握胸腔镜手术的适应证、禁忌证,必要时及时中转开放,以保障患者生命安全。

二、胸腔镜技术在食管癌手术中的应用

食管癌是食管手术最常见的适应证。外科手术被公认为是治疗食管癌的首选和主要方法。但食管癌切除手术难度高、创伤大、术后并发症多,是胸外科较复杂的手术之一。1992年,Cuschieri等首次报道了胸腔镜食管癌手术。相对于开胸手术而言,胸腔镜手术无疑使食管癌的外科治疗发生了一次历史性飞跃。此后,系列报道显示胸腔镜食管癌切除术能降低患者病死率和缩短患者住院时间,使该手术方式得到普遍认可,推动了胸腔镜食管癌切除术的发展。

目前,胸腔镜食管癌切除术的主流术式是McKeown手术,颈部吻合可保证肿瘤近端足够的边缘,虽然吻合口漏的发生率相对较高,但相关的心肺并发症发生率和死亡率较低。Ivor-Lewis食管癌切除术主要应用于胸下部食管癌,胸内吻合可减小吻合口张力和降低吻合口漏的发生率,适合于食管下段或胃食管交界处的肿

瘤。但胸内胃食管吻合术难度较大,吻合安全性受到限制,因而该技术的应用也受到限制。此外,经食管切除术主要应用于食管胃交界部(esophagogastric junction,EGJ)肿瘤,它可以避免胸腔内手术,减少心肺系统并发症的发生。然而,大多数胸外科医生质疑其淋巴结清扫的完全性,其推广程度非常有限。近年来,充气式经颈部纵隔镜和腹腔镜在一些医疗中心得到了推广。但远期疗效还有待于进一步评估。

目前,一系列研究已经证实微创食管癌切除是安全、可行的,其在减少创伤、术中失血量、术后并发症的发生和淋巴结清扫方面具有优势。除食管癌切除术之外,胸腔镜还广泛应用于食管良性肿瘤切除,Heller 肌层切开治疗贲门失弛缓,Nissen 折叠治疗胃食管反流,膈疝修补等。

三、胸腔镜技术在纵隔手术中的应用

纵隔疾病包括胸腺瘤、畸胎瘤、神经源性肿瘤等。一般来说,手术治疗是首选,大多数患者预后良好。传统外科手术方法包括胸骨正中切开和侧进胸手术。1992年,Lewis 等首次应用胸腔镜切除纵隔囊肿。后来,微创手术逐渐被广泛应用于治疗纵隔疾病。目前,胸腔镜手术已被广泛应用于诊断和治疗纵隔肿瘤。大量的研究证明,与开放技术相比,胸腔镜技术具有独特的优势,包括创伤小、并发症少、安全可靠、术后恢复快等。

手术中患者的体位和切口的选择是微创手术成功的关键。在主流成熟模式的基础上,根据手术者的喜好和患者的情况,对该技术进行适当的调整。目前,两种主要选择是肋间入路和剑突下入路。肋间入路的优点在于视野短、手术距离短,但也存在肋间神经损伤、胸腺全切除或扩大切除困难、实体标本大等缺点。对于常规的后纵隔肿瘤和良性前纵隔肿瘤,肋间入路相对简单,手术效果良好。剑突下入路具有无肋间神经损伤、膈神经和颈部视野好、可同时进入双侧胸腔等独特优势。对于纵隔肿瘤,尤其前纵隔肿瘤,在人工气胸或胸骨抬高回缩的辅助下,该技术可取得满意的效果。近年来,胸腺切除/胸腺扩大切除术治疗胸腺瘤、重症肌无力使得剑突下入路越来越受到关注。但是,这种方法的长期疗效需要进一步的证实。

此外,胸腔镜技术还可应用于其他胸部疾病,如手汗症、乳糜胸等。

第二篇
医用内窥镜评价体系的构建
和应用研究

第三章 医用内窥镜研究概况

第一节 医用内窥镜研究背景

国产医用内窥镜的发展和普及速度非常快,浙江、上海等地的医用内窥镜产业已颇具规模,硬镜、软镜电子化技术迅速发展,逐渐接近国际先进水平。但国产医用内窥镜分布主要局限在基层医院,总体所占市场份额较少;国内外产品差距缺少定量、明确的认识,省、市级医院认可度不高;国产品牌多而杂,国家标准、行业规定等相关评价标准缺乏,用户使用缺少依据,需要对其进行全面、准确的评价。

一、国内外总体研究情况

医用内窥镜是一种可插入人体体腔或脏器内进行观察、诊断、治疗的医用光学装置。2021年上半年,2094家医院公布的内窥镜招投标中标结果显示进口品牌奥林巴斯、卡尔史托斯与富士为2021年上半年内窥镜市场前三名,国产品牌开立医疗位列第五名,国产内窥镜的产品质量与国际先进品牌的差距已逐步缩小,甚至在个别领域处于领先地位,但国产内窥镜在国内外市场的总体占有率仍偏低。国内外对医用内窥镜的评价缺乏系统性的研究,厂家、医疗机构、技术性能评测机构各自评测,且局限在个别型号的临床效果、技术性能、可靠性等细节;评价方法不完善,缺乏统一规范的评价检测标准等。目前,跨型号、区域、使用年限、使用单位的医用内窥镜的科学合理的系统性评价,在国内外尚为空白。

二、最新进展

内窥镜相关技术发展迅猛:①在光学、图像采集技术方面,主要突破有高清晰、低噪音互补金属氧化物半导体（complementary metal oxide semiconductor，CMOS）等；②在与其他技术融合方面，有光学相干断层成像（optical coherence tomography，OCT）、共聚焦激光、特殊光谱检测等；③在内窥镜辅助技术方面，有影像微创外科、遥控胶囊内镜手术、机器人辅助内镜、磁导航定位等。2014年，美国胃肠道内镜协会（American Society for Gastrointestinal Endoscopy，ASGE）对市场上的高清放大电子内镜的临床应用效果进行了比较评价。国内在内窥镜临床使用评价方面的研究非常稀少。国外80％的医疗器械生产企业使用可靠性方法对产品进行安全性、有效性的研究。而国内在可靠性研究方面起步较晚，不论生产企业还是相关研究机构，在该方面的研究都甚少。华中科技大学同济医学院附属协和医院为国内医疗器械可靠性研究的龙头单位。浙江省医疗器械检验研究院于2009－2011年起草编写的YY0068系列标准是医用内窥镜性能评价仅有的标准，该标准在ISO 8600系列的基础上，创新性填补、修正了一系列评价内容及方法。

三、发展前景

本研究的评价体系涵盖了临床效果、临床功能及适用性、技术性能、可靠性、服务体系等医用内窥镜相关的评价模块。医用内窥镜的首次全方位评价报告，即通过应用此评价体系获得，其客观、真实地反映主流国产医用内窥镜系统，并与国外代表性产品进行优劣势比较。为临床使用提供参考，为国产医用内窥镜的研发、创新指出方向，促进国产产品的改进和技术提升，提升其国际竞争力。遴选出优秀的国产医用内窥镜产品，为我国医疗设备采购提供建议，促进医疗体系的建设。推动优秀国产医用内窥镜的普及和应用，最终促进国产医用设备的发展。

第二节　医用内窥镜研究内容

一、主要研究内容

（一）拟解决的关键科学问题、关键技术问题

1.如何构建科学、系统、适用的评价体系？

本项目需要解决的首要问题是如何选取适用于医用内窥镜评价的核心指标，建立科学、系统、适用的评价规范及评价体系。难点在于：如何从所涉及的众多指标中遴选与医用内窥镜评价相关的核心指标，并验证所纳入指标的有效性、合理

性、科学性;同时还需考虑评价体系的可操作性,需关注评价指标数据的可测量性
与可获得性,如何将不可量化指标、主观评测指标量化等。在选取指标体系后,还
需要对评价指标进行重要性打分评价,建立指标体系的各级框架及各指标的权重,
形成标准化的评价规范及评价体系。

2. 如何对国产和进口设备进行全面、客观评价?

如何选择主客观结合的评价工具和方法,涵盖临床主观感受和专业技术测评;
在评价过程中如何进行监管,以尽量减少外界的干扰,做到客观公正,保证评价结
果的公平性和权威性;对全国范围内的主流国产及进口品牌、不同级别医疗机构、
不同使用年限的医用内窥镜系统,如何实现全面、客观评价。

3. 如何建立一套可操作性强的评价方法和工具?

针对不同型号、不同年限、不同级别医疗机构的医用内窥镜系统,如何开发和
研制一套可操作性强、适用范围广的先进评价方法和工具。如对技术性能的评价,
需要项目组自行设计、研发一套适用于医用内窥镜,以角空间频率为单位的 MTF、
亮度响应特性和动态信噪比等性能检测的装置。

(二)主要研究内容

根据项目的核心目标,共设置 5 个课题。

课题 1:医用内窥镜设备评价体系建立及临床效果评价研究。

课题 2:医用内窥镜设备的临床功能及适用性评价研究。

课题 3:医用内窥镜设备的可靠性评价研究。

课题 4:医用内窥镜设备的技术性能评价研究。

课题 5:医用内窥镜设备的服务体系评价研究。

二、医用内窥镜的现状调研和分析

通过厂家调研、市场调查、文献检索等,全面了解我国市场上医用内窥镜产品
的基本情况(市场占有率,地域分布,应用场景,产品功能特性等),包括国产及进口
型号;提炼国内外医用内窥镜的各种评价理论、方法、工具等,提出本项目的关键科
学问题及关键技术,明确研究目标。

三、建立科学、系统、适用的评价体系和方案

采用文献检索、专家咨询、头脑风暴、厂家访谈、问卷调查等形式,研究确立医
用内窥镜的关键性评价指标。评价指标分为五大类,包括临床效果、临床功能及适

用性、可靠性、技术性能、服务体系。评价指标要尽量量化,采用层次分析法等,建立指标体系的各级框架及各指标的权重。研究和提出一套科学、系统、适用的医用内窥镜评价体系,包括评价规范、方法、工具等。在正式测评之前先进行小样本预评价,分析所收集的医用内窥镜数据的合理性和科学性,对建立的评价指标体系进行验证和完善,保证研究的科学性和可操作性。

具体测评方案如下。①临床评价:基于医用内窥镜主机型号,选择成套的内窥镜系统;基于标准化应用场景,对不同的应用场景选取典型的手术、操作;对手术及操作进行分级评分,并进行关键步骤分解。采取主客观指标结合的方式,主要由临床医护人员对医用内窥镜系统的临床效果、临床功能及适用性进行评估。②可靠性评价:分析人、设备、环境的组成及其相互影响,建立医用内窥镜设备的一套可靠性评价体系,包括方法、工具和规范,开发可靠性数据采集和评价软件工具,并对产品的整体可靠性进行评价。③技术性能评价:建立医用内窥镜设备的一套技术性能评价体系,包括方法、工具和规范;建立医用内窥镜整体系统成像的主要性能评价方法,包括以角空间频率为单位的 MTF、亮度响应特性和动态信噪比;建立覆盖整个视场角范围的光能分布的全面评价方法;进一步摸索建立医用内窥镜设备性能衰减的评价方法,并分别对内窥镜系统中的单独产品和系统进行技术测评。④服务体系评价:从医用内窥镜全生命周期的售前技术论证、售中安装调试、售后维修保障、知识技能培训、质量保证和科研合作等方面出发,在新服务创新模式方面引入医用内窥镜第三方售后服务,并将其列入服务体系的评价,对企业和客户层面的核心指标进行主、客观相结合的评价,进行售前、售中、售后全周期的服务评价工作,借助信息化手段获得真实的服务数据,形成完善的医用内窥镜服务评价体系。

四、实际测评和分析

对全国不同区域、不同级别的医疗机构(50 家)、不同临床科室、不同使用年限、10 个型号的医用内窥镜(见表 3-1),进行临床效果、临床功能及适用性、可靠性、技术性能、服务体系等综合评价,并对测评医院进行相关培训等。最后修正指标模型,形成评价体系文件。

表 3-1　参与评价的医用内窥镜型号

内窥镜品牌		主机型号	品牌单位
硬性内窥镜	奥林巴斯（Olympus）	OTV-S190	日本奥林巴斯公司
	卡尔史托斯（STORZ）	22202020-110	德国卡尔史托斯公司
	天松	NT 型（3668HD）	浙江天松医疗器械股份有限公司
	沈阳沈大	SD-HD668P	沈阳沈大医疗设备有限公司
	迈瑞	HD3	深圳迈瑞生物医疗电子股份有限公司
	史赛克（Stryker）	1488	美国史赛克（中国）有限公司
软性内窥镜	奥林巴斯（Olympus）	CV-290	日本奥林巴斯公司
	上海澳华	AQ-100	上海澳华光电内窥镜有限公司
	深圳开立	HD-330	深圳开立生物医疗科技股份有限公司
	上海成运	VEP-2800	上海成运医疗器械股份有限公司

(一)参评单位

参评单位包括浙江大学医学院附属第一医院、华中科技大学同济医学院附属协和医院、四川大学华西医院、中国医科大学附属盛京医院、同济大学附属上海市肺科医院、中国人民解放军东部战区总医院、湖州市中心医院、杭州市红十字会医院等 50 余家三级甲等医院、基层医院。研究涵盖不同区域、不同级别医疗机构、不同使用年限的医用内窥镜。

(二)技术路线

医用内窥镜评价体系的构建和应用研究技术路线见图 3-1。

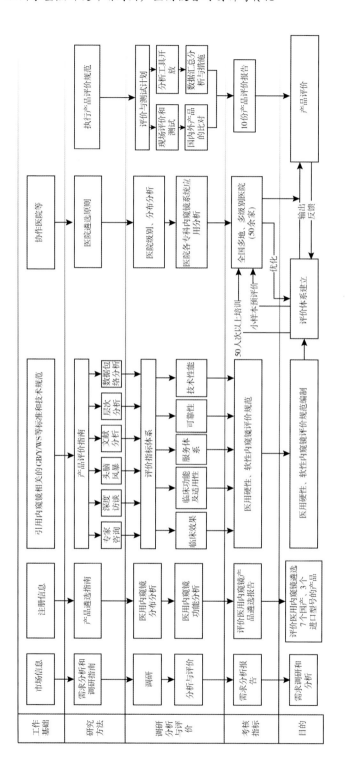

图 3-1 医用内窥镜评价体系的构建和应用研究

参考文献

［1］陈婧婧,蔡天智.2014年我国内窥镜产业发展分析［J］.中国医疗器械信息,2015,21(10):16-21.

［2］陈庆.医用内窥镜关键技术的研究［J］.中国医疗设备,2015,30(4):68-70.

［3］国家食品药品监督管理局.YY 0068.1-2008,医用内窥镜 硬性内窥镜第1部分:光学性能及测试方法.

［4］国家食品药品监督管理局.YY 0068.2-2008,医用内窥镜 硬性内窥镜第2部分:机械性能及测试方法.

［5］国家食品药品监督管理局.YY 0068.3-2008,医用内窥镜 硬性内窥镜第3部分:标签和随附资料.

［6］国家食品药品监督管理局.YY 0068.4-2009,医用内窥镜 硬性内窥镜第4部分:基本要求.

［7］慕欣.内窥镜受资本热捧 国产替代道阻且长［N］.医药经济报,2021-12-13(8).

［8］周方,邱晓力,方定,等.国产硬性内窥镜在基层医院的应用与评价［J］.中国医疗设备,2016,31(1):86-88.

［9］中国医疗器械行业协会.医用内窥镜市场发展浅析［J］.中国医疗器械信息,2013,19(2):72-73.

第四章　医用内窥镜评价体系

第一节　医用内窥镜设备临床效果评价体系

目前,国内外尚无系统性的行业标准或评价体系来评价医用内窥镜的临床效果,导致各级医院医生无法客观、合理地反馈国产内窥镜与进口内窥镜的具体不足之处,也使国产内窥镜厂家无法全面、系统地认识自己产品与进口产品的差距,难以及时地做出有针对性的改进来提高国产内窥镜的竞争力。本课题拟建立一套合理可靠的医用内窥镜临床效果评价体系,以期能真实、全面地评价国产内窥镜与进口内窥镜在临床效果方面的具体差异,为国产内窥镜的改进提供方向和有针对性的意见,以更好、更快地提高市场占有率。

一、初级评价指标体系建立

先通过广泛的文献分析、头脑风暴、专家咨询等,尽可能多地罗列出与内窥镜临床效果相关的评价指标,再召集临床内窥镜专家进行深度访谈,对各指标的相关性进行甄别,初步建立能反映临床效果的内窥镜评价指标体系。评价指标体系包括软性内窥镜模块和硬性内窥镜模块。

二、初级评价指标体系完善

(一)研究人员

遵循客观科学的原则,分别选取沿海、内陆、南方及北方不同城市三级甲等医院及基层医院的临床专家,专家选择标准如下:①三级甲等医院工作者应具有中级或中级以上职称,基层医院工作者应具有高级职称;②长期从事临床诊治工作,掌握本专业内窥镜的操作技术;③熟悉本专业内窥镜的性能,对其他国产、进口内窥镜品牌有大致了解。

(二)研究方法

本研究中,对初级评价指标体系设计调查问卷,并采用德尔菲法(即专家调查法),通过分析总结各专家的意见,遴选出关键重要的指标。指标分为一级指标和二级指标,变量包括指标重要性评分、指标判断依据、指标熟悉程度。一共采取三轮德尔菲法,通过电子邮件及纸质版形式向专家发放相应的调查问卷,并说明该研究的背景、目的以及德尔菲法的操作要点。第一轮德尔菲法结束后,根据专家们的反馈意见,初步完善初级评价指标体系;第二轮德尔菲法中,以第一轮完善的评价指标体系为基础,组织专人深入临床调研,及时记录内窥镜操作医生的真实感受,并将其转化为相应的评价指标,进一步补充并完善评价体系;第二轮德尔菲法结束后,根据专家意见完善评价指标体系后,进行第三轮德尔菲法,分析后形成临床效果评价指标体系。

(三)计算方法

对指标重要性的评分,先判断该指标该不该被纳入评价指标体系,再根据其重要程度分别赋予1~5分;专家打分的权威性对评价指标筛选有重要影响,其由指标的判断依据和指标的熟悉程度决定,其量化表见表4-1,权威系数为两者分数的平均值,一般认为高于0.7即说明权威程度高。对于30%以上的专家不建议纳入的指标,直接删除;对于30%以下的专家不建议纳入的指标,结合专家具体意见并经课题组成员讨论后决定删除或调整;对于有专家建议添加的指标,予以添加后再进行德尔菲法证实指标的合理性。

表4-1 专家权威程度量化表

判断依据	量化值/分	熟悉程度	量化值/分
实践经验	1.0	很熟悉	1.0
理论分析	0.8	熟悉	0.8
对国内外相关进展的了解	0.6	比较熟悉	0.6
参考文献	0.4	不太熟悉	0.4
直观感受	0.1	不熟悉	0

(四)统计方法

课题组对回收问卷进行审核,回访并补齐缺失的数据资料。对于无效问卷,如数据存在明显偏倚或缺失,无法补齐,则予以剔除。采用 SPSS 19.0(IBM SPSS)

统计软件,计算各指标的建议纳入率、平均重要性评分、变异系数和协调系数,同时对专家的积极性和权威性进行评价。

三、结　果

经过三轮德尔菲法,各指标具体统计结果见表 4-2 和表 4-3。第三轮德尔菲法中,各指标建议纳入率均为 100%,软性内窥镜指标变异系数均在 0.18 以下,硬性内窥镜指标变异系数波动在 0~0.13,软性内窥镜专家协调系数为 0.642,硬性内窥镜专家协调系数为 0.655,P 值均小于 0.01。

表 4-2　软性内窥镜临床效果评价指标第三轮德尔菲法结果统计

一级指标	二级指标	建议纳入率	平均重要性评分	标准差	变异系数	权威系数
视觉相关	视野	100%	4.78	0.63	0.13	0.92
	清晰度	100%	5.00	0.00	0.00	0.93
	成像稳定性	100%	4.83	0.69	0.14	0.87
	景深	100%	3.89	0.46	0.12	0.81
	分辨能力	100%	5.00	0.00	0.00	0.92
	立体感	100%	4.56	0.83	0.18	0.84
	镜头抗模糊能力	100%	4.78	0.63	0.13	0.91
	抗反光能力	100%	4.56	0.50	0.11	0.88
	图像/色彩保真性	100%	4.67	0.47	0.10	0.91
	图像总体印象	100%	5.00	0.00	0.00	0.89
操作相关	镜头擦拭效果	100%	4.83	0.37	0.08	0.91
	镜头擦拭便利性	100%	4.67	0.47	0.10	0.89
	冲洗吸引效果	100%	5.00	0.00	0.00	0.92
	操作孔道通畅性	100%	4.78	0.42	0.09	0.91
	操作精细程度	100%	4.78	0.42	0.09	0.91
	目标部位显露能力	100%	4.78	0.42	0.09	0.93
	目标部位操作便利性	100%	4.67	0.59	0.13	0.89
	操作性总体印象	100%	4.61	0.59	0.13	0.88
	关键手术步骤耗费时间	100%	3.89	0.46	0.12	0.83
	并发症	100%	3.83	0.50	0.13	0.87
	总操作时间	100%	3.83	0.50	0.13	0.84

续表

一级指标	二级指标	建议纳入率	平均重要性评分	标准差	变异系数	权威系数
不适感	视疲劳	100%	3.94	0.23	0.06	0.86
	躯体疲劳	100%	3.22	0.42	0.13	0.84
总体印象	总体印象	100%	5.00	0.00	0.00	0.91

表4-3 硬性内窥镜临床效果评价指标第三轮德尔菲法结果统计

一级指标	二级指标	建议纳入率	平均重要性评分	标准差	变异系数	权威系数
视觉相关	视野	100%	4.89	0.31	0.06	0.91
	清晰度	100%	4.89	0.31	0.06	0.95
	成像稳定性	100%	4.78	0.63	0.13	0.87
	景深	100%	3.94	0.23	0.06	0.82
	分辨能力	100%	4.78	0.42	0.09	0.91
	对比度	100%	4.11	0.31	0.08	0.86
	立体感	100%	4.89	0.31	0.06	0.84
	镜头抗雾/烟功能	100%	4.83	0.37	0.08	0.87
	抗反光能力	100%	4.78	0.42	0.09	0.85
	图像保真性	100%	4.89	0.31	0.06	0.86
	变焦能力	100%	4.72	0.45	0.09	0.88
	图像总体印象	100%	5.00	0.00	0.00	0.89
操作相关	关键手术步骤耗费时间	100%	4.11	0.31	0.08	0.87
	关键手术步骤发生错误次数	100%	4.06	0.23	0.06	0.84
	并发症	100%	3.94	0.23	0.06	0.84
	总操作时间	100%	4.00	0.33	0.08	0.84
	中转开放	100%	3.94	0.23	0.06	0.82
不适感	视疲劳	100%	4.06	0.40	0.10	0.88
	躯体疲劳	100%	4.06	0.40	0.10	0.84
总体印象	总体印象	100%	5.00	0.00	0.00	0.91

四、信度和效度分析

本报告阐述了"医用内窥镜评价体系的构建和应用研究"（YS2017ZY040368）项目组提供的软性内窥镜和硬性内窥镜的临床功能和临床效果评分表（共 4 份，含评分体系和每份表 1100 余评测案例）的统计分析结果。

（一）研究方法与指标

研究用到的资料为软性内窥镜和硬性内窥镜的临床功能和临床效果评分表，共 4 份，是由不同医院的医生完成的。本文拟对上述评分表进行内窥镜临床功能和效果评分体系的信度和效度分析。

（二）信度分析

信度，即可靠性，就是指测量数据和结论的可靠性程度，在上述评价指标体系中要能稳定地反映各类内窥镜的临床功能和临床效果的优劣性。本文采用克隆巴赫系数（Cronbach's α）法，对评分表的内部一致性信度进行检验，通过国内研究常采用的肯德尔和谐系数（Kendall's W）来检验评分者信度。

（三）效度分析

效度，即有效性，就是指测量工具（评测系统）如何最大限度地反映所要测量概念的真实含义，即正确性程度。在内窥镜评分体系中就是指能否最大化地实现预期的目的和效果——对内窥镜的临床功能和临床效果的优劣性进行评价。本文采用单项与总和相关分析法对内容效度进行分析，采用探索性因子分析法（exploratory factor analysis，EFA）对结构效度进行分析，以及采用验证性因子分析法（confirmatory factor analysis，CFA）对聚合效度和区分效度进行检验。

（四）评分者分歧性分析

在评分者对某种型号的内窥镜指标进行评分时，其分歧程度大小关系着本指标的评分质量。于是，本章在信度和效度分析的基础上，对同主机型号的内窥镜评分方差运用离差平方和（Ward）法，对评分指标进行系统聚类分析，来进行评分者分歧性检验。

（五）内窥镜差异性分析

通过对内窥镜各主机型号各指标评分计算均值，得到各指标的评分大小排序，来分析内窥镜指标层面的差异性。

（六）数据统计分析

采用 SPSS 20.0 和 SPSSAU 20.0 统计工具进行上述分析。

(七)结　果

本研究采用 Cronbach's α、Kendall's W 检验、Spearman 相关系数、探索性因子分析和验证性因子分析等方法,从对各评分表的信度分析和效度分析层次,评价了内窥镜临床功能和效果评分体系。结果显示,各评分表的 Cronbach's α 均大于0.9,表明各评分表的"内部一致性信度"均很高。同时,通过 Kendall's W 检验考察了各评分表和评分表中各内窥镜主机型号的"评分者信度"。结果表明,各评分表和大部分内窥镜主机型号检验的 P 值均小于 0.01,提示各评分者给出的总体评分结果有一致性倾向,表明各评分表和大部分内窥镜主机型号具有较好的评分者信度。

采用"单项与总和相关分析法"检验各评分表的内容效度,用探索性因子分析法检验各评分表的结构效度,结果显示,各评分表均满足进行探索性因子分析的条件。在软性内窥镜临床效果评分表,所有指标项与医生总体印象在一个公共因子中,此表具有良好的结构效度。其他评分表均提取出了两个公共因子,其一与医生总体印象在同一因子 1。建议综合评判中,给予因子 1 中的指标较多的权重(比较因子 2 中的指标)。通过验证性因子分析法,进一步检验各评分表的聚合效度和区分效度。结果显示,软性内窥镜临床效果评分表具有很好的聚合效度和区分效度;硬性内窥镜临床效果评分表具有很好的聚合效度,但区分效度欠佳。

运用 Ward 法,进一步对同主机型号的内窥镜评分方差进行系统聚类分析,来对评分者的评价进行分析。结果显示,对某些内窥镜主机型号的指标项,评分者评分差异性较大,评分质量欠佳。建议对这些指标项,选择更加可靠的评分者,或加深评分员对指标项的理解,从而提高评分质量。

最后,运用均值统计量,分析内窥镜各主机型号各指标的差异性。通过各指标的均值大小,可直观判断内窥镜各主机型号在此指标上的表现优劣性。

五、评分体系权重分配方案

(一)研究方法

本报告采用探索性因子分析法,并利用 SPSS 21.0 统计工具对权重进行分配。

(二)计算流程

首先,须进行探索性因子分析的可行性检验:KMO 检验和 Bartlett 球形度检验。通过这两种检验,可以得到 KMO 值和 Bartlett P 值。它们与探索性因子分析可行性之间的关系见表 4-4。

表 4-4　两种检验法得到的数值意义

检验类别	值的范围	因子分析适合情况
KMO 值	＞0.9	非常适合
	0.8～≤0.9	很适合
	0.7～≤0.8	适合
	0.6～≤0.7	勉强适合
	0.5～≤0.6	不太适合
	≤0.5	不适合
Bartlett P 值	≤0.01	适合

　　研究对课题一给出了两份问卷，进行探索性因子分析的可行性检验（见表 4-5）。从表格我们可以知道，两份问卷的 KMO 值均高于 0.7，同时也通过了 Bartlett 球形度检验（$P<0.01$），说明这两份问卷适合进行探索性因子分析。

表 4-5　课题一问卷结果

	KMO 和 Bartlett 检验	
软性内窥镜	KMO 值	0.783
	Bartlett 球形度检验 P 值	0
硬性内窥镜	KMO 值	0.821
	Bartlett 球形度检验 P 值	0

1. 课题一问卷结果（软性内窥镜）权重计算

　　经过科学计算及统计学专家讨论，部分指标，如总体印象评分与其他指标存在相互交叉性；客观指标实际操作困难，经专家组讨论，予以删减、修正，形成课题一临床效果（软性内窥镜）评价指标（见表 4-6）。

表 4-6　临床效果（软性内窥镜）评价指标

二级指标	权重	三级指标	权重
视觉相关	0.4	视野	0.026
		清晰度	0.055
		成像稳定性	0.022
		景深	0.049
		分辨能力	0.027
		立体感	0.061
		镜头抗模糊能力	0.074
		抗反光能力	0.073
		图像/色彩保真性	0.068

二级指标	权重	三级指标	权重
操作相关	0.5	镜头擦拭效果	0.047
		镜头擦拭便利性	0.060
		冲洗吸引效果	0.069
		操作孔道通畅性	0.071
		操作精细程度	0.072
		目标部位显露能力	0.045
		目标部位操作便利性	0.067
不适感	0.1	视疲劳	0.055
		躯体疲劳	0.69

2.课题一问卷结果(硬性内窥镜)权重计算

经过科学计算及统计学专家讨论,部分指标,如总体印象评分与其他指标存在相互交叉性;客观指标实际操作困难,经专家组讨论,予以删减、修正,形成课题一临床效果(硬性内窥镜)评价指标(见表4-7)。

表4-7 临床效果(硬性内窥镜)评价指标

二级指标	权重	三级指标	权重
视觉相关	0.875	视野	0.077
		清晰度	0.038
		成像稳定性	0.055
		景深	0.117
		分辨能力	0.050
		对比度	0.095
		立体感	0.115
		镜头抗雾/烟功能	0.063
		抗反光能力	0.084
		图像保真性	0.093
		变焦能力	0.088
不适感	0.125	视疲劳	0.064
		躯体疲劳	0.061

六、指标敏感性分析

对指标自身而言，所有的指标对总分的影响是不一样的。此时，可以对指标进行敏感性检验，其目的就是找出对总分影响最小的两个指标，然后就可以对这两个指标进行剔除或者改进。对总分影响最小的指标，直观上就是剔除要分析的指标后，重新计算得到的新总分与原来的总分差值最小。

根据上述分析，我们可以去掉两个指标，之后换算权重，对所有样本计算出新的总分，然后与原来的总分做差值。由于差值有正有负，这里要衡量差值的大小，所以对差值取绝对值，可以得到一列数据。最后，对这列数据求和取平均值。运用穷举法，对所有的指标依次进行上述过程。在所有指标分析结束后，找出上述平均值的最小者，说明其对应的两个指标对总分的影响最小，可以对这两个指标进行删除或改进。

七、指标定义

（一）软性内窥镜

1. 视觉相关

视野：镜头显示的视野大小，可观察范围的大小。

清晰度：画面的清晰程度，肉眼直观的屏幕的清晰程度。

成像稳定性：图像显示的稳定性及抗干扰的能力，例如频闪、抖动等。

景深：可见图像的深度对操作的影响程度。

分辨能力：分辨组织器官细节及辨别层次的能力。

立体感：组织器官的显示立体感。

镜头抗模糊能力：术中镜头抵抗雾、烟、体液等并保持清晰的能力。

抗反光能力：镜头可消除术中光源引起的反光的能力。

图像/色彩保真性：显示图像与真实解剖结构及色彩的相似性。

2. 操作相关

镜头擦拭效果：术中因镜头模糊而利用支气管壁等结构擦拭后重新变清晰的能力。

镜头擦拭便利性：术中利用支气管壁等结构擦拭镜头的便利程度。

冲洗吸引效果：术中冲洗及吸引的临床效果。

操作孔道通畅性：操作孔道进出相关器械的通畅程度。

操作精细程度：镜头、按钮等组件满足术中精细操作要求的程度。

目标部位显露能力：精确到达并显露目标部位的能力。

目标部位操作便利性:达到目标部位后进行活检等相关操作的便利性。

3.不适感

不适感:指手术医生的不良反应(术前、术后分别评价每台手术),包括视疲劳和躯体疲劳。

视疲劳:手术造成的视觉疲劳程度(如肉眼酸胀感)。

躯体疲劳:手术造成的躯体疲劳程度(如脚踝部的轻微疼痛感)。

(二)硬性内窥镜

1.视觉相关

视野:镜头显示的视野大小,可观察范围的大小。

清晰度:画面的清晰程度,肉眼直观的屏幕的清晰程度。

成像稳定性:图像显示的稳定性及抗干扰的能力。

景深:可见图像的深度对操作的影响程度。

分辨能力:分辨组织器官细节及辨别层次的能力。

对比度:明暗区域的差异程度。

立体感:组织器官的显示立体感。

镜头抗烟/雾能力:镜头对术中雾/烟的抵抗能力。

抗反光能力:消除术中光源引起的反光的能力。

图像保真性:显示图像与真实解剖结构及色彩的相似性。

变焦能力:对焦的及时性和准确性,是否能自动调焦或需要手动调焦。

2.不适感

不适感:指手术医生的不良反应(术前、术后分别评价每台手术),包括视疲劳和躯体疲劳。

视疲劳:手术造成的视觉疲劳程度(如肉眼酸胀感)。

躯体疲劳:手术造成的躯体疲劳程度(如脚踝部的轻微疼痛感)。

八、评测方法

(一)软性内窥镜临床效果评价

1.标准化临床场景及人员

根据建立的医用内窥镜设备的临床效果评价体系,基于医用内窥镜主机型号,选择成套的内窥镜系统,选择相对应的应用场景进行评测,软性内窥镜以纤维支气管镜为主,同时涵盖消化内窥镜等各学科应用场景。对不同的应用场景选取典型的手术、操作,对手术及操作进行分级评分,标准化临床应用评价场景。

软性内窥镜以纤维支气管镜常规检查为例:

（1）操作医生要有资质要求（三级甲等医院医生要求中级职称或以上，基层医院医生要求高级职称，所有操作者需熟练掌握本专业内窥镜各项操作）。必要时使用模型训练器设计标准化操作流程，对参加课题的医生进行操作测试。通过测试的医生被认定为其技能符合本课题设计要求。

（2）患者评估，收集临床基本信息（患者一般信息、病灶部位、大小、诊断等）。

（3）在研究期间，手术室的布局尽量保持一致，包括照明条件、操作团队的站位，以及内窥镜系统、操作台摆放等，如图 4-1 所示。

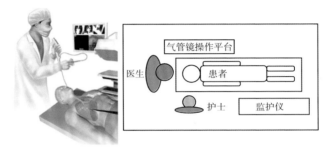

图 4-1　气管镜操作站位图

（4）操作分级。设立监督顾问，并根据以下原则分级。1 级：鼻腔通畅，声门麻醉效果好，没有明显的支气管畸形，患者配合佳；2 级：患者鼻腔狭小，声门稍活跃，患者配合一般；3 级：声门活跃，解剖结构异常，患者配合差。

2. 软性内窥镜的标准化操作流程

以纤维支气管镜为例，关键操作步骤分解如下。

任务 1：支气管镜经鼻或口腔到达声门，计时从支气管镜进入鼻腔或口腔开始，到达会厌后方显露声门。

任务 2：进入声门。计时从尝试进入声门到成功进入气管内为止。

任务 3：检查。计时从显露隆突到最终检查部位。

任务 4：支气管肺泡灌洗。计时从经操作孔注射生理盐水开始到灌洗结束。

任务 5：支气管黏膜刷检。计时从经操作孔插入毛刷开始到刷检结束。

3. 评价过程

评测医师在完成支气管镜操作后登录内窥镜评测 APP 填写问卷（见表 4-8），主要由临床医护人员对医用内窥镜系统的效果进行评估。

（1）医生填写所在医院，科室，职称，术中角色（主刀或助手），手术时间，手术名称，患者病历号，主机型号，镜头型号，设备使用年限。

（2）操作医生按视觉相关、操作相关、舒适度相关的满意度填写表格（手术完成后 2 小时内上报评价数据）。

（3）进行满意度评价。满意度评分为 1～5 分，分别为：1 分，无法操作；2 分，严重影响操作；3 分，操作体验不佳；4 分，正常操作；5 分，操作非常舒适。

表 4-8　软性内窥镜临床效果评测问卷

医院：　　　　　　科室：　　　　　职称：							
术中角色：主刀　助手　手术时间：　年　月　日　手术名称：							
患者病历号：　　　主机型号：　　　镜头型号：　　设备使用年限：							
一级指标	一级指标权重分配a	二级指标序号	二级指标	二级指标解释	测算方法	满意度评分(1~5分)b	指标改进意见(选填)
视觉相关		1	视野	镜头显示的视野大小	医生评价		
		2	清晰度	画面的清晰程度	医生评价		
		3	成像稳定性	图像显示的稳定性及抗干扰的能力	医生评价		
		4	景深	可见图像的深度对操作的影响程度	医生评价		
		5	分辨能力	分辨组织器官细节及辨别层次的能力	医生评价		
		6	立体感	组织器官的显示立体感	医生评价		
		7	镜头抗模糊能力	术中镜头抵抗雾、烟、体液等并保持清晰的能力	医生评价		
		8	抗反光能力	消除术中光源引起的反光的能力	医生评价		
		9	图像/色彩保真性	显示图像与真实解剖结构及色彩的相似性	医生评价		
操作相关		1	镜头擦拭效果	术中因镜头模糊而利用管壁等结构擦拭后重新变清晰的能力	医生评价		
		2	镜头擦拭便利性	术中利用管壁等结构擦拭镜头的便利程度	医生评价		
		3	冲洗吸引效果	术中冲洗及吸引的临床效果	医生评价		
		4	操作孔道通畅性	操作孔道进出相关器械的通畅程度	医生评价		
		5	操作精细程度	镜头、按钮等组件满足术中精细操作要求的程度	医生评价		
		6	目标部位显露能力	精确到达并显露目标部位的能力	医生评价		
		7	目标部位操作便利性	达到目标部位后进行活检等相关操作的便利性	医生评价		

续表

一级指标	一级指标权重分配[a]	二级指标序号	二级指标	二级指标解释	测算方法	满意度评分(1～5分)[b]	指标改进意见(选填)
不适感		1	视疲劳	手术造成的视觉疲劳程度	医生评价		
		2	躯体疲劳	手术造成的躯体疲劳程度	医生评价		

注:[a]一级指标权重分配:总权重100%,根据各指标重要程度分配权重。
　　[b]满意度评分为1～5分。1分:无法操作;2分:严重影响操作;3分:操作体验不佳;4分:正常操作;5分:操作非常舒适。

(二)硬性内窥镜临床效果评价

1.标准化临床场景及人员

根据建立的医用内窥镜设备的临床效果评价体系,基于医用内窥镜主机型号,选择成套的内窥镜系统,选择相对应的应用场景进行评测,硬性内窥镜以胸腔镜为主,同时涵盖腹腔镜等各学科应用场景。对不同的应用场景选取典型的手术、操作,对手术及操作进行分级评分,并对手术及操作进行关键步骤分解,标准化临床应用评价场景。

硬性内窥镜以胸腔镜肺叶切除术为例。

(1)手术、操作医生要有资质要求(三级甲等医院医生要求中级职称或以上,基层医院要求高级职称,所有操作者需熟练掌握本专业内窥镜各项操作)。必要时使用腔镜模拟训练器设计标准化操作流程,对参加课题的手术医生进行操作测试,通过测试的医生被认定为其手术技能符合本课题设计要求。

(2)患者评估,知情同意,收集临床基本信息(患者一般信息、病灶部位、大小、诊断等)。

(3)在研究期间,手术室的布局尽量保持一致,包括照明条件、手术团队的站位以及内窥镜系统、手术台摆放等,如图4-2所示。

(4)实施胸腔探查手术。手术分级(设立监督顾问,并根据以下原则分级)。1级:胸腔、肺门周围没有粘连;牵拉肺叶后,肺静脉可良好显示;没有明显的血管、支气管畸形;叶间裂发育完好。2级:患者肥胖或胸腔狭小;肺门周围富含脂肪;肺门膜状、疏松粘连;支气管周围淋巴结稍肿大;叶间裂发育一般。3级:肺门周围致密粘连;全胸腔粘连;解剖结构困难、异常、模糊;支气管周围淋巴结肿大、钙化明显等;叶间裂发育差。

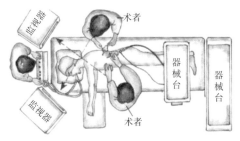

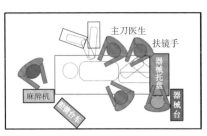

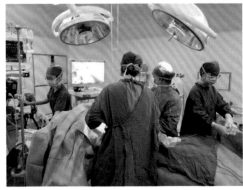

图 4-2 胸腔镜手术站位

2.硬性内窥镜的标准化操作流程

以肺叶切除术为例,关键手术步骤分解如下。

任务 1:肺门区解剖肺静脉,计时从抓好肺叶牵拉开始,到肺静脉夹闭离断。

任务 2:肺门区解剖肺动脉,计时从肺动脉游离开始到夹闭离断。

任务 3:肺叶支气管夹闭离断,计时从肺叶支气管游离开始到夹闭离断。

任务 4:叶间裂离断,计时从叶间裂切割离断开始到肺叶完整游离下来。

3.评价过程

评测医生在完成手术操作后填写评测表格(见表 4-9),主要由临床医护人员对医用内窥镜系统的效果进行评估。

(1)手术、操作医生要有资质要求(级别、例数等)。

(2)医生填写所在医院,科室,职称,术中角色(主刀或助手),手术时间,手术名称,患者病历号,主机型号,镜头型号,设备使用年限。

(3)操作医生按视觉相关、疲劳感的满意度填写表格(手术完成 2 小时内上报评价数据)。

(4)进行满意度评价。满意度评分为 1～5 分,分别为:1 分,无法操作;2 分,严重影响操作;3 分,操作体验不佳;4 分,正常操作;5 分,操作非常舒适。

表 4-9　硬性内窥镜临床效果评测表

医院：				科室：		职称：	
术中角色：主刀　助手			手术时间：　年　月　日			手术名称：	
患者病历号：		主机型号：		镜头型号：		设备使用年限：	

一级指标	二级指标序号	二级指标	二级指标解释	测算方法	满意度评分（1～5分）[a]	指标改进意见（选填）
视觉相关	1	视野	镜头显示的视野大小	医生评价		
	2	清晰度	画面的清晰程度	医生评价		
	3	成像稳定性	图像显示的稳定性及抗干扰的能力	医生评价		
	4	景深	可见图像的深度对操作的影响程度	医生评价		
	5	分辨能力	分辨组织器官细节及辨别层次的能力	医生评价		
	6	对比度	明暗区域的差异程度	医生评价		
	7	立体感	组织器官的显示立体感	医生评价		
	8	镜头抗雾/烟功能	镜头对术中雾/烟的抵抗能力	医生评价		
	9	抗反光能力	消除术中光源引起的反光的能力	医生评价		
	10	图像保真性	显示图像与真实解剖结构形状、色彩等的相似性	医生评价		
	11	变焦能力	对焦的及时性和准确性	医生评价		
疲劳感	1	视疲劳	手术造成的视觉疲劳程度	医生评价		
	2	躯体疲劳	手术造成的躯体疲劳程度	医生评价		

注：[a] 满意度评分为1～5分。1分：无法操作；2分：严重影响操作；3分：操作体验不佳；4分：正常操作；5分：操作非常舒适。

九、标准化数据采集及处理

本项目设计并开发了移动端数据采集平台，标准化评测数据的采集与录入，尽可能减少数据采集过程中人为及主观因素导致的误差，及时客观地记录及保存评测数据,并上传到云端供下一步数据处理分析,同时项目组中统计学专家会对所采集的数据进行清洗、甄别,再利用科学、有效的统计学方法分析数据。

第二节　医用内窥镜设备临床功能及适用性评价体系

本课题拟建立一套合理可靠的医用内窥镜临床功能及适用性评价体系,以期能真实、全面地评价国产内窥镜与进口内窥镜在临床功能及适用性方面的具体差异,为国产内窥镜的改进提供方向和有针对性的意见,以更好、更快地提高其市场占有率。

一、初级评价指标体系建立

先通过广泛的文献分析、头脑风暴、专家咨询等,尽可能多地罗列出与内窥镜临床功能及适用性相关的评价指标,再召集临床内窥镜专家进行深度访谈,对各指标的相关性进行甄别,初步建立能反映临床功能及适用性的内窥镜评价指标体系,评价指标体系包括软性内窥镜模块和硬性内窥镜模块。

二、初级评价指标体系完善

参见本章第一节"医用内窥镜设备临床效果评价体系"中"二、初级评价指标体系完善"相关内容。

三、结　果

经过三轮德尔菲法,各指标具体统计结果见表 4-10 和表 4-11。第三轮德尔菲法中,各指标建议纳入率均为 100%,软性内窥镜指标变异系数均在 0.18 以下,硬性内窥镜指标变异系数波动在 $0\sim0.13$,软性内窥镜专家协调系数为 0.635,硬性内窥镜专家协调系数为 0.557,P 值均小于 0.001。

表 4-10　软性内窥镜临床功能及适用性评价指标第三轮德尔菲法结果统计

一级指标	二级指标	建议纳入率	平均重要性评分	标准差	变异系数	权威系数
设备相关	操作手柄交互界面	100%	3.11	0.66	0.21	0.96
	镜柄外形	100%	4.61	0.49	0.11	0.90
	按钮误触	100%	3.72	0.65	0.17	0.80
	按钮盲操作	100%	4.28	0.65	0.15	0.80
	镜头方向调节灵活性	100%	4.44	0.60	0.13	0.80
	镜头方向稳定性	100%	3.94	0.70	0.18	0.80
	镜柄重量	100%	4.22	0.71	0.17	0.90
	光纤长度	100%	3.28	0.65	0.20	0.86
	内窥镜长度	100%	4.11	0.57	0.14	0.86
	设备可扩展性	100%	3.56	0.68	0.19	0.88
	硬度	100%	4.56	0.50	0.11	0.80
	电子染色	100%	4.33	0.58	0.13	0.80
	副送水功能	100%	5.00	0.00	0.00	0.80
图像相关	高清录像	100%	4.72	0.45	0.09	0.88
	缩放功能	100%	4.56	0.50	0.11	0.80
	景深	100%	3.94	0.62	0.16	0.80
	自动变焦	100%	4.72	0.45	0.09	0.80
	高清显示	100%	5.00	0.00	0.00	0.80
操作相关	镜头弯曲性能	100%	5.00	0.00	0.00	0.88
	开、关机方式	100%	5.00	0.00	0.00	0.80
	移动灵活性	100%	5.00	0.00	0.00	0.87
	内窥镜拆卸及连接	100%	5.00	0.00	0.00	0.87
	主机交互界面	100%	5.00	0.00	0.00	0.87
	清洗或消毒	100%	5.00	0.00	0.00	0.91
总体印象	医生总体印象	100%	5.00	0.00	0.00	0.90
	护士总体印象	100%	5.00	0.00	0.00	0.86

表 4-11 硬性内窥镜临床功能及适用性评价指标第三轮德尔菲法结果统计

一级指标	二级指标	建议纳入率	平均重要性评分	标准差	变异系数	权威系数
设备相关	操作手柄交互界面	100%	4.11	0.81	0.20	0.86
	镜柄外形	100%	4.33	0.75	0.17	0.91
	按钮误触	100%	3.78	0.63	0.17	0.80
	按钮盲操作	100%	4.00	0.75	0.19	0.80
	镜头方向调节灵活性	100%	4.39	0.59	0.13	0.80
	镜头方向稳定性	100%	4.56	0.60	0.13	0.80
	内镜光纤	100%	3.94	0.85	0.21	0.83
	镜柄重量	100%	4.06	0.85	0.21	0.89
	内窥镜长度	100%	4.61	0.49	0.11	0.84
	发热程度	100%	4.17	0.69	0.16	0.84
图像相关	自体荧光成像	100%	3.50	0.60	0.17	0.80
	缩放功能	100%	4.56	0.50	0.11	0.80
	高清显示及录像功能	100%	5.00	0.00	0.00	0.80
	景深	100%	4.78	0.42	0.09	0.80
	自动变焦	100%	4.94	0.23	0.05	0.80
	镜头抗污/雾功能	100%	4.89	0.31	0.06	0.80
操作相关	开、关机方式	100%	5.00	0.00	0.00	0.80
	移动灵活性	100%	5.00	0.00	0.00	0.83
	腔镜拆卸及连接	100%	5.00	0.00	0.00	0.84
	主机交互界面	100%	5.00	0.00	0.00	0.87
	清洗/消毒	100%	5.00	0.00	0.00	0.88
总体印象	医生总体印象	100%	5.00	0.00	0.00	0.86
	护士总体印象	100%	5.00	0.00	0.00	0.86

四、信度效度分析

本报告阐述了"医用内窥镜评价体系的构建和应用研究"(YS2017ZY040368)项目组提供的软性内窥镜和硬性内窥镜的临床功能和临床效果评分表(共 4 份,含评分体系和每份表 1100 余评测案例)的统计分析结果。

(一)研究方法与指标

研究用到的资料分别为软性内窥镜和硬性内窥镜的临床功能和临床效果评分表,共 4 份,是由不同医院的医生完成的。本文拟对上述评分表进行内窥镜临床功能和效果评分体系的信度和效度分析。

(二)信度分析

信度,即可靠性,就是指测量数据和结论的可靠性程度,在上述评分指标体系中要能稳定地反映各类内窥镜的临床功能和临床效果的优劣性。本文采用克隆巴赫系数(Cronbach's α)法,对评分表的内部一致性信度进行检验,通过国内研究常采用的肯德尔和谐系数(Kendall's W)来进行评分者信度检验。

(三)效度分析

效度,即有效性,就是指测量工具(评测系统)如何最大限度地反映所要测量概念的真实含义,即正确性程度。在内窥镜评分体系中即指能否最大化地实现预期的目的和效果——对内窥镜的临床功能和临床效果的优劣性进行评价。这里采用单项与总和相关分析法对内容效度进行分析,采用探索性因子分析法(exploratory factor analysis,EFA)对结构效度进行分析,以及采用验证性因子分析法(confirmatory factor analysis,CFA)对聚合效度和区分效度进行检验。

(四)评分者分歧性分析

在评分者对某种型号的内窥镜某指标进行评分时,其分歧程度大小关系着本指标的评分质量。于是,本章在信度和效度分析的基础上,对同主机型号的内窥镜评分方差运用离差平方和(Ward)法,对评分指标进行系统聚类分析,来进行评分者分歧性检验。

(五)内窥镜差异性分析

通过对内窥镜各主机型号各指标评分计算均值,得到各指标的评分大小排序,来分析内窥镜指标层面的差异性。

(六)数据统计分析

采用 SPSS 20.0 和 SPSSAU 20.0 统计工具进行上述分析。

(七)结　果

本研究采用 Cronbach's α、Kendall's W 检验、Spearman 相关系数、探索性因子分析和验证性因子分析等方法,从对各评分表的信度分析和效度分析层次,评价了内窥镜临床功能和效果评分体系。结果显示,各评分表的 Cronbach's α 均大于 0.9,表明各评分表的"内部一致性信度"均很高。同时,通过 Kendall's W 检验考查了各评分表和评分表中各内窥镜主机型号的"评分者信度"。结果表明,各评分表和大部分内窥镜主机型号检验的 P 值均小于 0.01,提示各评分者给出的总体评分结果有一致性倾向,表明各评分表和大部分内窥镜主机型号具有较好的评分者信度。

采用"单项与总和相关分析法"检验各评分表的内容效度,结果显示,如果排除硬性内窥镜临床功能评分表中的"自体荧光成像"指标项,那么各评分表均具有很好的内容效度。因此,需考虑对此指标项进行删除或修改,加深评测者对指标的理解。采用探索性因子分析法检验各评分表的结构效度,结果显示,各评分表均满足进行探索性因子分析的条件。进一步,通过验证性因子分析法检验各评分表的聚合和区分效度,结果显示,软性内窥镜临床功能评分表具有很好的聚合效度和区分效度。对硬性内窥镜临床功能评分表而言,基于内容效度很好的假设,将其中的"自体荧光成像"删除后,此评分表的聚合效度和区分效度就有了很大的改善。

进一步运用 Ward 法,对同主机型号的内窥镜评分方差进行系统聚类分析,对评测者的评价进行分析。结果显示,某些内窥镜主机型号的指标项,评分者评分差异性较大,评分质量欠佳。对于这些指标项,建议选择更加可靠的评测者,或加深评测员对指标项的理解,从而提高评分质量。

五、评分体系权重分配方案

最后,运用均值统计量对内窥镜各主机型号各指标差异性进行分析。通过各指标的均值大小,可直观判断内窥镜各主机型号在此指标上的表现优劣性。

(一)研究方法

本报告采用探索性因子分析法,并利用 SPSS 21.0 统计工具对权重进行分配。

(二)计算流程

首先,须进行探索性因子分析的可行性检验:KMO 检验和 Bartlett 球形度检验。通过这两种检验,可以得到 KMO 值和 Bartlett P 值。它们与探索性因子分析可行性之间的关系参见表 4-4。

对课题二两份问卷进行探索性因子分析的可行性检验结果见表4-12。从表格上我们可以知道,两份问卷的 KMO 值均高于 0.7,同时也通过了 Bartlett 球形度检验($P<0.01$),说明这两份问卷适合进行探索性因子分析。

表 4-12　课题二问卷结果

	KMO 和 Bartlett 检验	
软性内窥镜	KMO 值	0.839
	Bartlett 球形度检验 P 值	0
硬性内窥镜	KMO 值	0.854
	Bartlett 球形度检验 P 值	0

1. 课题二问卷指标(软性内窥镜)权重计算

经过科学计算及统计学专家讨论,部分指标(例如总体印象评分)与其他指标存在相互交叉性;客观指标实际操作困难,经专家组讨论,予以删减和修正,形成课题二临床功能及适用性(软性内窥镜)评价指标(见表 4-13)。

表 4-13　临床功能及适用性(软性内窥镜)评价指标

二级指标	权重	三级指标	权重
设备相关	0.45	操作手柄交互界面	0.025
		镜柄外形	0.031
		按钮误触	0.029
		按钮盲操作	0.053
		镜头方向调节灵活性	0.04
		镜头方向稳定性	0.05
		镜柄重量	0.032
		光纤长度	0.051
		内窥镜长度	0
		设备可扩展性	0
		硬度	0.052
		电子染色	0.044
		副送水功能	0.043
图像相关	0.5	高清录像	0.101
		缩放功能	0.102
		景深	0.102
		自动变焦	0.097
		高清显示	0.098
操作相关	0.05	镜头弯曲性能	0.05

2.课题二问卷指标(硬性内窥镜)权重计算

经过科学计算及统计学专家讨论,部分指标(例如总体印象评分)与其他指标存在相互交叉性;客观指标实际操作困难,经专家组讨论,予以删减和修正,形成课题二临床功能及适用性(硬性内窥镜)评价指标(见表4-14)。

表4-14 临床功能及适用性(硬性内窥镜)评价指标

二级指标	权重	三级指标	权重
设备相关	0.4	操作手柄交互界面	0.03
		镜柄外形	0.04
		按钮误触	0.033
		按钮盲操作	0.043
		镜头方向调节灵活性	0.037
		镜头方向稳定性	0.037
		内镜光纤	0.045
		镜柄重量	0.041
		内窥镜长度	0.046
		发热程度	0.048
图像相关	0.6	缩放功能	0.143
		高清显示及录像功能	0.104
		景深	0.14
		自动变焦	0.125
		镜头抗污/雾功能	0.088

六、评价指标

(一)软性内窥镜临床功能及适用性评价指标

1.设备相关

操作手柄交互界面:操作手柄交互界面按钮及其功能的简洁性和实用性。

镜柄外形:镜柄外形握持是否稳定、舒适。

按钮误触:常用按钮,如摄像按钮等,是否容易误触。

按钮盲操作:盲操作下是否便于进行常用功能操作,如调节焦距。

镜头方向调节灵活性:调节镜头方向是否灵活。

镜头方向稳定性:固定操作时,方向是否稳定。

光纤长度:光纤线接头角度、长度是否容易受患者体位及术者站位限制。

镜柄重量:镜柄重量对术者操作的影响。

硬度:软性内窥镜硬度大小是否合适及是否可改变(支持/不支持)。

电子染色:是否支持电子染色功能及对染色满意度(支持/不支持)。

副送水功能:软性内窥镜是否支持副送水进行冲洗(支持/不支持)。

2.图像相关

高清显示及高清录像功能:是否能显示高清图像并录像。

缩放功能:①视野放大缩小满足临床需要的能力;②如不能满足,请写出期望倍数。

景深:显示解剖目标整体时是否清晰。

自动变焦:小范围操作移动时是否会频繁调焦。

3.操作相关

镜头弯曲性能:镜头弯曲角度及弯曲半径对显露目标部位的影响。

(二)硬性内窥镜临床功能及适用性评价指标

1.设备相关

操作手柄交互界面:操作手柄交互界面按钮及其功能的简洁性和实用性。

镜柄外形:镜柄外形握持是否稳定、舒适。

按钮误触:常用按钮,如摄像按钮等,是否容易误触。

按钮盲操作:盲操作下是否便于进行常用功能操作,如调节焦距。

镜头方向调节灵活性:在调节镜头方向时,镜柄是否灵活。

镜头方向稳定性:固定操作时硬性内窥镜与自然腔道间阻尼能否保证镜头方向稳定。

内镜光纤:光纤线接头角度、长度是否容易受患者体位及术者站位限制。

镜柄重量:镜柄重量对术者操作的影响。

内窥镜长度:内窥镜长度能否满足临床要求。

发热程度:镜柄发热造成的不适感。

2.图像相关

缩放功能:①视野放大缩小满足临床需要的能力;②如不能满足,请写出期望最大倍数。

高清显示及录像功能:高清显示功能能否满足操作者需求。

景深:显示解剖目标整体时是否清晰。

自动变焦:小范围操作移动时是否需频繁调焦。

镜头抗污/雾功能。

七、评测方法

(一)软性内窥镜临床功能及适用性评价

标准化临床场景及人员参见本章第一节"医用内窥镜设备临床效果评价体系"中"八、评测方法"相关内容。

评测医师在完成内窥镜操作后填写评测表(见表4-15)。该表用于调查软性内窥镜的功能及适用性,医师根据重要性对一级指标(设备相关、图像相关、操作相关)进行权重分配,再对各指标进行满意度及重要性评分。对于不支持的项目,在调查内容中填写不支持,所有项目均需进行重要性评分。该调查表采用评分的方式,主要由临床医护人员对医用内窥镜系统的临床功能及适用性进行评估。

表 4-15　软性内窥镜临床功能及适用性评测表

医院:					级别:		
科室/职称:			从事内镜操作年限:		主要检查及操作的项目:		
主机品牌/型号:			光源系统品牌/型号:		光纤品牌/型号:		
患者病历号:			手术名称:				
一级指标	一级指标权重分配[a]	序号	二级指标调查内容		满意度评分[b]		指标改进意见
设备相关		1	操作手柄交互界面				
		2	镜柄外形				
		3	按钮误触				
		4	按钮盲操作				
		5	镜头方向调节灵活性				
		6	镜头方向稳定性				
		7	镜柄重量				
		8	光纤长度				
		9	设备可扩展性				
		10	硬度				
		11	电子染色				
		12	副送水功能				

续表

一级指标	一级指标权重分配[a]	序号	二级指标调查内容	满意度评分[b]	指标改进意见
图像相关		1	高清录像		
		2	缩放功能		
		3	景深		
		4	自动变焦		
		5	高清显示		
操作相关		1	镜头弯曲性能		

注:[a]一级指标权重分配:总权重100%,根据各指标重要程度分配权重。

[b]满意度评分为1~5分。1分:无法操作;2分:严重影响操作;3分:操作体验不佳;4分:正常操作;5分:操作非常舒适。

(二)硬性内窥镜临床功能及适用性评价

标准化临床场景及人员参见本章第一节"医用内窥镜设备临床效果评价体系"中"八、评测方法"相关内容。

评测医师在完成手术操作后填写评测表(见表4-16)。该评测表用于调查硬性内窥镜的功能及适用性,医师根据重要性对二级指标(设备相关、图像相关、操作相关)进行权重分配,再对各指标进行满意度及重要性评分。对于不支持的项目,在调查内容中填写不支持,所有项目均需进行重要性评分。该评测表采用评分的方式,主要由临床医护人员对医用内窥镜系统的功能及适用性进行评估。

表 4-16   硬性内窥镜临床功能及适用性评测表

医院:				级别:		
科室/职称:			从事外科年限:		进行腔镜手术年限:	
主机品牌/型号:		光源系统品牌/型号:		光纤品牌/型号:		镜头系统品牌/型号:
患者病历号:			手术名称:		设备使用年限:	
一级指标	一级指标权重分配[a]	序号	二级指标调查内容		满意度评分[b]	指标改进意见
设备相关		1	操作手柄交互界面			
		2	镜柄外形			
		3	按钮误触			
		4	按钮盲操作			
		5	镜头方向调节灵活性			
		6	镜头方向稳定性			
		7	内镜光纤			
		8	镜柄重量			
		9	内窥镜长度			
		10	发热程度			
图像相关		1	缩放功能			
		2	高清显示及录像功能			
		3	景深			
		4	自动变焦			
		5	镜头抗污/雾功能			

注:[a]一级指标权重分配:总权重100%,根据各指标重要程度分配权重。

　　[b]满意度评分为1~5分。1分:无法操作;2分:严重影响操作;3分:操作体验不佳;4分:正常操作;5分:操作非常舒适。

八、标准化数据采集及处理

　　参见本章第一节"医用内窥镜设备临床效果评价体系"中"九、标准化数据采集及处理"相关内容。

第三节 医用内窥镜设备可靠性评价体系

一、医用内窥镜设备可靠性定性与定量评价体系

分析内窥镜系统中人、机器设备以及环境的组成及相互影响,基于定性和定量结合的方法,先从人的失误入手进行人因可靠性的定义和分析,然后研究设备的故障类型和故障规律并分析其可靠性,构建综合考虑人、机、环等因素的可靠性评价体系,选取并形成适合于内窥镜的可靠性评价方法。

(一)初级评价指标体系建立

查阅国内外与系统可靠性相关的大量文献资料,围绕医用内窥镜系统的各子系统故障情况,结合失效模式与效应分析(failure mode and effect analysis, FMEA)模型开展医用内窥镜可靠性评价。其方法和原理是将产品系统看成是由部件构成的,部件又由零件组成,自上而下将系统分解成构成单元(部件)并进一步细分为组成要素(零件);按构成单元和组成要素,系统列出可能发生的故障模式及其失效的原因,并统计其发生故障的信息,分析其发生故障的规律,对比国产与进口设备之间基于故障的可靠性差异。所建立的评价指标体系包含对硬性内窥镜和软性内窥镜的评价。

(二)初级评价指标体系完善

1. 研究人员

遵循客观科学的原则进行专家访谈。专家选择标准:①在三级甲等医院工作并具有中级或中级以上职称;②临床医生需要长期从事临床诊治工作,熟悉本专业内窥镜的操作;③临床护士熟悉内窥镜的使用,了解系统的基本构成,且从事日常保管、消毒保养等基本工作;④维修工程师需要长期从事维修或联络维修工作,熟悉相关内窥镜的基本维修、保养、常见故障与排除方法;⑤所有参与调研的人员需要熟悉本工作中使用的内窥镜的性能及操作,并大致了解其他国产、进口内窥镜品牌。

2. 研究方法

本研究通过市场调研、专家访谈、文献分析等手段,分析医用内窥镜系统的组成和结构,从机器设备(光源、摄像系统、镜子等)、人(医生、护士、工程师、清洗消毒人员等)以及环境(机械、储存、冷热、感染、消毒等)出发,探讨这些因素对内窥镜系统的影响。

通过详细研究国内外研究现状、可靠性理论和方法,确定医用内窥镜可靠性评价的具体分析方案,从定性分析和定量分析两个方面,系统地分析医用内窥镜系统的可靠性。

(1)定性分析方面:通过文献分析,兼顾当前临床使用的国内外各种品牌的医用内窥镜系统的构成、故障案例,主要应用 FMEA 模型,从医用内窥镜"子系统"故障着手,定性分析系统的可靠性。在 FMEA 模型中,对复杂系统风险的识别在于自上而下逐级细分流程(见图 4-3),将系统风险拆解为系统的部件对应的风险。一般来说,常用的结构关系为:产品→部件→组件→零件→原材料(细化的结尾直到构成部件的最小零部件位置)。分层原则约定为:系统→子系统→部件(系统:定为初始约定层次;子系统:定为相继约定层次;部件:定为最低约定层次)。

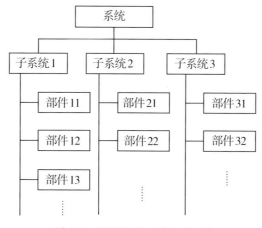

图 4-3 FMEA 模型系统图示意

FMEA 的基本流程可分为四个步骤。①明确系统组成和任务。熟悉系统有关资料,包括系统的组成和任务等情况,列出系统包含的子系统、各子系统包含的元件及各元件之间的相互关系。②列出所有可能发生的故障模式。需要注意的是,各种故障模式的定义要短小、精练,避免包含太多事件。③制定 FMEA 表格。列出造成每一个故障模式的故障类型。根据经验和实例分析的故障资料,列出所有的故障类型,进一步分析其影响、风险等级及相应的风险削减措施。对该步骤的操作需要有丰富的经验且要考虑周到,否则会严重影响分析质量。FMEA 表格可以根据实际需要拟定。④结果汇总。在完成对故障类型和影响的分析后,详细分析并制定削减风险的措施。

(2)定量分析方面:根据内窥镜在医院的使用环境和特点,以及本项目评价的目的,选择适当的可靠性指标,如平均首次故障前工作时间(mean time to first failure,MTTFF)、平均无故障工作时间(mean time between failure,MTBF)、平均故障修复时间(mean time to restoration,MTTR)、可用度(availability,A)、故障频度(γ)、维修频率等。通过制作内窥镜故障记录表(至少涵盖故障现象、故障时间、故障原因、故障影响及危害等),对课题目标医疗机构的医用内窥镜设备进行可靠性信息数据的采集。通过实地参观调研、现场访谈、研讨等多种形式,与合作医疗机构、生产企业、第三方售后服务企业进行沟通和交流,明确可以获取的信息;通过网络平台,实现抽样单位内信息的自动上传和采集,以便快速、准确地获取信息。

(三)结　果

1.系统约定分层及编码

本研究中,首先组建医用内窥镜可靠性评价项目小组和专家团队,对医用内窥镜系统由上至下逐级分解至最小单元(最小维修可更换单元)。

考虑到医疗器械的特殊性和国内外医用内窥镜厂家维修的原则,参照厂家座谈、维修案例和相关文献数据,基于评价体系的可操作性,本研究遵循分层原则(如图 4-4 所示)。

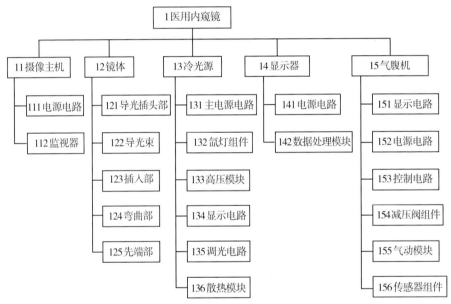

图 4-4　医用内窥镜系统结构分层和编码

2.故障模式影响及危害分析

本研究需要对每个功能单元的故障模式、故障原因、故障影响、补偿措施等进行分析,找出所有可能的功能故障模式,包括功能故障和潜在故障,从产品功能故障模式的物理、化学变化过程找出直接原因,从外部因素(其他产品故障、使用、环境和人为因素)方面找出间接原因。功能单元故障影响的定义见表 4-17。

表 4-17　功能单元故障影响的定义

名称	定义
局部影响	某部件的故障模式对该部件自身及所在约定层次单元的使用、功能或状态的影响
上一层次影响	某部件的故障模式对该部件所在约定层次的紧邻上一层次单元的使用、功能或状态的影响
最终影响	某部件的故障模式对初始约定层次单元的使用、功能或状态的影响

项目小组中医用内窥镜工程师通过统计、分析各功能单元的故障数据，获得各功能单元的故障模式。根据各功能单元与上层系统的关系，确定各功能单元每个故障的局部影响、对上层系统的影响以及最终对整个设备的影响。针对各功能单元的每个故障模式，由医用内窥镜工程师根据实际维修经验给出相应的原因分析。医用内窥镜子系统功能单元故障模式影响及危害分析结果见表 4-18。

表 4-18　医用内窥镜子系统功能单元故障模式影响及危害分析结果

单元编码	单元名称	功能	故障模式	故障原因	故障影响		
					局部影响	上一层次影响	最终影响
111	电源电路	为摄像主机提供稳定电源	无法开机	电路中元器件受损	摄像主机不工作	无法观察和操作	无法工作
112	监视器	手术图像或视频显示	图像扭曲或偏色，或不显示	白平衡调节不当、信号线老化，或CCD老化	无法查看采集的图像	无法工作	无法工作
121	导光插头部	电、光、气、水和负压等接入通道	电气接口接线座氧化生锈	未盖防水盖；防水盖密封性不良	接触不良	内部进水	无法工作
122	导光束	照明光源的传导	导光束蛇管老化破损	受潮变硬；外力受损	亮度不足	图像发暗	影响诊断
123	操作部	a.遥控、控制 b.光路通道 c.送气送水 d.夹持、操作	按钮旋钮破损老化、倾斜	操作人员使用习惯；与锐器接触	按钮短路	无法遥控	无法工作
			按钮旋钮破损渗液	密封垫圈老化、破损	按钮短路	无法遥控	无法工作
			吸引口磨损老化	错误使用清洗刷	漏气	影响诊疗	影响诊疗
			钳子口磨损漏水	采用错误方法上下附件	漏水	影响工作	影响工作
			钳子口褶皱	打圈过小	漏水	影响工作	影响工作

续表

单元编码	单元名称	功能	故障模式	故障原因	故障影响		
					局部影响	上一层次影响	最终影响
124	插入部	a.光路通道 b.送气送水 c.进入患者体腔	插入管有压痕	清洗机压伤或磨损	内部管道受损	影响工作	影响工作
			插入管有结晶	清洗消毒不当	消毒不彻底	锈蚀	交叉感染
			插入管漏水	与锐器接触	漏水	锈蚀	交叉感染
			钳子管道漏水	附件规格错误或打开方式不对	漏水	锈蚀	交叉感染
			水气管道堵塞	清洗消毒方法不当	送气送水不畅	影响诊疗	影响诊疗
			导光束光导纤维暗断	受潮变硬，或外力受损	亮度不足	图像发暗	影响诊断
125	弯曲部	a.光路通道 b.送气送水 c.进入患者体腔 d.调整角度	弯曲橡皮管破损漏水	错误使用，或与锐器接触，或外界挤压	漏水	锈蚀	影响图像
126	先端部	a.光路通道 b.送气送水 c.进入患者体腔 d.图像采集 e.冲洗或吸引	CCD无图像	受潮或损坏	无法观察	无法工作	无法工作
			CCD玻璃破损划伤	碰撞或硬物划伤	图像模糊	影响观察	影响诊断
			喷嘴变形堵塞	清洗、消毒不当	送水送气不畅	影响诊疗	影响诊疗
131	主电源电路	为冷光源提供电源	无法开机	电路中元器件受损	冷光源无法开机	无法工作	影响诊断
132	氙灯组件	提供光源	无光源输出	接触不良或氙灯耗损	图像不清晰或暗黑	无法工作	影响诊断
133	高压模块	为氙灯组件提供稳定高压	高压模块输出不稳定	高压电路元器件受损	图像暗黑	无法工作	影响诊断
134	显示电路	显示系统信息	不显示或黑屏	电路供电，数据线接触不良或老化	无法查看系统信息	无法工作	无法工作
135	调光电路	调节光照亮度	亮度无法调节；分光板卡死	遮光板组件老化；材料锈蚀	无法调节图像明暗度	影响观察	影响诊疗
136	散热系统	为氙灯组件散热	冷光源散热不好宕机	散热风扇或元件损坏	导致氙灯烧坏	冷光源过热烧坏	无法工作
141	电源模块	为显示器提供电源	无法开机	电路中元器件受损	无法登录系统	无法工作	无法工作

单元编码	单元名称	功能	故障模式	故障原因	故障影响		
					局部影响	上一层次影响	最终影响
142	数据处理模块	图像信号处理和显示	偏色或不显示	电路供电,数据线接触不良或老化	影响观察和操作	影响数据采集	影响数据存储
151	显示电路	显示气腹机的使用信息	不显示或黑屏	电路供电,数据线接触不良或老化	影响观察和调节	影响数据采集	影响数据存储
152	电源电路	为气腹机使用提供稳定电源	无法开机	电路中元器件受损	影响气腹机使用	无法工作	影响诊疗
153	控制电路	气路调节和控制	输出流量不稳定	控制电路元件或执行器件损坏	影响稳定供气	无法工作	影响诊疗
154	减压阀	将进口压力减至需要的出口压力	供气不稳定	减压阀腐蚀,无法减压或闭锁	导致启动控制模块损坏	无法工作	影响诊疗
155	气动模块	执行气压调节	不供气或供气不畅	气路堵塞或元件不运行	影响稳定供气	无法工作	影响诊疗
156	传感器模块	监测气路的流量与压力,提供反馈调节信号	压力检测出错	压力传感器损坏	系统无法获取压力值	影响系统反馈调节	影响诊疗
			流量检测出错	流量传感器损坏	系统无法获取流量值	影响系统反馈调节	影响诊疗

3.医用内窥镜故障的风险识别

医用内窥镜各功能单元出现故障后,对系统正常运行的影响程度各有不同,对临床诊疗效果的影响亦有差异。结合文献、标准和专家访谈,从故障的发生频率、严重程度及可探测度三个维度对故障进行风险识别。评价标准如表4-19所示。

4.可靠性定性分析指标评测稿

医用内窥镜系统由摄像主机、镜体、冷光源和气腹机等部分组成,各子系统可能发生部件故障情况。可靠性定性分析指标评测表见表4-20,本表用于调查内窥镜系统各部分故障的发生频率、影响程度和可探测度情况。

表 4-19　医用内窥镜故障的风险识别评价标准

风险评级类别	分值	后果描述	判断依据
故障的发生频率（occurrence）评级	1	频率低	＜每半年 1 次
	2	频率一般	＜每 2 个月 1 次
	3	频率中等	＜每月 1 次
	4	频率高	＜每 2 周 1 次
	5	频率较等	＜每周 1 次
故障的影响程度（severity）评级	1	无影响	设备可继续运转
	2	影响小	每次故障维修时间＜1 小时
	3	影响一般	每次故障维修时间＜4 小时
	4	影响中等	每次故障维修时间＜8 小时
	5	影响大	每次故障维修时间＜24 小时
故障的可探测度（detective）评级	1	容易发现	故障很明显
	2	可以发现	故障明显,基本可以判断
	3	不容易发现	故障不明显
	4	难发现	无法判断故障是否存在
	5	很难发现	专业工具才能检测故障

表 4-20　医用内窥镜系统可靠性定性分析指标评测表

子系统	部件	故障现象	发生频率	影响程度	可探测度
摄像主机	电源电路	无法开机	1 2 3 4 5	1 2 3 4 5	1 2 3 4 5
	监视器	图像扭曲或偏色,或不显示	1 2 3 4 5	1 2 3 4 5	1 2 3 4 5
镜体	导光插头部	电气接口接线座氧化生锈	1 2 3 4 5	1 2 3 4 5	1 2 3 4 5
	导光束	导光束蛇管老化破损	1 2 3 4 5	1 2 3 4 5	1 2 3 4 5
	操作部	按钮旋钮破损老化、倾斜	1 2 3 4 5	1 2 3 4 5	1 2 3 4 5
		按钮旋钮破损渗液	1 2 3 4 5	1 2 3 4 5	1 2 3 4 5
		吸引口磨损老化	1 2 3 4 5	1 2 3 4 5	1 2 3 4 5
		钳子口磨损漏水	1 2 3 4 5	1 2 3 4 5	1 2 3 4 5
		钳子口褶皱	1 2 3 4 5	1 2 3 4 5	1 2 3 4 5

子系统	部件	故障现象	发生频率	影响程度	可探测度
镜体	插入部	插入管有压痕	1 2 3 4 5	1 2 3 4 5	1 2 3 4 5
		插入管有结晶	1 2 3 4 5	1 2 3 4 5	1 2 3 4 5
		插入管漏水	1 2 3 4 5	1 2 3 4 5	1 2 3 4 5
		钳子管道漏水	1 2 3 4 5	1 2 3 4 5	1 2 3 4 5
		水汽管道堵塞	1 2 3 4 5	1 2 3 4 5	1 2 3 4 5
		导光束光导纤维暗断	1 2 3 4 5	1 2 3 4 5	1 2 3 4 5
	弯曲部	弯曲橡皮管破损漏水	1 2 3 4 5	1 2 3 4 5	1 2 3 4 5
	先端部	CCD受潮损坏	1 2 3 4 5	1 2 3 4 5	1 2 3 4 5
		CCD玻璃破损划伤	1 2 3 4 5	1 2 3 4 5	1 2 3 4 5
		喷嘴变形堵塞	1 2 3 4 5	1 2 3 4 5	1 2 3 4 5
冷光源	主电源电路	无法开机	1 2 3 4 5	1 2 3 4 5	1 2 3 4 5
	氙灯组件	接触不良或氙灯耗损	1 2 3 4 5	1 2 3 4 5	1 2 3 4 5
	高压模块	高压模块输出不稳定	1 2 3 4 5	1 2 3 4 5	1 2 3 4 5
	显示电路	不显示或黑屏	1 2 3 4 5	1 2 3 4 5	1 2 3 4 5
	调光电路	亮度无法调节,或分光板卡死	1 2 3 4 5	1 2 3 4 5	1 2 3 4 5
	散热系统	冷光源散热不好,宕机	1 2 3 4 5	1 2 3 4 5	1 2 3 4 5
显示器	电源	无法开机	1 2 3 4 5	1 2 3 4 5	1 2 3 4 5
	数据线	显示屏偏色	1 2 3 4 5	1 2 3 4 5	1 2 3 4 5
气腹机	显示电路	不显示或黑屏	1 2 3 4 5	1 2 3 4 5	1 2 3 4 5
	电源电路	无法开机	1 2 3 4 5	1 2 3 4 5	1 2 3 4 5
	控制电路	输出流量不稳定	1 2 3 4 5	1 2 3 4 5	1 2 3 4 5
	减压阀	供气不稳定	1 2 3 4 5	1 2 3 4 5	1 2 3 4 5
	气动模块	不供气或供气不畅	1 2 3 4 5	1 2 3 4 5	1 2 3 4 5
	传感器组件	压力检测出错	1 2 3 4 5	1 2 3 4 5	1 2 3 4 5
		流量检测出错	1 2 3 4 5	1 2 3 4 5	1 2 3 4 5

5.设备故障基本信息(所有此型号设备)

医用内窥镜设备故障基本信息见表4-21。

表 4-21　医用内窥镜设备故障基本信息表

	品牌型号	SN 号	出厂日期	启用日期	年平均使用天数（天）	首次故障发生时间（精确到小时）	使用至今设备故障维修总次数	维修后 3 个月内同类故障返修次数	预防性维护次数
摄像主机									
镜体									
镜体									
光源									
显示器									
气腹机									

6. 医用内窥镜设备故障信息

医用内窥镜设备故障信息见表 4-22。关于故障等级和定义见表 4-23。

表 4-22　医用内窥镜设备故障记录

故障子系统	SN 号	故障单元名称	故障现象描述	更换配件名称	故障分类/等级	维修类型	维修方式
□摄像主机					□灾难 □中等 □致命 □轻度	□自修 □厂家维修 □第三方维修	□现场维修 □返厂维修
□镜体		□CCD □操作部 □插入部 □导光电气接口与蛇管			□灾难 □中等 □致命 □轻度	□自修 □厂家维修 □第三方维修	□现场维修 □返厂维修
□光源		□灯泡 □电源 □其他			□灾难 □中等 □致命 □轻度	□自修 □厂家维修 □第三方维修	□现场维修 □返厂维修
□显示器					□灾难 □中等 □致命 □轻度	□自修 □厂家维修 □第三方维修	□现场维修 □返厂维修

续表

故障子系统	SN 号	故障单元名称	故障现象描述	更换配件名称	故障分类/等级	维修类型	维修方式
□气腹机					□灾难 □中等 □致命 □轻度	□自修 □厂家维修 □第三方维修	□现场维修 □返厂维修

故障发生时间（精确到小时）：	报修时间（精确到小时）：	响应时间（工程师到达现场/厂家给出维修方案时间）：	维修操作耗费时长（小时）：	修复验收交付时间（精确到小时）：

注：每一例故障维修填写一份此表。

表 4-23　医用内窥镜设备故障等级及定义

故障等级	影响程度	严重程度定义
Ⅰ级	灾难	造成人员死亡,造成整个系统损坏,重大环境损害
Ⅱ级	致命	造成人员伤害,造成主要系统损坏,系统功能严重丧失,重大经济损失
Ⅲ级	中等	造成子系统损坏,系统功能轻度丧失(部分丧失),局部损坏,中等经济损失
Ⅳ级	轻度	部件轻微损坏但导致非计划性维护维修,较低经济损失

7. 医用内窥镜设备可靠性定量评价指标

在设计医用内窥镜设备可靠性评价指标时,我们查阅国内外相关可靠性领域文献、标准,并由可靠性领域专家、厂商研发工程师、医院内窥镜领域专家、医院医学工程领域专家组成咨询小组,选取了以下可靠性评价指标(见表 4-24)。

表 4-24　医用内窥镜设备可靠性定量评价指标及计算公式

序号	评价指标	指标类型	指标含义	观测值
1	平均首次故障前工作时间（MTTFF）	定量	设备发生首次故障时的平均工作时间	$MTTFF = \dfrac{1}{r}\left(\sum\limits_{i=1}^{r} t_i + \sum\limits_{j=1}^{n-r} t_j\right)$
2	平均无故障工作时间（MTBF）	定量	可修复设备在使用中相邻两次故障之间的平均工作时间	$MTBF = \dfrac{\sum\limits_{i=1}^{n} t_{ci}}{r_a}$

续表

序号	评价指标	指标类型	指标含义	观测值
3	故障率(λ_m)	定量	指工作到某一时刻尚未有故障的设备,在该时刻后,单位时间内发生故障的概率	$\lambda_m = \dfrac{\gamma_i}{\sum_{i=1}^{n} t_i} = \dfrac{1}{MTBF}$
4	平均故障修复时间(MTTR)	定量	设备从开始出现故障直至故障排除,恢复正常使用的平均时间	$MTTR = \dfrac{\sum_{i=1}^{n} t_{ri}}{r_a}$
5	可用度(A)	定量	在某个观察期内,产品能保持其规定功能的时间比例	$A = \dfrac{MTBF}{MTBF + MTTR}$

注:平均首次故障前工作时间,mean time to first failure,MTTFF;平均无故障工作时间,mean time between failure,MTBF;平均故障修复时间,mean time to restoration,MTTR;可用度,availability,A。

(四)指标定义

1.基本信息

调研的基本信息应该涵盖医院名称及其级别、使用科室、联系方式、填写日期等。医用内窥镜包括硬性内窥镜和软性内窥镜。其中,硬性内窥镜品牌和型号包括浙江天松 NT、沈阳沈大 F-368D/SD-628、深圳迈瑞 HD-3、日本奥林巴斯 OTV-S190、德国卡尔史托斯 22202020-110;软性内窥镜品牌和型号包括上海成运 GVE-2100、上海澳华 AQ-100、深圳开立 HD-330/500、日本奥林巴斯 CV-260SL。参加问卷调查人员为从事内窥镜操作、维护等相关工作的医师、护师和工程师,具备中级以上职称。

2.可靠性定性分析指标定义

(1)子系统:内窥镜系统包括摄像主机、镜体、冷光源和气腹机等各子系统。

(2)部件:是各子系统的最小维修单位或模块。通过文献分析和案例统计,确定各子系统的关键部位发生的故障及现象。

(3)故障现象:故障发生后,子系统或部件出现的表征可以通过直接观察、间接测量等途径获取。

(4)发生频率:单位时间内同一故障发生的次数,分为五个等级(1~5分),1分代表"同一故障发生频率小于每半年1次",5分代表"同一故障发生频率小于每周1次",发生频率随分值增加而逐渐增高。

(5)影响程度:指故障发生后对整个内窥镜系统的潜在影响程度,分为五个等

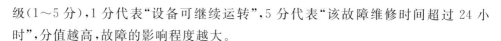

级(1~5分),1分代表"设备可继续运转",5分代表"该故障维修时间超过 24 小时",分值越高,故障的影响程度越大。

(6)可探测度:指故障的识别或发现的难易程度,分为五个等级(1~5分),1分代表"故障很明显",5分代表"专业工具才能检测出故障",分值越高,故障的可探测度越低。

(7)显示器主机:包括显示器、电源电路和监视器数据线。其中,电源电路故障导致的现象为无法开机;监视器数据线接触不良、没有固定好或线路弯折等原因导致的现象为图像扭曲、偏色或不显示。

(8)镜体:包括导光插入部、导光束、操作部、插入部、弯曲部和先端部。其中,导光插入部因操作不当或无防水措施而出现内部进液、锈蚀等现象,表现为电气接口接线座氧化生锈;导光束出现蛇管老化破损等。

(9)冷光源系统:包括主电源电路、氙灯、高压模块、显示电路、调光电路和散热系统;气腹机显示电路、电源电路、控制电路、减压阀、气动模块、压力传感器和流量传感器。各部件发生故障后,会出现相应的表征。参与调查人员可以从三个维度对这些故障进行定性评价。

3.可靠性定量分析指标定义
◆产品基本信息
(1)子系统部件:包括摄像主机、镜体、光源、显示器、气腹机 5 个部分。每个部分分别填写相关信息。

(2)品牌型号:被调查设备的品牌名称和型号代码。5 个子系统部件都需填写。

(3)SN 号:该设备系统中的每个子系统部件的系列号代码。

(4)出厂日期:该设备系统中每个子系统部件的出厂日期,精确到天。

(5)启用日期:该设备系统中每个子系统部件在临床科室的启用时间,精确到天。

(6)年平均使用天数:该设备系统中每个子系统部件的年平均使用天数。用于测算该设备系统的使用时长情况。

(7)首次故障发生时间:该设备系统中每个子系统部件首次发生故障的时间点。理论上要求精确到小时。

(8)使用至今设备故障维修总次数:该设备系统中每个子系统部件的发生故障总数。

(9)维修后 3 个月内同类故障返修次数:该设备系统中每个子系统部件发生故障维修完成并返还使用后 3 个月内发生同类故障返修的次数,发生 1 次返修计算 1 次。

(10)预防性维护次数:对设备系统中每个子系统部件进行预防性维护的次数。

◆设备故障信息

(1)故障子系统:选择发生故障的子系统名称。

(2)SN号:该设备系统中的每个子系统部件的系列号代码。由于涉及1个主机使用多个镜体的情况,所以此部分还需填写SN号。

(3)故障单元名称:选择发生故障的具体单元名称。

(4)故障现象描述:填写发生故障的具体情况。

(5)更换配件名称:发生故障维修时需更换的配件名称。

(6)故障分类/等级:根据故障严重程度定义选择故障等级和影响程度。

(7)维修类型:发生故障时选择的维修类型,包括医学工程部门自修、厂家维修和第三方公司维修。

(8)维修方式:包括现场维修和返厂维修。现场维修是指工程师(医学工程部门工程师、厂家工程师、第三方公司工程师)现场完成维修并交付使用的方式。返厂维修是指返回厂家或第三方公司的维修方式。

(9)故障发生时间:每发生一例故障记录一次故障发生时间点。理论上要求精确到小时。

(10)报修时间:故障发生后,向医学工程部门、厂家、第三方公司报修的时间点。理论上要求精确到小时。

(11)响应时间:医学工程部门、厂家、第三方公司工程师到达现场,并给出维修方案的时间点。

(12)维修操作耗费时长:从维修动作开始到维修结束所用的时长。理论上要求精确到小时。

(13)修复验收交付时间:维修完成后,交付临床使用部门的时间点。理论上要求精确到小时。

(五)评测方法

1.可靠性定性分析评价方法

在可靠性工程领域中,广泛应用的是应用风险优先数(risk priority number,RPN),这是进行风险评估和危害程度评定的一种基本方法。RPN方法是通过对影响故障模式危害性等级的三个关键要素,即对故障的影响程度(S,severity)、发生频率(O,occurrence)和可探测度(D,detection),进行风险识别,给出定性的S、O、D相对程度得分,然后通过三者得分的乘积得到定量的RPN(RPN=S×O×D)。

由于RPN方法组合误差的依赖性,以及影响程度、发生频率和可探测度这三种风险指标用于风险评定时的非均衡性,所以其结果经常与人们对风险程度的客观感觉不符合。RPN 方法并没有考虑在不同风险评价过程中指标的各自权重,这就造成该方法没有形成统一协调的评价指标。因此,在 RPN 的基础上,结合信息熵理论提出了能较好地表达风险程度和不确定性程度之间关系的风险可能数(risk possibility number,RPoN)。采用故障的严重性(S)、发生率(O)和探测度(D)这三个指标来描述和评价风险的 RPoN 公式。此时,RPoN 公式转化为:

$$RPoN = X^{1/X}$$

$$X = \sum_{i=1}^{3}(\lambda_i p_i) \text{ ;}$$

$$\lambda_i = ep_i \backslash R\sum_{i=1}^{3} p_i \text{ ;}$$

其中,p_i 为经概率转换后的 S、O、D,即将 RPN 方法中的 S、O、D 各自除以其对应的最大值。因而,RPoN 方法的 S、O、D 取值在 0~1。

2.可靠性定量分析评价指标与方法

这些指标中,平均首次故障前工作时间(MTTFF)与设备固有可靠性密切相关;平均无故障工作时间(MTBF)、故障率(λ_m)则反映了设备的使用可靠性水平;平均故障修复时间(MTTR)是反映设备维修性的重要指标;而可用度(A)则综合了 MTBF 与 MTTR 两方面的因素,反映了可维修系统处于完好状态的概率。这些指标的具体定义如下所示。

(1)平均首次故障前工作时间

概念:平均首次故障前工作时间(MTTFF)是指设备进入可用状态直至首次故障发生的持续工作时间。

计算公式:

$$MTTFF = \frac{1}{r}\left(\sum_{i=1}^{r} t_i + \sum_{j=1}^{n-r} t_j\right) \qquad (式 4\text{-}1)$$

式中:n 为被调查设备中,统计首次故障的有效个数;

r 为被调查设备中,发生首次故障的(轻度故障除外)的设备个数;

t_i 为第 i 个设备发生首次故障时的累积工作时间;

t_j 为调查结束时未发生故障的第 j 个设备的累积工作时间。

(2)平均无故障工作时间

概念:平均无故障工作时间(MTBF)也被称为平均故障间隔时间,是指设备在使用中两次故障间隔的平均工作时间。

计算公式:

$$MTBF = \frac{\sum_{t=1}^{n} t_{ci}}{r_a} \qquad (式 4\text{-}2)$$

式中：

t_{Gi} 为第 i 个调查样品的累积工作时间，单位为天(d)；

r_a 为被调查或被考核样品在使用时间内出现故障次数的总和。

（3）故障率（λ_m）

概念：故障率（λ_m）指产品在规定的使用条件下使用到 t 时刻，在 t 时刻后，在尚未发生故障的产品中，单位时间发生故障的概率，称为故障率或失效率。

故障率的观测值常用平均故障率（λ_m）来计算，即在被调查中，产品发生故障的总次数（r_a）与总累积工作时间之比。

计算公式：

$$\lambda_m = \frac{\gamma_i}{\sum_{i=1}^{n} t_i} = \frac{1}{MTBF} \qquad (式\ 4\text{-}3)$$

（4）平均故障修复时间

概念：平均故障修复时间（MTTR）指可修复产品发生故障，修复所需的平均故障修复时间，即故障排除所需的平均有效时间。

计算公式：

$$MTTR = \frac{\sum_{i=1}^{n} t_{ri}}{r_a} \qquad (式\ 4\text{-}4)$$

式中：t_{ri} 为在被调查样品中，第 i 个故障修复所需的时间，单位为天(d)。

（5）可用度

概念：可用度（A）是指在规定的使用条件下，在某个观察期内，产品能保持其规定功能的时间比例。可用度（A）的观测公式如下。

计算公式：

$$A = \frac{MTBF}{MTBF + MTTR} \qquad (式\ 4\text{-}5)$$

3.FEMA 模型分析

查阅国内外与系统可靠性相关的大量文献资料，围绕医用内窥镜系统的各子系统故障情况，结合 FMEA 模型，开展医用内窥镜可靠性评价。其方法原理是将产品系统看成是由部件构成的，部件又由零件组成，自上而下地将系统分解成构成单元（部件）并进一步细分为组成要素（零件），按构成单元和组成要素系统列出可能发生的故障模式及其失效的原因。所建立的评价体系包含硬性内窥镜和软性内窥镜，对两者差异做出具体区分。

医用内窥镜系统由摄像主机、镜体、冷光源和气腹机等部分组成。FEMA 模型主要用于调查内窥镜系统各部分故障的发生频率、影响程度和可探测度情况，FMEA 的基本流程可分为四个步骤。

(1)明确系统组成和任务。熟悉系统有关资料,包括系统的组成和任务等情况,列出系统包含的子系统,各子系统包含的元件及各元件之间的相互关系(见表4-25)。

表 4-25　内窥镜系统结构与组成

♯内窥镜唯一编号	♯系统编码	系统级别	名称	功能	功能等级
对每个产品的子系统、单元、部件进行编码		子系统单元部件			

(2)列出所有可能发生的故障模式。需要注意的是,各种故障模式的定义要短小、精练,避免包含太多事件。

(3)制定FMEA表格。列出造成每一个故障模式出现的故障类型。根据经验和实例分析的故障资料,列出所有的故障类型,进一步分析其影响、风险等级及相应的风险削减措施。该步骤的完成需要有丰富的经验,并要考虑周到,否则分析质量会严重受影响。FMEA表格可以根据实际需要拟定(见表4-26)。

表 4-26　FMEA 分析表

♯系统编码	故障模式	故障原因	故障影响			严重度等级	故障检测方法	补偿措施	备注
			局部影响	上级影响	最终影响				
						Ⅰ、Ⅱ、Ⅲ、Ⅳ			

(4)结果汇总。在完成故障类型和影响分析后,详细分析并制定削减风险的措施。

4.人因模型分析

本研究从对医用内窥镜使用人员进行焦点访谈出发,结合FMEA模型分析医用内窥镜失效场景;构建基于使用场景的SHEL模型,通过基于SHEL模型的问卷提取评价人因可靠性的指标;基于指标建立调查问卷,评估不同型号内窥镜的人因可靠性。比较国产和进口医用内窥镜在人因可靠性设计的差异性,总结可靠性设计方案,降低客观人因失误,提高国产医用内窥镜软硬件的可靠性竞争力。

医用内窥镜人因可靠性评价模型是基于用户模型与任务模型开发的,用于评价不同内窥镜产品在人因素影响下的可靠性评价指标集。通过工作负荷、内窥镜系统质量、内窥镜人机界面等3个一级指标及其下21个二级指标,结合专家咨询法,分别从操作者及操作者内窥镜两个维度评价人的可靠性。根据评价结果,可直接对内窥镜产品设计中的人的可靠性进行排序,并通过各指标评价排序识别产品的优劣势,为提高产品的可靠性提供改进方向。

二、基于人因的医用内窥镜可靠性系统评价体系

目前,我国对医疗器械的人因可靠性评估研究尚处于探索期,研究多集中于临床诊疗、医疗设备维修、医疗管理系统方面。在国内医疗行业,人因可靠性评估和分析尚无可参考的系统的评估方法与体系。通过可用性理论、方法、工具应用到医用内窥镜的人机交互软硬件界面评价,有利于发现医用内窥镜在可靠性设计方面的问题,同时通过分析内窥镜操作过程中的人－机－环的组成及相互影响,开发适用于医用内窥镜的人因可靠性评价方法,使其能够科学、有效、方便地对比和评价国内外医用内窥镜产品的可靠性。

(一)人因可靠性分析研究背景

可靠性是提高用户操作体验、保证使用安全、提高产品竞争力的关键。在欧美等发达国家,可靠性测试已经成为医疗器械产品上市前的强制要求;在我国,尚没有出台有关可靠性的标准和要求,导致我国医疗器械厂家在研发设计时忽略了可靠性的重要性。

研究表明,60%～70%的医疗事故是由医疗器械在使用中出现错误所引起的。IEC 60601-1 医用电气设备认为"使用错误"是产生医疗设备危险的主要原因。对医疗器械进行人因可靠性的定性、定量分析和评价,以分析、预测、减少和预防人的使用错误。

随着医疗科技的发展,医用内窥镜系统中人、机、环的组成及影响愈加复杂,其中各个失效因素都可能直接或间接导致人的使用错误的发生,从而引发医疗事故。为了减少使用错误的发生,有必要对人因可靠性进行分析。

(二)人因可靠性指标体系的建立

1.人因可靠性

可靠性(reliability)是指定单位时间内,产生正确输出的概率。

在使用医疗器械中,人的可靠性低直接影响设备的安全性或有效性,从而导致不希望出现的结果或者意外发生。理论上说,人的可靠性可以通过人在单位时间内成功完成任务的概率来衡量。人机系统的可靠性可看作是人因可靠性与设备可靠性的乘积,即:

$$人机系统的可靠性＝人因可靠性×设备可靠性$$

由于产品开发等因素,设备可靠性往往难以及时改变,但人往往容易改变,且如果进行积极引导,提高人因可靠性,就可以提高人机系统的可靠性,从而降低不良事件和(或)故障的发生率。

人因可靠性是指在使用某种设备或者器械的过程中,人作为主要的操作者在

一定的时间限度内或规定的必须完成的操作任务内,由人成功地完成工作或者任务的概率。人因可靠性是可变的,有多个影响因素,包括自身局限性因素和外界影响因素。由于医用内窥镜操作人员多是高学历且工作经验丰富的专业人员,因此本研究暂不考虑自身局限性对人因可靠性的影响,目光集中在外界影响因素中。

2.指标集构建

关于医用器械产品的人因可靠性评价,从不同角度会有不同的评价指标。从人本身出发,有工作负荷;从设备出发,有空间舒适性、设备整体效果、人机界面等;从环境出发,有舒适度、干扰度等;从组织角度出发,有培训充分、任务合理性等;从其他相关人角度出发,有沟通、合作等。因此,要确定一个具体的人因可靠性评价方案,需要整理、分析和综合在内窥镜中使用的人的因素,然后通过用户访谈、广泛征求专家和用户意见确定(见图4-5)。

3.人因可靠性访谈因素框架

通过建立人因可靠性访谈因素框架,对专家进行有目的的访谈,旨在发现医用内窥镜使用环境、消毒操作流程、故障现象和不良事件及其原因。参与本次调研的是西安交通大学第一附属医院有多年工作经验的主任医师、护士长和消毒供应科主任。通过访谈,初步了解内窥镜使用环境、洗消操作流程、使用中较常出现的故障和不良事件以及引发故障和不良事件的可能原因。但由于访谈人员工作繁忙,访谈时间较短且访谈

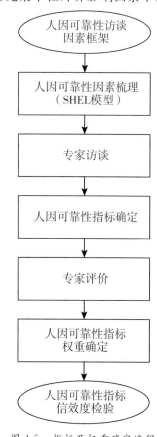

图4-5 指标及权重确定流程

内容受个人主观因素影响,所以基于因素框架的访谈结果不足以完全覆盖所有的故障、不良事件及引起这些失效的因素。因此,引入 SHEL 模型了解医用内窥镜系统在使用过程中的人为影响因素。

通过对西安交通大学第一附属医院进行实地调研,结合内窥镜在检查及手术过程中的使用环境,对医院现阶段腔镜设备操作任务进行了梳理(见图4-6),并对消毒供应中心清洗、消毒处理内窥镜器械的全任务进行梳理(见图4-7)。专家访谈因素框架见图4-8。

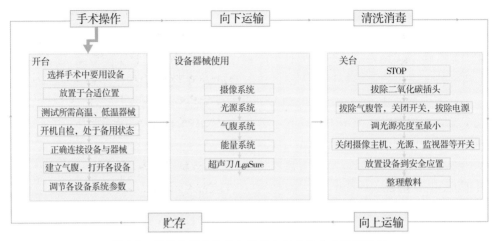

图 4-6　医用内窥镜设备与器械全任务及手术操作流程

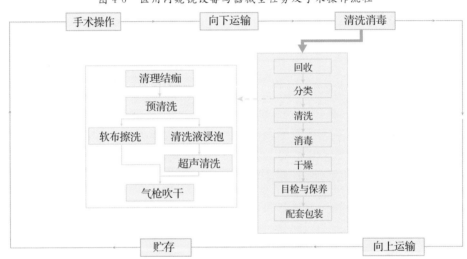

图 4-7　消毒供应中心清洗、消毒处理内窥镜器械的全任务

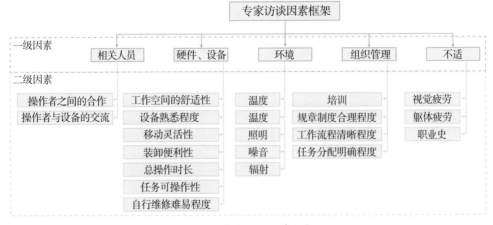

图 4-8　专家访谈因素框架

SHEL 模型主要用于梳理医用内窥镜工作系统中的人、设备、环境等影响因素，这些影响因素可能对医用内窥镜的故障或不良事件的出现有不同的影响。SHEL 模型以 L1 为中心，L1 表示直接操作人，在本研究中称其为核心人；S 表示软件，即规章制度等，在本研究中一律称其为组织；H 表示硬件，即医用内窥镜本身，在本研究中一律称其为设备；E 表示环境，即医用内窥镜正常工作时所处的一般环境；最后，L2 表示医用内窥镜在工作中除核心人之外的相关人，多以团队配合等形式进行讨论，在本研究中一律称其为相关人员。

为了毫无遗漏地梳理内窥镜操作中可能导致故障或失效的全影响因素，我们结合 SHEL 模型分析方法，全面分析在医用内窥镜使用过程中影响人因可靠性的各个因素。构建基于医用内窥镜的 SHEL 模型（见图 4-9）。

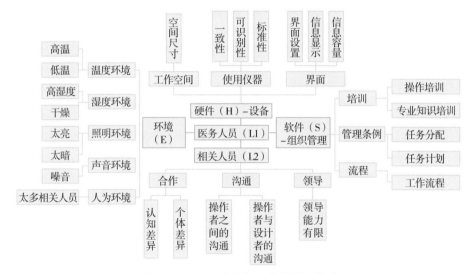

图 4-9　基于医用内窥镜的 SHEL 模型

(三)结　果

1.人因可靠性指标

通过应用 SHEL 模型，筛选在内窥镜使用场景中的所有影响因素，结合本次人因可靠性评价的目标，评价不同品牌型号之间的内窥镜，通过专家咨询对其中的公共影响因素（环境、组织管理、相关人员等）进行删减，并由专家评价所保留的因素的必要性，提取人因可靠性指标（见表 4-27）。

表 4-27　医用内窥镜的人因可靠性评价指标

指标分类维度	编号	一级指标	编号	二级指标
人（L）	W	工作负荷	W1	脑力需求
			W2	体力需求
			W3	时间需求
			W4	业绩水平
			W5	努力程度
			W6	受挫程度
人-内窥镜系统（S）	R	用户满意度	R1	满意度
	Q	内窥镜系统质量	Q1	系统的快速辅助程度
			Q2	系统的舒适性
			Q3	系统的易学性
			Q4	系统的高效性
			Q5	系统的公平易用性
			Q6	系统的简单直观性
			Q7	系统的功能全面性
	U	人机界面	U1	整体喜爱程度
			U2	人机界面的舒适性
			U3	显示信息清晰准确性
			U4	显示信息的纠错性
			U5	显示信息容易被找到或引起注意的程度
			U6	提示信息可以有效地帮助任务完成的程度
			U7	屏幕上信息组织形式的清晰合理性
			U8	中断可以快速恢复的程度

　　总体上，从两个维度来考虑指标集的构建，维度参考 SHEL 模型划分。一级指标可以看作二级指标的评价对象。二级指标体现一级指标的具体化，是直接用来评测的指标。以下分两个维度对指标集做出说明。

　　(1)人维度：首先考虑使用内窥镜的自然人。

　　工作负荷是指用户在使用产品时的心理负荷水平，也直接影响用户的主观满意度。引入较为成熟的评价工作负荷的模型——NASA 任务负荷指数(NASA-TLX)进行工作负荷评价，以评价医护人员在使用医用内窥镜时的心理负荷水平。

工作负荷评价包括脑力需求、体力需求、时间需求、业绩水平、努力程度和受挫程度6 个指标,其主要用于对各种人机接口系统的操作人员进行主观的工作量评估。通过采用多维评级程序,根据 6 个加权平均数的评级得出总体工作量评分。一些研究发现,该量表应用于许多试验操作水平的工作负荷评估时,能有效评估主观心理负荷,具有较好的信效度。

(2)人-内窥镜维度:同时考虑使用内窥镜的自然人和内窥镜。

用户满意度是指用户在使用内窥镜系统时的主观满意度。一般由用户根据实际使用感受直接进行评价。

系统质量是指医用内窥镜整个系统的情况,分别从系统的快速辅助程度、舒适性、易学性、高效性、公平易用性、简单直观性和功能全面性 7 个角度进行评价。由用户根据实际使用感受直接进行评价。

内窥镜人机界面是在内窥镜使用过程中人与内窥镜传递、交互信息的媒介和对话接口,实现信息的内部形式与人类可以接受形式之间的转换。其分别从整体喜爱程度、人机界面的舒适性、显示信息的清晰准确性、显示信息的纠错性、显示信息容易被找到或引起注意的程度、提示信息可以有效地帮助任务完成的程度、屏幕上信息组织形式的清晰合理性、中断可以快速恢复的程度 8 个角度进行评价。

2.评测指标定义

参与问卷调查的人员为从事内窥镜操作、维护等相关工作的医师、护师和工程师。

(1)人:使用内窥镜的自然人。

(2)工作负荷:在操作内窥镜的单位时间内人所承受的工作量。

(3)脑力需求:完成内窥镜操作需要耗费脑力活动(思考、下决定、计算、记忆、观察、搜查等)。

(4)体力需求:完成内窥镜操作需要体力活动(推、拉、转身、动作控制及进行活动活动)。

(5)时间需求:操作内窥镜时的速度或节奏让操作者感受到的时间压力。

(6)业绩水平:完成内窥镜操作的程度以及完成时对自己操作的满意度情况。

(7)努力程度:为完成内窥镜操作所付出的脑力和体力的努力情况。

(8)受挫程度:在完成内窥镜操作过程中感到沮丧、烦恼的程度。

(9)人-内窥镜系统:使用内窥镜时的人与内窥镜所构成的系统。

(10)用户满意度:用户在使用内窥镜系统时的主观满意度。

(11)内窥镜系统质量:内窥镜系统中关于设备、功能的质量评价。

(12)系统的快速辅助程度:在使用内窥镜系统时,内窥镜可以辅助用户完成任务或目标的及时程度。

（13）系统的舒适性：在使用内窥镜各个功能、操作内窥镜各部件时的舒适性。

（14）系统的易学性：内窥镜的各功能是否容易学会并且进行相关功能操作。

（15）系统的高效性：用户使用内窥镜是高效的。

（16）系统的公平易用性：设备及其操作对不同能力的人都可用且适宜。

（17）系统的简单直观性：内窥镜在操作时显示的信息容易理解。

（18）系统的功能全面性：该内窥镜可以满足所有操作的功能。

（19）内窥镜人机界面：指在使用内窥镜过程中人与内窥镜传递、交互信息的媒介和对话接口，实现信息的内部形式与人类可以接受形式之间的转换。

（20）整体喜爱程度：喜欢该内窥镜的人机界面。

（21）人机界面的舒适性：内窥镜的界面是令人舒适的。

（22）显示信息清晰准确性：内窥镜系统所提供的显示信息是非常清晰明确的（如在线帮助、屏幕信息及其他文档）。

（23）纠错性：当内窥镜系统给出错误信息提示时，可以清晰地告知如何解决问题。

（24）显示信息容易被找到或引起注意的程度：内窥镜系统显示的信息易被操作者找到。

（25）提示信息可以有效地帮助任务完成的程度：该内窥镜系统的提示信息可以有效地帮助任务的完成程度。

（26）屏幕上信息组织形式的清晰合理性：内窥镜系统屏幕上的信息组织形式很清晰。

（27）中断可以快速恢复的程度：在内窥镜使用过程中出错时，可以容易并快速地恢复。

3. 评价指标的信度与效度

对评测指标集进行信度与效度检验。信度一般用来衡量评测体系的稳定性，是否具备内部一致性。效度一般用于衡量一个评测体系所测量的评测结果的真实程度，主要有结构效度、内容效度和准则效度。上文构建的指标集虽是基于大量相关研究的分析基础，具有一定的内容效度，但初步指标集的提出毕竟带有很大的主观性，其实际效度、信度如何，需要通过实践来检验并做进一步筛选。首先通过向专家组发放量表和调查问卷，收集专家对指标的必要性和可行性的意见，力求提高指标集的效度与信度。

根据咨询目的和内容制定专家的遴选标准：从事医用内窥镜实践研究的专家、学者，且职称在中级以上，在医疗设备可用性、可靠性方面有过研究，从事相关专业 5 年以上，愿意参加此次咨询。咨询专家人数以 10～50 人为宜，本研究最终选择了来自武汉的 10 名专家。

专家对指标集的认可态度属于态度测量，需要采用顺序测量量表，参考李克特五点式量表,编写指标必要性的专家意见征询调查问卷。为方便问卷回收后的量化处理,问卷中对每个三级指标给出必要性由低到高的 5 个选项,分别为 1(非常不必要)、2(比较不必要)、3(不确定)、4(比较必要)、5(非常必要),以供专家选择。评分≥3 分即认为该问题必要。此外,为了更多地了解专家对指标集的意见,问卷最后还留有收集专家开放性意见的选项。

回收量表并进行统计分析,结果如图 4-10 所示,所有指标的评分＞3,因此认为所有指标都是必要的。

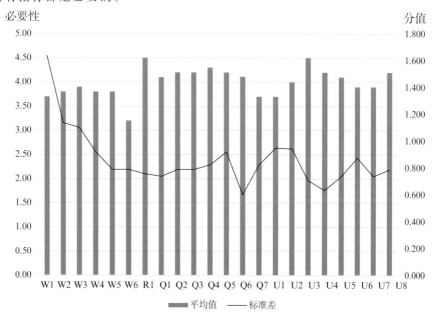

图 4-10 专家对于指标必要性的评价结果

4. 指标集的信度分析

使用克隆巴赫 α 系数评估指标集信度。若 α 系数低于 0.35,则评测信度不可接受。而在先前的非基础研究中,只要克隆巴赫 α 系数达到 0.7,就认为信度是可以接受的。采用 SPSS 23.0 软件对调查问卷的统计数据进行汇总分析,结果如表 4-28所示。

计算得到的克隆巴赫 α 系数为 0.880,可以认为专家意见在总体上具有很好的内部一致信度。

表 4-28 指标必要性调查结果信度分析

克隆巴赫 α 系数	基于标准化项的克隆巴赫 α 系数	项数
0.844	0.880	22

5. 指标集的效度分析

在内容效度方面,指标集的提出基于对国内外相关文献的广泛阅读与分析,并符合有关的指标构建原则,且初步的指标集经过专家意见筛选。可以认为,指标集的内容效度能够有保证。

在结构效度方面,采用因子分析方法(factor analysis)。若一组变量中能够分析出多个特征值大于1的因子,且这些因子对整个变量组合的影响率之和超过了70%,则可以认为该评测方法具备很好的结构效度。应用 SPSS 23.0 软件,采取因子分析法,得到如下结果(见表4-29)。

表 4-29　总方差解释

成分	初始特征值			提取载荷平方和		
	总计	方差百分比/%	累积百分比/%	总计	方差百分比/%	累积百分比/%
1	11.237	51.077	51.077	11.237	51.077	51.077
2	3.931	17.868	68.945	3.931	17.868	68.945
3	2.724	12.384	81.328	2.724	12.384	81.328
4	1.649	7.495	88.823	1.649	7.495	88.823
5	1.433	6.512	95.335	1.433	6.512	95.335
6	0.546	2.481	97.816			
7	0.481	2.184	100.000			
8	$8.446E-16$	$3.839E-15$	100.000			
9	$4.455E-16$	$2.025E-15$	100.000			
10	$3.681E-16$	$1.673E-15$	100.000			
11	$3.366E-16$	$1.530E-15$	100.000			
12	$2.590E-16$	$1.177E-15$	100.000			
13	$1.976E-16$	$8.983E-16$	100.000			
14	$1.499E-16$	$6.816E-16$	100.000			
15	$6.127E-17$	$2.785E-16$	100.000			
16	$4.873E-32$	$2.215E-31$	100.000			
17	$-4.796E-17$	$-2.180E-16$	100.000			
18	$-2.263E-16$	$-1.029E-15$	100.000			
19	$-2.843E-16$	$-1.292E-15$	100.000			
20	$-3.480E-16$	$-1.582E-15$	100.000			
21	$-8.009E-16$	$-3.640E-15$	100.000			
22	$-1.048E-15$	$-4.765E-15$	100.000			

提取方法:主成分分析法。

可见指标集共分析出 5 个特征根大于 1 的因子,且这些因子的贡献率百分比之和超过 75%,因此可认为评测指标体系的结构效度良好。

在对指标集进行信度、效度检验并调整后,确定了指标项的构成。接下来将对指标集赋权重值。

6.评价指标权重

◆运用层次分析法确定各指标权重

采用层次分析法分析指标及其相互联系。层次分析法能够模拟人的思维决策过程,能够进行一致性检验,在解决多属性和多指标决策问题方面具有优势。将医用内窥镜人因可靠性分解为不同指标,并将这些指标归并为不同的层次,从而形成多层次结构。对不同层次的指标逐对比较,建立判断矩阵。通过计算判断矩阵的最大特征值和对应的正交化特征向量,得出该层要素对于该准则的权重,在这个基础上计算出各层指标对于总体目标的组合权重。

根据文献分析法,拟定医用内窥镜人因可靠性指标调查问卷,拟定专家调查问卷,为了使决策判断定量化和无量纲化,在设置判断矩阵进行比较时,根据 Satty 提出的 1~9 标度法进行两两比较赋值,判断矩阵标度及其含义(见表 4-30)。由于工作负荷量表为标准量表,对其维度不再进行权重赋值,所以工作负荷同级权重为 1.000。对于其他指标,采用 Yaahp 软件辅助完成层次分析法数据运算、一致性调整等工作。

表 4-30　判断矩阵标度及其含义

标度	含义
1	B 与 A 具有相同的重要性
3	B 比 A 稍重要
5	B 比 A 明显重要
7	B 比 A 强烈重要
9	B 比 A 极端重要
2,4,6,8	B 相对于 A 的重要性介于以上两个相邻等级之间

总计回收筛选出有效问卷 10 份,经 Yaahp 软件辅助调整计算及统计分析,得到各指标权重值如表 4-31 与表 4-32 所示。

表 4-31　带有同级权重值的指标集

编号	指标分类维度	同级权重	编号	一级指标	同级权重	编号	二级指标	同级权重
L	人	0.7362	W	工作负荷	1.0000	W1	工作负荷	1.0000
S	人-内窥镜系统	0.2638	R	用户满意度	0.3857	R1	用户满意度	1.0000
			Q	内窥镜系统质量	0.4759	Q1	系统的快速辅助程度	0.3011
						Q2	系统的舒适性	0.2066
						Q3	系统的易学性	0.1355
						Q4	系统的高效性	0.1165
						Q5	系统的公平易用性	0.1097
						Q6	系统的简单直观性	0.0830
						Q7	系统的功能全面性	0.0476
			U	内窥镜人机界面	0.1383	U1	整体喜爱程度	0.2647
						U2	人机界面的舒适性	0.2267
						U3	显示信息清晰准确性	0.1247
						U4	显示信息的纠错性	0.1030
						U5	显示信息容易被找到或引起注意的程度	0.0898
						U6	提示信息可以有效地帮助任务完成的程度	0.0698
						U7	屏幕上信息组织形式的清晰合理性	0.0630
						U8	中断可以快速恢复的程度	0.0582

表 4-32　带有综合权重值的指标集

编号	指标分类维度	综合权重	编号	一级指标	综合权重	编号	二级指标	综合权重
L	人	0.7362	W	工作负荷	0.7362	W1	工作负荷	0.7362
S	人-内窥镜系统	0.2638	R	用户满意度	0.1017	R1	满意度	0.1017
			Q	内窥镜系统质量	0.1255	Q1	系统的快速辅助程度	0.0378
						Q2	系统的舒适性	0.0259
						Q3	系统的易学性	0.0170
						Q4	系统的高效性	0.0146
						Q5	系统的公平易用性	0.0138
						Q6	系统的简单直观性	0.0104
						Q7	系统的功能全面性	0.0060
			U	内窥镜人机界面	0.0365	U1	整体喜爱程度	0.0097
						U2	人机界面的舒适性	0.0083
						U3	显示信息清晰准确性	0.0045
						U4	显示信息的纠错性	0.0038
						U5	显示信息容易被找到或引起注意的程度	0.0033
						U6	提示信息可以有效地帮助任务完成的程度	0.0025
						U7	屏幕上信息组织形式的清晰合理性	0.0023
						U8	中断可以快速恢复的程度	0.0021

(四)评价方法

相关人员在根据实际操作经验填写表格后,主要由临床医护人员对医用内窥镜系统的使用体验进行评估并由第三方独立评估团队进行原因分析。

对参与调查人员进行初步筛选。需要如实填写基本信息,通过职称、从事内窥镜操作的工作年限、平均每日操作内窥镜工作时长进行筛选。

工作负荷评价:根据日常工作中实际操作内窥镜的体验进行工作负荷评估,分别从脑力需求、体力需求、时间需求、业绩水平、努力程度和受挫程度 6 个维度进行 0～10 分的评价;在 20 等分的直线表中,0 表示需求最低,10 表示需求最高。之后对 6 个维度进行两两对比,选择与完成任务关系最密切(即对操作影响最大)的一项,根据各维度被选中的次数,确定其对总工作负荷的权重。

系统可用性评价:根据实际操作中的体验,依据不同型号分别进行内窥镜系统可用性评价。分别从系统有用性、交互界面信息显示质量、人机交互界面舒适性进行 1~10 分的评价。其中,1 分表示非常赞同所描述的内容,10 分表示强烈反对所描述的内容。分数越低,表示该系统的可用性越好。若题项与经验不符,则填写"不适用"。项目 1~8 代表系统效能,9~15 代表信息质量,16~19 代表界面质量。

失效模式评价:根据日常工作经验,对基于内窥镜操作任务阶段的故障失效模式与影响进行调查,对各操作阶段进行失效评估,从而发现在内窥镜设计、使用过程或服务中可能出现失败(问题、错误、风险和顾虑)的方式。参与调查人员需要从发生概率、严重度、可检测度 3 个维度进行评估。

失效因素的专家评估:以医务人员为中心,研究其与软件、硬件、环境及相关人员的关系,对内窥镜系统的使用错误提供基本因素并由第三方专家小组进行评估。

基于具体使用错误进行根本原因分析:对具体故障中存在的使用错误进行根本原因分析,并对故障带来的影响和伤害进行划分。专家需要结合具体故障,对操作过程中的使用错误及原因进行分析,并对故障后果进行说明。

对具体的使用错误进行失效概率定量分析。参与调查人员在一定场景中实施内窥镜操作/处理任务,针对任务中的使用错误进行观察与访谈,进行任务的不可靠性分类,确定错误产生条件,制定补救措施,最终由分析者完成文档阶段。

第四节　医用内窥镜设备技术性能评价体系

医用内窥镜设备技术性能评价体系的建立过程主要包括技术性能评价指标体系的建立、技术性能评价方法体系的建立以及技术性能评价体系的应用与分析三个阶段。第一阶段,技术性能评价指标体系的建立,分为常规评价指标的选取和确立以及创新指标的研究建立。第二阶段,技术性能评价方法体系的建立,分为常规评价方法的确立以及创新指标评价方法的研究建立。第三阶段,技术性能评价体系的应用与分析,主要包含对选取的医用设备进行检测并完成检验数据的统计分析研究,形成对评价体系的验证支持。

在医用内窥镜技术性能方面,ISO 8600 系列国际标准仅涉及内窥镜有关的基本光学特征(如视场、视向和分辨力),但仅这些指标要求是远远不够的。医用电子内窥镜性能在本课题立项之前尚无标准。采用光电传感器成像的民用摄像/照相系统与医用内窥镜的要求差别很大,比如:民用摄像/照相系统是在规定基准照明条件下的性能,这与医用电子内窥镜的要求大不相同;医用内窥镜结合大景深下的大视场成像也与民用摄像/照相系统有很大的差别;内窥镜配套的人工光源性能也与民用摄像/照相系统评价光环境大不相同,等等。因此,对医用内窥镜的评价也不能直接引用民用摄像/照相系统国际国内标准。国内涉及医用硬性内窥镜性能评价的标准主要是 YY0068 行业系列标准以及其他按功能分类命名的医用内窥镜产品系列标准。YY0068 行业系列标准包含了硬性内窥镜产品安全有效性评价的实质内容。

YY0068.1－2008 医用内窥镜 硬性内窥镜 第 1 部分:光学性能及测试方法

YY0068.2－2008 医用内窥镜 硬性内窥镜 第 2 部分:机械性能及测试方法

YY0068.3－2008 医用内窥镜 硬性内窥镜 第 3 部分:标签和随附资料

YY0068.4－2009 医用内窥镜 硬性内窥镜 第 4 部分:基本要求

YY 1082－2007 硬性关节内窥镜

YY 1075－2007 硬性宫腔内窥镜

YY 1081－2011 医用内窥镜 内窥镜功能供给装置 冷光源

YY 0843－2011 医用内窥镜 内窥镜功能供给装置 气腹机

GB 11244－2005 医用内窥镜及附件通用要求

YY 91083－1999 纤维导光膀胱镜

YY 1028－2008 纤维上消化道内窥镜

YY/T 0283－2007 纤维大肠内窥镜

GB9706.19－医用电气设备 第 2 部分 内窥镜设备安全专用要求

其中,YY0068.1 标准在涵盖 ISO 8600《光学和光电技术　　医用内窥镜和内治疗设备》系列标准的所有光学要求的基础上,创新性填补了硬性内窥镜颜色分辨能力和色还原性、边缘光效、照明镜体光效、综合光效、光能传递效率、单位相对畸变的定义、表达式、要求和试验方法,填补了景深、视场质量、照明变化率和边缘均匀性的要求和试验方法,增补了入、出瞳视向角的定义和应用内容。此外,还修正了 ISO 8600 标准的光学内容部分——角分辨力、视场角和视向角的定义、表达式和试验方法。全面超越了 ISO 8600 标准有关光学内容的水平。

YY0068 系列标准由浙江省医疗器械检验研究院负责起草制定,该标准发布后在国际内窥镜领域产生了很大影响,一些全新的理念突破了 ISO 8600 标准进展的"瓶颈"。先后有德国奥林巴斯、德国卡尔史托斯以及美国内窥镜检测领域专家来浙江省医疗器械检验研究院学习和交流,起草专家也分别受邀到德国奥林巴斯总部、德国卡尔史托斯公司以及日本奥林巴斯总部进行学术交流。目前,YY0068.1 标准中颜色分辨能力、综合光效和光能传递效率三个方法转化为 ISO 国际标准项目的 PWI 阶段工作正在进行。

近年,浙江省医疗器械检验研究院已搭建了一个完整的微创内窥镜系统体系框架,并按此框架制定标准。主要承担以下内窥镜及设备的检测工作,包括:腹腔镜、膀胱镜、脑室镜等硬性内窥镜,上消化道镜、下消化道镜、支气管镜等软性光纤内窥镜,胶囊内窥镜,各类电子和超声内窥镜,医用内窥镜及附件、内窥镜功能供给装置、内窥镜手术设备、内窥镜器械等。

一、技术性能评价指标体系的建立

技术性能评价指标的选取包括常规指标和创新指标两部分。常规指标的选择旨在体现临床过程中医生所关心的一些产品性能。创新指标的选取则探索建立一部分关于内窥镜组合整机系统的评价指标。通过理论和试验以及与企业、医生等的交流探讨,分析各技术性能指标对临床实际效果的影响和意义,选择合理的、具有临床意义的重要性能评价指标,来建立本课题的医用内窥镜设备的技术性能评价指标。

(一)常规指标的选择和确立

评价指标体系的第一部分——常规指标的选择和确立,主要的工作过程包括调查、收集医用内窥镜设备的资料,总结几年来的检验报告,比较试验结果,以及验证、标准研究等。通过查阅文献、观摩临床手术、与资深医生交流探讨、与制造商技术人员交流探讨,结合浙江省医疗器械检验研究院(杭州医疗器械质量监督检验中心)国内领先团队在内窥镜系统标准研究、安全有效性研究以及内窥镜产品检测中的长期丰富的经验,分析各技术性能指标对临床实际效果的影响和意义,选择典型的临床意义重大的关键性能评价指标进行评价。其中,标准方法中所依据的行业标准 YY 0068.1－2008《医用内窥镜 硬性内窥镜 第 1 部分:光学性能及测试方法》、YY 1081－2011《医用内窥镜 内窥镜功能供给装置 冷光源》、YY 0843－2011《医用内窥镜 内窥镜功能供给装置 气腹机》等的研究和制定都是由浙江省医疗器械检验研究院主持完成的。

(二)创新指标的选择和确立

随着医用内窥镜技术以及相关临床应用技术的发展,现有技术性能评价指标已滞后,导致某些内窥镜技术缺乏有效的测评方法,特别是针对医用内窥镜、摄像系统与冷光源组合后整体系统的成像性能的评价基本处于空白。本课题研究的关键科学问题是如何在研究医用内窥镜技术的基础上,根据临床实际应用环境,挖掘临床实际应用所需的评价指标。目前尚无适用于医用内窥镜的角空间频率、亮度响应特性和动态信噪比评价方法,如何选择研究的基础和参考标准? 由于内窥镜所用的是大景深、大视场的光学系统,并且临床应用自带照明光源(非外部光源),无基准照明条件,也无自动增益调节控制功能,所以按目前所有可参考的(包括民用摄像/照相系统)国际 ISO12233、ISO14524、ISO15739 标准方法会给测试结果带来不确定性和不完整性,使数据缺乏意义。因此,所借鉴的国际 ISO 标准方法无法直接应用。第二部分创新指标的挖掘,旨在通过研究建立和创造适用的方法,评价内窥镜整机系统的技术性能。我们收集、比对了当前我国市场上医用内窥镜、冷光源、摄像系统、电子内窥镜产品的技术资料,由于以前没有关于该类产品的国家标准,所以研究的主要思路是借鉴 ISO 标准,建立一套与之匹配的摄像系统/电子内窥镜通用术语,在技术要求中主要确定摄像系统/电子内窥镜的特殊要求以及试验方法,根据临床应用确定产品的定性要求及定量要求。

已查阅的资料和国内外最新标准

◆ EMVA 1288－2010 图像传感器和照相机的特性标准

光电转换及色彩编码规则相关标准:ISO 22028－1－2016　摄影和印刷技术 数据图像储存、处理和互换用扩展颜色编码 第 1 部分:层次结构和要求

◆ ISO 22028－2－2013 摄影和印刷技术 数字图像储存、处理和互换用扩展颜色编码 第 2 部分:标准输出媒介公制 RGB 彩色图像编码(ROMM RGB)

◆ ISO/TS 22028－3－2012 摄影和印刷技术 数字图像存储、操作及置换的拓展性色彩编码 第 3 部分:基准输入介质度量 RGB 彩色图像编码(RIMM RGB)

◆ ISO/TS 22028－4－2012 摄影和图形技术 用于数字图像存储、处理和交换的扩展颜色编码 第 4 部分:欧洲颜色促进会 RGB 彩色图像编码

◆ IEC 61966－2－1－1999 多媒体系统与设备 色彩测量和管理 第 2－1 部分:色彩管理 默认 RGB 色彩空间 sRGB

◆ IEC 61966－2－2－2003 多媒体系统与设备 色彩测量和管理 第 2－2 部分:色彩管理 扩展 RGB 色彩空间 scRGB

◆ IEC 61966－2－4－2006 多媒体系统与设备 色彩测量和管理 第 2－4 部分:色彩管理 视频用扩展范围 YCC 色彩空间 xvYCC

◆ IEC 61966－2－5－2007 多媒体系统与设备 色彩测量和管理 第 2－5 部分:色彩管理 任选 RGB 色彩空间 opRGB

◆ IEC 61966－3－2000 多媒体系统与设备 色彩测量和管理 第 3 部分:使用阴极射线管的设备

◆ IEC 61966－4－2000 多媒体系统与设备 色彩测量和管理 第 4 部分:使用液晶显示屏的设备

◆ IEC 61966－5－2008 多媒体系统与设备 色彩测量和管理 第 5 部分:使用等离子显示屏的设备

◆ IEC 61966－6－2005 多媒体系统与设备 色彩测量和管理 第 6 部分:直接投影显示器

◆ IEC 61966－9－2003 多媒体系统与设备 色彩测量和管理 第9部分:数字照相机

◆ ITU－R BT.709－6－2015 关于演播和国际节目交换的 HDTV 标准参数值

◆ ITU－R BT.601－7－2011 标准 4:3 和宽屏幕 16:9 数字电视的演播编码参数

◆ ISO 20462－1－2005 摄影 评定图像质量的心理物理实验方法 第1部分:心理物理原理综述

◆ ISO 20462－2－2005 摄影 评定图像质量的心理物理实验方法 第2部分:三重对比法

◆ ISO 20462－3－2012 摄影 评定图像质量的心理物理实验方法 第3部分:质量尺度法

◆ ISO 12233－2014 摄影—电子静止图像成像—分辨率和空间频率响应

◆ ISO 14524－2009 摄影—电子静止图像照相机—光电转换函数(OECFs)的测量方法

◆ ISO 12232－2006 摄影 数码照相机 曝光指数、ISO 感光度值、标准输出灵敏度和推荐曝光指数的确定

◆ ISO 15739－2013 摄影术—电子静止图像成像—噪声测量

◆ ISO 17321－1－2012 图形技术和摄影术 数字照相机(DSC)的色彩表征 第1部分:色刺激、计量及试验规程

◆ ISO/TR 17321－2－2012 图像技术和摄影 数码相机(DSCs)的彩色特性 第2部分:确定场景分析转换的注意事项

◆ GB/T 15865－1995 摄像机(PAL/SECAM/NTSC)测量方法 第1部分:非广播单传感器摄像机

◆ IEC 61146－1－1994 摄像机(PAL/SECAM/NTSC)测量方法 第1部分:非广播单传感器摄像机

◆ IEC 61146－2－1997 摄像机(PAL/SECAM/NTSC)测量方法 第2部分:两个和三个传感器的专业摄像机

◆ IEC 61146－3－1997 摄像机(PAL/SECAM/NTSC)测量方法 第3部分:非广播用摄像记录器

◆ IEC 61146－4－1998 摄像机(PAL/SECAM/NTSC)测量方法 第4部分:摄像机和摄像记录器的自动功能

(三)信度和效度分析

医用内窥镜设备技术性能评价所涉及的指标均为国家行业标准,经国家食品

药品监督管理总局批准发布。需要在今后的大规模实际测评中,对其信度和效度进行进一步的分析。

(四)指标定义

我们通过参考 ISO 相关标准并基于大量试验研究,建立以角空间频率为单位的调制传递函数(modulation transfer function,MTF)、亮度响应特性和动态信噪比等的创新性评价方法。因此,本课题所建立的关键技术性能评价指标包括常规成熟评价指标和创新评价指标。

1.硬性内窥镜

内窥镜直径:指内窥镜插入部分的最大外径。

视场角:指通过内窥镜观察到的物方视角范围,表达为以内窥镜末端为锥形顶点的锥形顶点角,以平面顶点角(用度表示)表示。

中心角分辨力:光学镜入瞳中心对给定的光学工作距处的最小可辨等距条纹宽的极限分辨角的倒数,以周/度(C/°)表示。数值越大,表示空间极限分辨频率越高。

景深:指能在像平面上获得清晰的像的空间深度。景深范围越大,所能够清晰观察的范围越大。通常用远点景深和近点景深来分别评价远点和近点像的清晰度下降程度的变化,采用所规定的远点(或近点)处的中心角分辨率与设计工作距处中心角分辨率的百分比来表示远点(或近点)景深。该百分比越大,表示远点(或近点)的清晰度下降得越不严重,景深性能越好。

以角空间频率为单位的 MTF:表示输出图像信号在理想监视器上的调制度相对于标板物面亮度的调制度之比与标板空间频率之间的函数关系,即空间频率响应(spatial frequency response,SFR)。任何光学系统的图像传递过程都会使调制度有所下降。SFR(30%)表示调制度下降为 30% 对应的物方空间角频率,SFR(50%)表示调制度下降为 50% 对应的物方空间角频率。这个数值越大,表示调制度下降到特定程度时对应的物方空间角频率越高,细节分辨能力越好。

信噪比:输出信号与噪声信号均方根值的比率,用对数值表示,反映图像信号与噪声的比值,数值越高,说明相对于信号而言的噪声越小,图像质量越清晰。

边缘均匀性:表示视场照明的均匀性,越均匀越好。

照明镜体光效:单独评价照明光路自体对边缘光效的贡献。

成像镜体光效:单独评价成像系统自体对边缘光效的贡献。

综合镜体光效:照明镜体光效和成像镜体光效的合成。

综合边缘光效:综合镜体光效和视场面形状对光效影响的综合,表示在评价视场面上的边缘光效。

单位相对畸变:反映的是内窥镜成像与真实物体之间的边缘视场和中心视场

放大倍率的差异性，以评价视场面上单位元尺度的边缘像元尺寸与中心像元尺寸的相对差异表示。该数值有正有负，其绝对值越小越好，表示边缘像的尺寸比例失真程度越小。

畸变一致性差：表示视场 4 个边缘像的尺寸比例失真程度的差别，该数值的绝对值越小，表示失真程度的差别越小。

亮度响应特性：以输出信号在理想监视器上的亮度与物体亮度之间的线性拟合系数 R2 表示，该值越大越好，表示物像亮度的线性度越好，包括 R（红色）通道、G（绿色）通道和 B（蓝色）通道。

静态图像宽容度：以高亮饱和亮度值和低亮截止亮度值的比值来表示，该值越大越好。该值越大，表示同一画面里能正确呈现物体原来亮度层级关系的亮度范围越广，越不容易出现过亮区和过暗区。

2.软性内窥镜

弯角：指向上/下、左/右可操作弯曲的最大角度范围，本测评采用向上/下最大角度范围的总和进行评价。

最小器械孔道内径：指器械孔道的最小内部宽度。

最大插入部外径：指内窥镜插入部分的最大外部宽度。

视场角：指通过内窥镜观察到的物方视角范围，表达为以内窥镜末端为锥形顶点的锥形顶点角，以平面顶点角（用度表示）表示。

中心角分辨力：指入瞳中心对给定的光学工作距处的最小可辨等距条纹宽的极限分辨角的倒数，以周/度（C/°）表示。数值越大，表示空间极限分辨频率越高。角分辨力越大，分辨能力越强，成像越清晰。

景深：指能在像平面上获得清晰的像的空间深度。景深范围越大，所能够清晰观察的范围越大。本测评采用近处（2mm）的中心角分辨力下降为设计工作距 10mm 中心角分辨力的百分比来表示近点景深，该百分比越大，表示近处的清晰度下降得越不严重，景深性能越好。本测评采用远处（50mm）的中心角分辨力下降为设计工作距 10mm 中心角分辨力的百分比来表示远点景深，该百分比越大，表示远处的清晰度下降得越不严重，景深性能越好。

以角空间频率为单位的 MTF：以空间角频率为单位的 MTF 表示输出图像信号在理想监视器上的调制度相对于标板物面亮度的调制度之比与标板空间频率之间的函数关系，即空间频率响应（SFR）。任何光学系统的图像传递过程都会使调制度有所下降。SFR（30%）表示调制度下降为 30% 对应的物方空间角频率，SFR（50%）表示调制度下降为 50% 对应的物方空间角频率。这个数值越大，表示调制度下降到特定程度时对应的物方空间角频率越高，细节分辨能力越好。

信噪比：输出信号与噪声信号均方根值的比率，用对数值表示，反映图像信号与噪声的比值,数值越高,说明相对于信号而言的噪声越小,图像质量越清晰。

边缘均匀性:表示视场照明的均匀性,越均匀越好。

照明镜体光效:单独评价照明光路自体对边缘光效的贡献。

亮度响应特性:以输出信号在理想监视器上的亮度与物体亮度之间的线性拟合系数 R2 表示,该值越大越好。该值越大,表示物像亮度的线性度越好,包括 R(红色)通道、G(绿色)通道、B(蓝色)通道。

静态图像宽容度:以高亮饱和亮度值和低亮截止亮度值的比值来表示,该值越大越好。该值越大,表示同一画面里能正确呈现物体原来亮度层级关系的亮度范围越广,越不容易出现过亮区和过暗区。

(五)评价指标权重因子的确立

在选取和确立医用内窥镜设备技术性能评价指标的基础上,针对所选指标在临床应用中不同的重要程度,我们在与临床医护人员、企业等沟通交流之后,拟定了如下的评价指标权重因子及各项指标评分表(见表 4-33 和表 4-34)。

表 4-33　硬性内窥镜指标权重

二级指标	权重	三级指标	权重
内窥镜尺寸小巧性	0.100	内窥镜直径	0.1
视场大小	0.180	视场角	0.18
成像的细节分辨能力	0.180	中心角分辨力(工作距 40mm)	0.036
		景深(10mm 中心角分辨力)	0.018
		景深(150mm 中心角分辨力)	0.018
		SFR(50%)	0.036
		SFR(30%)	0.036
		信噪比	0.036
视场光能分布	0.180	边缘均匀性	0.036
		照明镜体光效	0.018
		成像镜体光效	0.018
		综合镜体光效	0.036
		综合边缘光效	0.072
物像的尺寸比例失真程度	0.180	单位相对畸变	0.09
		畸变一致性差	0.09

续表

二级指标	权重	三级指标	权重
物像的亮度比例失真程度	0.180	亮度响应特性（R 通道）	0.03
		亮度响应特性（G 通道）	0.03
		亮度响应特性（B 通道）	0.03
		静态图像宽容度	0.09

表 4-34　软性内窥镜项目指标权重

二级指标	权重	三级指标	权重
操作性能	0.18	弯角	0.09
		孔道直径	0.09
内窥镜尺寸小巧性	0.1	内窥镜最大插入部分外径	0.1
视场大小	0.18	视场角	0.18
成像的细节分辨能力	0.18	中心角分辨力（工作距 10mm）	0.036
		景深（2mm 中心角分辨力/10mm）	0.018
		景深（50mm 中心角分辨力/10mm）	0.018
		SFR(50%)	0.036
		SFR(30%)	0.036
		信噪比	0.036
视场光能分布	0.18	边缘均匀性	0.09
		照明镜体光效	0.09
物像的亮度比例失真程度	0.18	亮度响应特性（R 通道）	0.03
		亮度响应特性（G 通道）	0.03
		亮度响应特性（B 通道）	0.03
		静态图像宽容度	0.09

二、技术性能评价方法体系的建立

基于所选定的性能评价指标体系，对于已有相关标准方法的，采用标准方法进行测评；对于目前尚无相关标准方法或公认文献发布的相关方法的，开展研究、试验并验证以建立用于技术测评的测试方法，从而形成内窥镜系统技术性能评价系统。基于技术性能评价指标体系，最终形成医用内窥镜技术性能测评的一套标准方法体系。

(一)常规指标评价方法的建立

1.医用硬性内窥镜常规指标评测方法

视场评测方法按照 YY0068.1－2008 中 5.1 规定的方法;角分辨力评测方法按照 YY0068.1－2008 中 5.2.1 规定的方法;有效景深范围评测方法按照 YY0068.1－2008 中 5.2.2 规定的方法;边缘均匀性评测方法按照 YY0068.1－2008 中 5.4.4.1 规定的方法;照明镜体光效评测方法按照 YY0068.1－2008 中 5.4.4.2规定的方法;综合光效评测方法按照 YY0068.1－2008 中 5.5 规定的方法;单位相对畸变评测方法按照 YY0068.1－2008 中 5.7 规定的方法。

2.医用冷光源常规指标评测方法

红绿蓝光的辐通量比评测方法按照 YY1081－2011 中 5.3 的要求进行试验;输出总光通量评测方法按照 YY1081－2011 中 5.8 的要求进行试验;光照均匀性按照 YY1081－2011 中 5.6 的要求进行试验;漏电流、接地电阻评测方法按照 GB9706.1 中漏电流的要求进行试验。

3.医用气腹机常规指标评测方法

气压预置的准确性评测方法按照 YY0843－2011 中 4.2.2 的要求进行试验;气压显示的准确性评测方法按照 YY0843－2011 中 4.2.3 的要求进行试验;过压释放功能评测方法按照 YY0843－2011 中 4.2.5 的要求进行试验;漏电流、接地电阻评测方法按照 GB9706.1 中漏电流的要求进行试验。

4.医用电子内窥镜常规指标评测方法

医用电子内窥镜视场角评测方法按 YY1028－2008 中 5.3.1 中规定的方法;角分辨力评测方法按 YY1028－2008 中 5.3.2 项的规定进行试验;送水送气系统评测方法按 YY1028－2008 中 5.3.11 a)、b)、c)、d)项规定的方法;吸引、钳道系统评测方法按 YY1028－2008 中 5.3.12 项规定的方法;弯角操纵系统评测方法按 YY1028－2008 中 5.3.8 项规定的方法。

(二)创新指标评价方法的研究建立

1.亮度响应特性试验方法

如图 4-11 所示,测试标板由可充满整个视场的背景 B 和小灰阶块 A 构成。背景 B 为光谱中性灰阶板。小灰阶块 A 为亮度可独立变化的照明体,照明体亮度变化范围应足以覆盖被测摄像系统/电子内窥镜的静态图像宽容度,且其最小亮度应远低于被测摄像系统/电子内窥镜的暗区截止临界亮度值。该灰阶块 A 的面积以及位置设置应能保证在其亮度调节过程中不改变被测电子内窥镜(包括电子快门在内)的整体增益。

图 4-11　测试标板

如图 4-12 示例所示,背景 B 的照明光源 B 和小灰阶块 A 的照明光源 A 均采用制造商配用的光源照明。其中,背景 B 照明的空间均匀度应不超过 20%,小灰阶块 A 照明的空间亮度均匀度应不超过 2%(测试摄像系统时该空间亮度均匀度为不超过 5%)。若不采用制造商配用的光源照明,则试验光源的光谱分布曲线形状须与制造商规定的光谱分布曲线形状相似,色温允差±10%,且亮度时间波动度应不超过 $3.24\times10^{-SNR_{temp}/20}$(其中,$SNR_{temp}$ 为被测电子内窥镜的随机信噪比),并在测试报告声明。

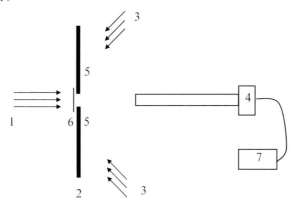

1—光源 A;2—测试标板;3—光源 B;4—电子内窥镜;5—小灰阶块窗口;
6—小灰阶块 A;7—图像采集器。

图 4-12　光路布局图示例

选择能够精确测量亮度、测量精度不低于 1 级的亮度计。选择能够无损采集并保存各种编码模式的图像数据的图像采集器。

对于具有白平衡功能的摄像系统/电子内窥镜,在测试条件下进行白平衡,调整拍摄距离至需要的位置(摄像系统的测试工作距为 500mm),记为测量工作距 d_0。

若摄像系统/电子内窥镜具有自动对焦功能,则拍摄测试标板时可以稍微对焦模糊,以减小由区块本身的纹理质地产生的噪声。这里强调的是"稍微",区块之间的边界必须保持明显区别。

调节测试标板上背景 B 的亮度,以达到制造商规定的亮度值 L_0,在小灰阶块 A 的整个亮度变化过程中,背景 B 的亮度应使被测摄像系统/电子内窥镜的整体增益保持不变。

逐渐改变测试标板上小灰阶块 A 的亮度,在宽容度范围内选择基本均布的不少于 10 个的不同亮度水平。对应每个亮度水平,测量该亮度值,记录为 L_i,并用摄像系统/电子内窥镜拍摄测试标板,用图像采集器采集 n 幅图像并保存,n 不小于 8。

对采集的图像,在小灰阶块 A 区域选取($M \times N$)个像素(推荐 32×32),分别读取每幅图像中红、绿、蓝各通道的对应输出信号($M \times N \times 3$)矩阵的输出信号。

对某亮度水平 L_i,红、绿、蓝各通道的信号平均值 $\overline{R_i}$、$\overline{G_i}$、$\overline{B_i}$ 分别由($M \times N \times n$)个像素的 R、G、B 值的算术平均计算得到。

对所获得的 L_i 对应 $\overline{R_i}$、$\overline{G_i}$、$\overline{B_i}$ 数据组,采用制造商给出的输出亮度电光转换函数(OECF 的反函数)计算显示亮度值 L_{y_i}(y_i 分别代表 $\overline{R_i}$、$\overline{G_i}$、$\overline{B_i}$)。若制造商给出的是数据列表,则输出亮度电光转换函数可采用分段线性拟合得到。L_{y_i} 对应实际被测标板各灰阶亮度 L_i 的结果应以表格和(或)图形的形式来表述。

计算 $L-L_y$ 的线性拟合度 R^2(有效位至小数点后 2 位)。计算公式如式 4-6:

$$R^2 = \frac{\left[\sum_{i=1}^{m} (L_i - \overline{L})(L_{y_i} - \overline{L_y}) \right]^2}{\sum_{i=1}^{m} (L_i - \overline{L})^2 \cdot \sum_{i=1}^{m} (L_{y_i} - \overline{L_y})^2} \qquad (\text{式 4-6})$$

式中:m 指灰阶数;$\overline{L}$ 指 L_i 的平均值;$\overline{L_y}$ 指 L_{y_i} 的平均值;红、绿、蓝通道应分别计算。

2. 信噪比试验方法

同上所述,阶块 A 的亮度,在宽容度范围内选择基本均匀分布的不少于 10 个的不同亮度水平。对应每个亮度水平,用摄像系统/电子内窥镜拍摄测试标板,用图像采集器采集 n 幅图像并保存,n 不小于 8。

对采集的图像,在小灰阶块 A 区域选取($M \times N$)个像素(推荐 32×32),分别读取每幅图像中红、绿、蓝各通道的对应输出信号($M \times N \times 3$)矩阵的输出信号。

对某亮度水平,平均亮度信号分量 $\overline{Y}$ 由($M \times N \times n$)个像素的 Y 值算术平均计算得到,Y 由红、绿和蓝各通道输出信号加权后获得。各通道加权值按照制造商给出的编码方式取值。

注:常规的标准编码可查阅 ISO 22028-1:2004。

例:如果编码方式采用 ITU-R BT.709 中规定的编码方式,则 Y 值计算可以进行以下加权:

$$Y = 0.2125R + 0.7154G + 0.0721B \qquad \text{(式 4-7)}$$

式中：R、G、B 指红、绿、蓝各通道输出信号值。

根据式 4-7 得出的 Y 值，计算色差通道 $(R-Y)$ 和 $(B-Y)$ 的输出信号值。

噪声可以根据亮度分量标准差 $\sigma(Y)$、色差通道标差 $\sigma(R-Y)$ 和 $\sigma(B-Y)$，按照式 4-8 进行计算。

$$\sigma(D) = [\sigma(Y)^2 + 0.279\sigma(R-Y)^2 + 0.088\sigma(B-Y)^2]^{1/2} \qquad \text{(式 4-8)}$$

式中：$\sigma(Y)$ 指亮度信号分量 Y 的标准差；$\sigma(R-Y)$ 指缺红亮度通道标准差；$\sigma(B-Y)$ 指缺蓝亮度通道标准差。式 4-8 中标准差的计算遵从以下过程：

对于 $M \times N$ 区域内任意位置坐标 (x,y)，设 $P_{k,(x,y)}$ 为第 k 张图像在 (x,y) 坐标位置上的信号输出值，按式 4-9 计算该坐标位置上 n 幅的信号输出平均值。

$$\overline{P_{(x,y)}} = \frac{1}{n}\sum_{k=1}^{n}P_{k,(x,y)} \qquad \text{(式 4-9)}$$

按式 4-10 计算该坐标位置上 n 幅的信号输出标准差，记为 $\sigma_{(x,y)}$。

$$\sigma_{(x,y)} = \sqrt{\frac{\sum_{k=1}^{n}\left[P_{k,(x,y)} - \overline{P_{(x,y)}}\right]^2}{n-1}} \qquad \text{(式 4-10)}$$

按式 4-11 计算在 $M \times N$ 区域内随机噪声的平均值，记为 σ_{temp}。

$$\sigma_{\text{temp}} = \frac{\sqrt{\sum \sigma_{(x,y)}^2}}{\sqrt{M \times N}} \qquad \text{(式 4-11)}$$

根据摄像系统/电子内窥镜拍摄到的不同亮度水平（不同灰阶）的亮度信号分量 $\overline{Y}$ 和噪声值，计算不同亮度水平（不同灰阶）的随机噪声信噪比，并绘制对应的信噪比曲线，纵坐标为信噪比，横坐标为亮度信号分量 $\overline{Y}$ 值。

在信噪比曲线上找到归一化后亮度信号分量 $\overline{Y}$ 值为 0.707 的信噪比。如果 0.707 不完全等于某个灰阶对应的输出信号值，则建议采用分段线性插值计算，来获取信噪比的估计值。

3. 空间频率响应试验方法

该试验可以使用正弦波星形测试标板，该标板应是光谱中性的，背景的透（反）射率为 18%。星图应是一个经过正弦波调制的星光式图案，频率通常为 144 个周期每圈，如图 4-13 所示。对于分辨率较低的电子内窥镜来说，可以使用 72 个周期的星形或更少周期的星形测试植株。其他等效的正弦波测试标板也可使用。

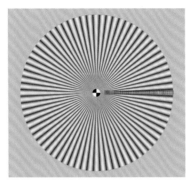

图 4-13 正弦波测试标板

若摄像系统/电子内窥镜具有自动对焦功能,则应利用自动对焦系统在测量工作距 d_0 处对焦。若手动对焦,则选择能够在空间频率大约为 1/4 的电子内窥镜奈奎斯特频率时最清晰地对焦设置。

摄像系统/电子内窥镜自带的图像压缩功能可能显著地影响分辨率测量,部分摄像系统/电子内窥镜可通过按键选择是否开启图像压缩功能。摄像系统/电子内窥镜的所有设置值都可能影响测量结果,因此,应将拍摄模式、测试距离等都与测量结果一起报告。

用摄像系统/电子内窥镜拍摄测试标板,用图像采集器采集并保存图像。

若横向像素数为 n,则奈奎斯特频率为 $n/2(\text{LP/PH})$。

该星图被分成 24 个部分。在每一个确定的半径值上搜索出距离该条半径最近的像素,存储数字值和角度(在该角度下找到该像素)。如果精确的地方没有像素,那么使用距离半径位置最近的像素值(见图 4-14),而不是使用插值法。这就使得结果中的误差比像素值插值法结果中的要小。计算出 3 个部分数据的平均值,从而最终得到 8 个部分的数据。

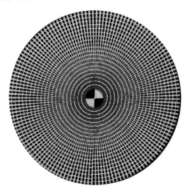

图 4-14 星图半径划分

下文详细地描述了分析工作所采用的步骤。

第 1 步:框选出包含整个星图的待分析区域。

第 2 步:进行由用户选定的星图分割。

第 3 步:沿着半径确定出像素位置(见图 4-15),选择数字码值并记录(见图 4-16),按制造商规定的亮度响应特性函数(OECF 的反函数)或数据列表计算得到输出亮度值。

第 4 步:重复上述第 3 步,以此来分析至少 32 个半径。

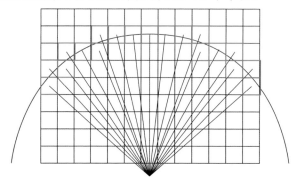

图 4-15　沿着特定半径的像素位置

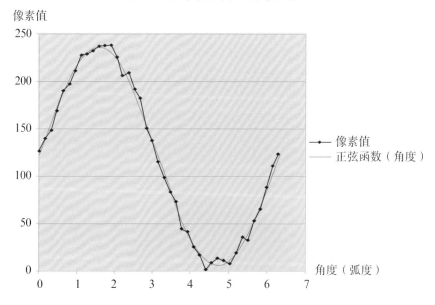

图 4-16　根据角度情况的数字码值

谐波西门子星图的强度计算见式 4-12:

$$I(\Phi)=a+b \cdot \cos\left[\frac{2\pi}{g}(\Phi-\Phi_0)\right] \qquad (式\ 4\text{-}12)$$

式中:Φ_0 为初始相位;a 为正弦波的基线值;b 为正弦波的振幅;g 为每周期的像素数。

据式 4-13,可以计算出每个像素的角度。

$$\Phi = \arctan\left(\frac{x}{y}\right) \tag{式 4-13}$$

式中,$x=0$ 和 $y=0$ 作为星图的中心。由于信号初始相位 Φ_0 不定,所以用式 4-14 来取代式 4-12。

$$I(\Phi) = a + b_1 \cdot \sin\left(\frac{2\pi}{g}\Phi\right) + b_2 \cdot \cos\left(\frac{2\pi}{g}\Phi\right) \tag{式 4-14}$$

其中,

$$b = \sqrt{b_1^2 + b_2^2} \tag{式 4-15}$$

第 5 步:根据最小二乘法确定拟合后的正弦曲线。

第 6 步:从式 4-16 中计算出调制度,从而确定正弦曲线的调制度(见图 4-17)。

$$M = \frac{I_{\max} - I_{\min}}{I_{\max} + I_{\min}} = \frac{a+b-(a-b)}{a+b+(a-b)} = \frac{b}{a} \tag{式 4-16}$$

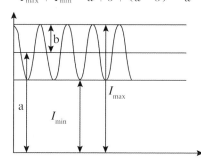

图 4-17 正弦曲线的对比度计算

第 7 步:得到各个方向的调制度与空间频率之间的函数关系,记为 SFR。

第 8 步:计算各个方向的 SFR 的平均值。

第 9 步:对所选择的各种半径上的 SFR 的平均值以 LP/PH(线对/像高)为横坐标,进行分段线性拟合,得到 SFR 值为 50% 和 30% 时的频率值。

第 10 步:将 SFR 值为 50% 和 30% 时的频率值折算成对应物方空间以顶点计算的角频率。

注: 由于标板的对比度较高,故标板的调制度可作为 1 处理。

若采用其他等效正弦波测试标板,结果处理应参照上述方法等效进行。

4.静态图像宽容度试验方法

测试条件、测试过程同亮度相应特性一致,进行白平衡、内窥镜系统的取景、对焦、设置测试标板上背景 B 的亮度。

改变测试标板上小灰阶块 A 的亮度及采集分析图像,测试标板上小灰阶块 A 的亮度水平变化范围应超过宽容度范围,并且至少 5 个亮度水平低于被测内窥镜系统暗区截止临界亮度值,在暗区截止临界和亮区饱和临界的亮度附近,相邻亮度水平的比值应不大于 1.1 倍。逐渐改变测试标板上小灰阶块 A 的亮度。对于每个选择的亮度水平,测量并记录亮度值为 L_i,用内窥镜系统拍摄对应亮度的测试标板,用图像采集器采集 n 幅图像并保存,n 不小于 8。对采集的图像,在小灰阶块 A 区域选取 $(M \times N)$ 个像素(推荐 32×32),分别读取每幅图像中红、绿、蓝各通道的对应输出信号 $(M \times N \times 3)$ 矩阵的输出信号。

(1)根据红、绿和蓝各通道输出信号值,计算亮度信号分量。对采集的图像,在小灰阶块 A 区域选取 $(M \times N)$ 个像素(推荐 32×32),分别读取每幅图像中红、绿、蓝各通道的对应输出信号 $(M \times N \times 3)$ 矩阵的输出信号。对某亮度水平 L_i,红、绿、蓝各通道信号平均值 $\overline{R_i}$、$\overline{G_i}$、$\overline{B_i}$ 分别由 $(M \times N \times n)$ 个像素的 R、G、B 值的算术平均计算得到。

(2)根据 L_i 和 $\overline{Y_i}$,绘制亮度及其对应的亮度信号输出值曲线。

(3)根据所获得的 L_i 和 $\overline{Y_i}$,绘制亮度及其对应的亮度信号分量的曲线。获取曲线上高亮区域的亮度信号分量 $\overline{Y_i}$ 接近饱和值时临界亮度值 L_{sat}。

注:任一通道达到饱和即为饱和。

(4)计算暗区亮度截止临界值 L_{min}。读取曲线上暗区亮度信号分量 $\overline{Y_i}$ 开始截止时的临界亮度值(L_{min})。

截止状态的判定:以 5 组较低亮度水平对应的亮度信号分量 $\overline{Y_i}$ 的平均值加上 2 倍对应亮度的随机噪声的平均值为阈值,找到亮度输出信号值大于该阈值并最接近该阈值的数据,该数据对应的亮度即为临界亮度值 L_{min}。

(5)计算静态图像宽容度。宽容度 D_R 是根据式 4-17 确定的:

$$D_R = \frac{L_{sat}}{L_{min}}$$

(式 4-17)

式中:L_{sat}—饱和临界值;L_{min}—截止临界值。

第五节　医用内窥镜设备服务体系评价体系

本课题拟建立一套适用于医用内窥镜设备的标准化服务评价规范和评价体系,利用该评价体系,对目前市场上主流的 9 个国产及进口型号的医用内窥镜系统开展服务体系评价研究及培训。通过应用此评价体系,将获得医用内窥镜的服务评价报告,客观真实地反映国产医用内窥镜产品服务能力的优劣势,为国产医用内窥镜的服务发展指明方向,为国产产品提高市场竞争力提供支撑。

在浙江省以及湖北省医疗器械管理质控中心"医疗设备售后服务质量满意度评价体系"10 个主观评价指标的基础上,本研究先后完成服务需求分析,建立服务

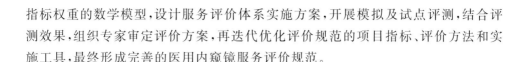

指标权重的数学模型,设计服务评价体系实施方案,开展模拟及试点评测,结合评测效果,组织专家审定评价方案,再迭代优化评价规范的项目指标、评价方法和实施工具,最终形成完善的医用内窥镜服务评价规范。

一、初级评价指标体系建立

医用内窥镜是实现微创治疗技术的重要手术设备,具有创伤小、手术时间短、术后康复快等优势。长期以来,以奥林巴斯、宾得、富士能、卡尔史托斯为代表的外资品牌,从产品、技术到服务都占据绝对的优势。随着国内技术研发水平的不断提高,以天松、沈大、澳华等为代表的国产医用内窥镜品牌,在产品的种类、功能、性能、工艺水平上逐步接近进口品牌。此外,医用内窥镜服务能力的重要性,在市场竞争体系下越发显现。

医用内窥镜在全国各级医疗机构大量使用,而其服务能力如何,怎样科学合理地对其供应商的服务能力进行评价,成为国家、卫生管理部门、行业协会和医疗机构关注的重要问题。由于国家尚没有对医疗设备供应商服务能力的评价标准,而医用内窥镜品种多、品牌多、使用机构多且应用场景也存在特殊性,所以对其服务能力的评价难度大、困难多。为此,本研究通过对医用内窥镜服务的评价研究,运用德尔菲法对医用设备的售前、售中、售后三个阶段的评价指标进行专家咨询,以得到其评价的指标值。

采用文献分析法对近 10 年内发表的相关文献,包括论文、期刊、行业规范,进行学习和摘录。借用 Nvivo 8.0 软件编码功能,对文献进行微观分析,建立初步类别和子项目。

研究组通过文献分析,初步拟定本研究的一级服务要素和二级服务要素,总共产生医用内窥镜服务要素 97 个,为进一步建立专家咨询法的第一轮问卷提供数据支持。

二、初级评价指标体系完善

(一)研究人员

研究采用非概率"主观抽样"的方法,选取两类专家:一是各级医疗机构从事医用内窥镜管理的专家,相关工作 5 年以上,具有高级职称;二是从事医用内窥镜生产、销售、售后服务的企业管理者,从业 5 年以上,具有企业中层以上的职务。首轮专家咨询,两种人群各 15 人;第二轮专家咨询,医疗机构医用内窥镜管理者 25 人;第三轮专家咨询,医疗机构医用内窥镜管理者 20 人。每轮样本减少人数均符合相关函数关系,样本满足性别和年龄多样性,详见表4-35。

表 4-35　样本基本情况

轮次	单位		从业年限			职称	职务
	医院	企业	5～10年	11～20年	20年以上	高级以上	中层以上
第一轮	15	15	15	2	13	13	17
第二轮	25	0	0	5	20	25	23
第三轮	20	0	0	2	18	20	20

(二)研究方法

德尔菲法是一种采用匿名函询的方式,对一组特别选择的专家进行征询调查。本课题采用三轮德尔菲法,使得更多的受访者参加研究,同时修正专家咨询问卷,最终达成一致的意见。

(三)计算方法

指标的纳入与删除原则,基于德尔菲法反馈的专家建议和指标量化,并通过研究组的分析与讨论来最终确定。本研究三轮德尔菲法进行了三次的指标删除、聚类和新增。在指标量化原则上,考量三个准则:①指标得分高于满分频率的临界值;②指标得分高于均数的临界值;③指标得分低于变异系数的临界值。三个指标均不符合的,剔除;三个指标均满足的,入选;其中有一项以上不满足的,经过专家讨论,决定进行聚类或删除。另外,将专家反馈的意见作为新增指标的重要依据。

(四)统计方法

专家积极系数是专家对该研究的重视程度和关心程度。本研究一共进行了三轮专家咨询:第一轮发出专家咨询表30份,回收25份,其中有效问卷18份,专家积极系数为83.3%;第二轮发出专家咨询表25份,回收20份,其中有效问卷19份,专家积极系数为80%;第三轮发出专家咨询表20份,回收20份,其中有效问卷19份,专家积极系数为98%。从三轮专家咨询的专家积极系数可知,大部分专家对本研究的参与程度较高。

专家意见的集中程度主要通过均数(Mj)和满分评率(Kj)的取值范围(0～1)来确定该要素对医用内窥镜服务能力评价的重要程度。研究中,a取值为0.5,a_n最大值为5,a_l最小值为1,$a(a_n-a_l)=2$。Q^+-Q^-的值越小,表明集中程度越高;当$Q^+-Q^-\leqslant2$时,表明专家意见集中程度良好;当$Q^+-Q^-=0$时,表明集中程度最高。

三、结　果

经过第三轮德尔菲法,在30个医用内窥镜售后服务能力二级指标中,得分均数在 4 分以上有 27 个(见表 4-36)。三级指标共有 76 个,得分均数在 4 分以上的为 66 个。根据第三轮专家咨询法的结果、指标纳入的评判法则以及专家们对医用内窥镜售后服务能力要素的建议,删除二级指标 5 个,删除三级指标 8 个。调整项目涉及 1.1、1.1.1、1.1.2、1.4、1.4.1、1.5、1.5.1、1.6、1.6.1、3.1.1、3.5.1、3.15.1。如:二级指标 1.1"新技术推广"的均数为 3.571,满分频率为 0.143,集中度为 3,说明专家对该项指标的认可程度较低,经过专家组讨论决定将其删除。

表 4-36 医用内窥镜售后服务能力二级指标

二级指标	三级指标	均值	标准差	变异系数	满分率	Q+ Q-	集中程度	权威程度
1.1 产品展示		4.000	0.837	0.209	0.286	3	>2	4.000
	1.1.1 院内培训展示	3.952	0.805	0.204	0.238	3	>2	
	1.1.2 院外培训展示	3.476	1.078	0.310	0.143	4	>2	
1.2 技术资料		4.429	0.676	0.153	0.524	2	≤2	4.476
	1.2.1 技术资料	4.524	0.602	0.133	0.571	2	≤2	
1.3 技术方案		4.476	0.750	0.167	0.571	3	>2	4.405
	1.3.1 提供技术方案	4.619	0.740	0.160	0.714	3	>2	
	1.3.2 方案完备性	4.381	0.865	0.197	0.571	3	>2	
1.4 需求论证		4.190	1.030	0.246	0.476	4	>2	4.000
	1.4.1 需求论证	3.952	1.161	0.294	0.429	4	>2	
1.5 销售体系		3.143	0.573	0.182	0.000	2	≤2	3.119
	1.5.1 产品种类	3.333	0.730	0.219	0.095	3	>2	
1.6 新技术推广		3.571	0.926	0.259	0.143	3	>2	3.571
	1.6.1 推广试用	3.714	0.902	0.243	0.190	3	>2	
2.1 配置方案		4.619	0.740	0.160	0.714	3	>2	4.405
	2.1.1 方案有效性	4.619	0.740	0.160	0.714	3	>2	
2.2 到货及时性		4.381	0.590	0.135	0.429	2	≤2	4.476
	2.2.1 合同到货	4.571	0.598	0.131	0.619	2	≤2	
	2.2.2 物流服务	4.000	0.949	0.237	0.381	3	>2	
2.3 安装手册		4.476	0.680	0.152	0.571	2	≤2	4.429
	2.3.1 随货文档	4.571	0.598	0.131	0.619	2	≤2	

续表

二级指标	三级指标	均值	标准差	变异系数	满分率	Q⁺−Q⁻	集中程度	权威程度
2.4 设备安装		4.857	0.359	0.074	0.857	1	≤2	4.524
	2.4.1 设备安装	4.857	0.359	0.074	0.857	1	≤2	
	2.4.2 安装效率	4.190	0.814	0.194	0.381	3	>2	
	2.4.3 安装报告	4.190	0.873	0.208	0.476	2	≤2	
	2.4.4 安装服务	4.286	0.717	0.167	0.429	2	≤2	
2.5 设备调试及质控		4.667	0.730	0.156	0.810	2	≤2	4.500
	2.5.1 安装调试	4.714	0.561	0.119	0.762	2	≤2	
	2.5.2 质量检查	4.333	0.966	0.223	0.619	3	>2	
	2.5.3 质控记录	4.571	0.870	0.190	0.762	3	>2	
	2.5.4 质控服务满意度	4.381	0.740	0.169	0.524	2	≤2	
2.6 设备验收		4.810	0.402	0.084	0.810	1	≤2	4.643
	2.6.1 验收流程	4.714	0.561	0.119	0.762	2	≤2	
	2.6.2 验收时间	4.238	0.944	0.223	0.476	3	>2	
	2.6.3 未验收处理	4.429	0.676	0.153	0.524	2	≤2	
	2.6.4 验收服务	4.429	0.676	0.153	0.524	2	≤2	
2.7 数据协议		4.190	0.873	0.208	0.476	2	≤2	4.048
	2.7.1 数据开放	3.952	0.921	0.233	0.381	2	≤2	
2.8 初级操作培训		4.667	0.577	0.124	0.714	2	≤2	4.429
	2.8.1 培训规范性	4.381	0.740	0.169	0.524	2	≤2	
	2.8.2 临床培训	4.524	0.512	0.113	0.524	1	≤2	
	2.8.3 医工培训	4.429	0.676	0.153	0.524	2	≤2	
3.1 维修体系		4.571	0.598	0.131	0.619	2	≤2	4.714
	3.1.1 工程师资质	4.429	0.746	0.169	0.571	2	≤2	
	3.1.2 维修规模	4.000	0.775	0.194	0.286	2	≤2	
	3.1.3 维修认证	4.095	0.768	0.188	0.333	2	≤2	
	3.1.4 维修制度	4.095	0.768	0.188	0.333	2	≤2	
	3.1.5 维修实施规范性	4.476	0.750	0.167	0.619	2	≤2	
	3.1.6 维修响应时间	4.905	0.301	0.061	0.905	1	≤2	
	3.1.7 故障排除时间	4.714	0.561	0.119	0.762	2	≤2	

二级指标	三级指标	均值	标准差	变异系数	满分率	Q^+-Q^-	集中程度	权威程度
3.2 售后服务人员		4.571	0.746	0.163	0.714	2	≤2	4.500
	3.2.1 售后团队	3.905	0.700	0.179	0.190	2	≤2	
	3.2.2 团队培训	4.429	0.746	0.169	0.571	2	≤2	
	3.2.3 团队服务满意度	4.524	0.602	0.133	0.571	2	≤2	
	3.2.4 维修服务满意度	4.619	0.498	0.108	0.619	1	≤2	
3.3 投诉处理		4.048	0.973	0.241	0.333	4	>2	4.167
	3.3.1 投诉流程	3.952	0.865	0.219	0.190	4	>2	
	3.3.2 投诉记录	3.714	0.902	0.243	0.143	4	>2	
	3.3.3 投诉处理	4.095	0.995	0.243	0.381	4	>2	
	3.3.4 投诉便捷性	4.238	0.889	0.210	0.476	3	>2	
	3.3.5 投诉反馈	4.238	0.831	0.196	0.429	3	>2	
3.4 不良事件监测		4.190	0.750	0.179	0.381	2	≤2	4.214
	3.4.1 不良事件监测	4.190	0.928	0.222	0.476	3	>2	
	3.4.2 不良事件上报	4.048	0.865	0.214	0.333	3	>2	
	3.4.3 不良事件处理	4.095	0.768	0.188	0.333	2	≤2	
	3.4.4 不良事件记录	4.429	0.676	0.153	0.524	2	≤2	
3.5 产品召回		4.000	0.949	0.237	0.381	3	>2	3.952
	3.5.1 产品召回	3.619	0.740	0.204	0.048	3	>2	
3.6 维修及使用手册		4.714	0.644	0.137	0.810	2	≤2	4.429
	3.6.1 操作手册	4.667	0.730	0.156	0.810	2	≤2	
	3.6.2 维修手册	4.524	0.814	0.180	0.667	3	>2	
	3.6.3 技术资料开放性	4.429	0.746	0.169	0.571	2	≤2	
3.7 维修响应		4.810	0.402	0.084	0.810	1	≤2	4.619
	3.7.1 PM 计划	4.571	0.598	0.131	0.619	2	≤2	
	3.7.2 PM 服务满意度	4.476	0.602	0.134	0.524	2	≤2	
	3.7.3 维修热线满意度	4.143	0.727	0.175	0.333	2	≤2	
	3.7.4 维修响应满意度	4.476	0.680	0.152	0.571	2	≤2	
	3.7.5 故障排除满意度	4.667	0.577	0.124	0.714	2	≤2	

续表

二级指标	三级指标	均值	标准差	变异系数	满分率	Q⁺－Q⁻	集中程度	权威程度
3.8 维修配件		4.714	0.463	0.098	0.714	1	≤2	4.619
	3.8.1 维修配件质量	4.619	0.498	0.108	0.619	1	≤2	
	3.8.2 维修配件到货速度	4.524	0.512	0.113	0.524	1	≤2	
	3.8.3 维修价格满意度	4.571	0.598	0.131	0.619	2	≤2	
	3.8.4 付款方式满意度	4.143	0.854	0.206	0.429	2	≤2	
3.9 备机提供		4.381	0.669	0.153	0.476	2	≤2	4.405
	3.9.1 是否提供备机	4.524	0.750	0.166	0.667	2	≤2	
	3.9.2 备机服务满意度	4.333	0.730	0.169	0.476	2	≤2	
3.10 保修合同		4.619	0.498	0.108	0.619	1	≤2	4.619
	3.10.1 合同完整性	4.524	0.602	0.133	0.571	2	≤2	
	3.10.2 合同经济性满意度	4.476	0.512	0.114	0.476	1	≤2	
	3.10.3 合同内 PM 满意度	4.333	0.658	0.152	0.429	2	≤2	
	3.10.4 合同指标满意度	4.429	0.676	0.153	0.524	2	≤2	
	3.10.5 合同评价满意度	4.286	0.717	0.167	0.429	2	≤2	
3.11 维护保养及维修报告		4.476	0.750	0.167	0.571	3	>2	4.524
	3.11.1 报告质量满意度	4.524	0.512	0.113	0.524	1	≤2	
	3.11.2 报告完成率满意度	4.333	0.577	0.133	0.381	2	≤2	
3.12 临床操作再培训		4.238	0.831	0.196	0.476	2	≤2	4.214
	3.12.1 操作再培训满意度	4.190	0.814	0.194	0.429	2	≤2	
3.13 临床应用再培训		4.286	0.784	0.183	0.476	2	≤2	4.119
	3.13.应用再培训满意度	4.286	0.717	0.167	0.429	2	≤2	

二级指标	三级指标	均值	标准差	变异系数	满分率	$Q^+ - Q^-$	集中程度	权威程度
3.14 技术支持		4.333	0.658	0.152	0.429	2	≤2	4.238
	3.14.1 技术支持	4.143	0.573	0.138	0.238	2	≤2	
3.15 科研合作		3.714	1.102	0.297	0.286	4	>2	3.976
	3.15.1 科研合作	3.714	1.056	0.284	0.238	4	>2	
3.16 维修质量		4.619	0.498	0.108	0.619	1	≤2	4.619
	3.16.1 同一故障概率	4.524	0.602	0.133	0.571	2	≤2	
	3.16.2 设备性能满意度	4.476	0.512	0.114	0.476	1	≤2	

四、服务体系评价体系各指标权重

医用内窥镜服务评价范围涵盖企业、客户和产品,服务对象涉及医生、护士、工程师和采购人员等,使用地点在医疗机构,使用人员是具有职业执照的专业医师,应用对象是与生命相关的患者,使用前后需要进行严格的消毒、检查和存放,需要工程师定期进行质量安全检查。通过文献调研以及德尔菲法研究,以服务周期为主线,对医用内窥镜服务建立评价指标是最易理解和操作的方式。经过德尔菲法的论证和筛选,最终确定包含售前、售中、售后 3 个一级指标,维修质量等 24 个二级指标,以及 68 个三级指标的医用内窥镜服务评价体系。通过层次分析法以及百分位法,形成权重(见表 4-37)。

表 4-37　医用内窥镜服务评价体系各级指标及权重

一级指标	权重	二级指标	权重	三级指标	权重
售前服务	0.1345	1.2 技术资料	0.0669	1.2.1 技术资料	0.0669
		1.3 技术方案	0.0676	1.3.1 提供技术方案	0.0347
				1.3.2 方案完备性	0.0329
售中服务	0.2568	2.1 配置方案	0.0324	2.1.1 方案有效性	0.0324
		2.2 到货及时性	0.0307	2.2.1 合同到货	0.0164
				2.2.2 物流服务	0.0143
		2.3 安装手册	0.0314	2.3.1 随货文档	0.0314
		2.4 设备安装	0.0340	2.4.1 设备安装	0.0094
				2.4.2 安装效率	0.0081
				2.4.3 安装报告	0.0081
				2.4.4 安装服务	0.0083
		2.5 设备调试及质控	0.0327	2.5.1 安装调试	0.0086
				2.5.2 质量检查	0.0079
				2.5.3 质控记录	0.0083
				2.5.4 质控服务满意度	0.0080
		2.6 设备验收	0.0337	2.6.1 验收流程	0.0089
				2.6.2 验收时间	0.0080
				2.6.3 未验收处理	0.0084
				2.6.4 验收服务	0.0084
		2.7 数据协议	0.0293	2.7.1 数据开放	0.0293
		2.8 初级操作培训	0.0327	2.8.1 培训规范性	0.0107
				2.8.2 临床培训	0.0111
				2.8.3 医工培训	0.0109

一级指标	权重	二级指标	权重	三级指标	权重
售后服务	0.6087	3.1 维修体系	0.0445	3.1.1 工程师资质	0.0064
				3.1.2 维修规模	0.0058
				3.1.3 维修认证	0.0059
				3.1.4 维修制度	0.0059
				3.1.5 维修实施规范性	0.0065
				3.1.6 维修响应时间	0.0071
				3.1.7 故障排除时间	0.0068
		3.2 售后服务人员	0.0445	3.2.1 售后团队	0.0099
				3.2.2 团队培训	0.0113
				3.2.3 团队服务满意度	0.0115
				3.2.4 维修服务满意度	0.0118
		3.3 投诉处理	0.0394	3.3.2 投诉记录	0.0099
				3.3.3 投诉处理	0.0099
				3.3.4 投诉便捷性	0.0102
				3.3.5 投诉反馈	0.0102
		3.4 不良事件监测	0.0408	3.4.1 不良事件监测	0.0102
				3.4.2 不良事件上报	0.0098
				3.4.3 不良事件处理	0.0100
				3.4.4 不良事件记录	0.0108
		3.6 维修及使用手册	0.0459	3.6.1 操作手册	0.0157
				3.6.2 维修手册	0.0152
				3.6.3 技术资料开放性	0.0149
		3.7 维修响应	0.0468	3.7.1 PM 计划	0.0096
				3.7.2 PM 服务满意度	0.0089
				3.7.3 维修热线满意度	0.0087
				3.7.4 维修响应满意度	0.0094
				3.7.5 故障排除满意度	0.0098
		3.8 维修配件	0.0459	3.8.1 维修配件质量	0.0119
				3.8.2 维修配件到货速度	0.0116
				3.8.3 维修价格满意度	0.0117
				3.8.4 付款方式满意度	0.0106

续表

一级指标	权重	二级指标	权重	三级指标	权重
售后服务	0.6087	3.9 备机提供	0.0426	3.9.1 是否提供备机	0.0218
				3.9.2 备机服务满意度	0.0208
		3.10 保修合同	0.0449	3.10.1 合同完整性	0.0092
				3.10.2 合同经济性满意度	0.0084
				3.10.3 合同内 PM 满意度	0.0088
				3.10.4 合同指标满意度	0.0090
				3.10.5 合同评价满意度	0.0087
		3.11 维护保养及维修报告	0.0435	3.11.1 报告质量满意度	0.0222
				3.11.2 报告完成率满意度	0.0213
		3.12 临床操作再培训	0.0412	3.12.1 操作再培训满意度	0.0412
		3.13 临床应用再培训	0.0417	3.13.1 应用再培训满意度	0.0417
		3.14 技术支持	0.0422	3.14.1 技术支持	0.0422
		3.16 维修质量	0.0449	3.16.1 同一故障概率	0.0226
				3.16.2 设备性能满意度	0.0223

五、指标定义

院内培训展示:医院内培训(展示)次数(医工和临床)。

院外培训展示:医院外厂家集中培训(展示)次数。

技术资料:配置、技术介绍、临床应用、科研文献等相关资料是否齐全,内容详尽,文档制作精细。

技术方案:是否根据医院的需求,提出设备软、硬件技术方案。

技术方案完备性:是否提供该技术方案的相关技术资料,资料是否齐全。

需求论证:厂商在采购前有无参与需求论证分析。

产品种类:企业可提供的产品种类数。

推广试用:有无开展新技术在医院的推广及产品试用。

技术方案有效性:所提供的设备软、硬件解决方案有效并满足临床需要。

合同到货:按照用户与合同的约定时间到货,货物齐全且与合同相符。

物流服务满意度:配送方式、物流服务等整体满意度。

随货文档:是否有安装手册、说明文档、安装清单、合格证,文档是否详尽。

设备安装:由专职工程师实施,按照合同的品名、规格、型号和数量进行逐项核对,依据手册完成安装。

安装效率:装机时间[从通知安装到安装完毕的工作时间(天)]。

安装报告:安装报告质量。

安装服务满意度:对设备安装过程的整体满意度。

安装调试:完成设备使用环境检查、参数设定、功能调试和系统的联机调试。

质量检查:辅助或主动完成电气安全检查等质量检查项目。

质控记录:完成调试及质控,并记录完整,提供报告清单。

质控服务满意度:设备调试及质控的整体满意度。

验收流程:按照合同并遵循医院验收流程。

验收时间:保修期起始时间为验收当日。

验收不合格处理方案满意度:验收不合格的处理方案满意度。

验收服务满意度:验收情况的整体满意度。

数据开放:提供通用数据采集接口及开放控制协议,可进行其他开发和增值服务。

培训规范性:是否有规范的培训教材、培训流程。

临床培训满意度:对医院临床医生提供的初级应用培训记录及其整体的满意度。

医工培训满意度:对医院设备维修工作人员提供的售后方面的培训的整体满意度。

工程师资质:现场工程师数量及其资质。

维修规模:全国维修站点数量(厂家)、维修站点规模(场地、人员)。

维修认证:维修体系或维修站的资质认证(如 ISO 等)。

维修制度:维修制度的规范性。

维修实施:维修实施的规范性。

维修响应时间:设备故障报修与厂家远程指导或服务到场的时间间隔。

故障排除时间:故障排除所需时间,包括远程指导、服务到场或返厂维修。

售后团队:售后服务人员总数量,在全国各个地区的分布,及配置合理性(如:装机数量和售后服务人员比)。

团队培训:售后服务人员资质,及人均接受专业技术培训的情况。

团队服务满意度:对售后服务团队的敬业及工作态度的整体满意度。

维修服务满意度:对工程师的技术水平和维修效率的整体满意度。

投诉流程:是否建立投诉处理流程,流程的合理性和完整性。

投诉记录:年度处理投诉记录的完整性(记录报告,次数)。

投诉处理:对客户投诉处理的整体满意度。

投诉便捷性:客户投诉的方便性与处理及时性。

投诉反馈满意度:对投诉处理的结果反馈与处理结果的满意度。

不良事件监测:是否建立不良事件监测机制,及其业务流程的完整性。

不良事件上报:是否主动或配合收集其产品所发生的所有可疑医疗器械不良事件,并上报相关管理部门。

不良事件处理:对医院反映的不良事件是否及时反馈和提供有效的解决方案。

不良事件记录:项目实施期间的不良事件记录的完整性(记录报告,次数)及具体案例。

产品召回:实际召回纠正的产品数例数占应召回数的百分比。

操作手册:是否提供操作说明书(操作规程)、电子版说明书,对其详尽程度进行评价。

维修手册:是否提供维修手册,对其详尽程度进行评价。

技术资料开放性:设备及维修基本资料(维修手册、操作手册、技术参数等)开放程度。

PM 计划:厂家是否有应急维修和预防性维护计划以及组织实施方案,方案的完备性、合理性。

PM 服务满意度:对所提供的预防性维护及保养的整体满意度。

维修热线满意度:对维修服务热线的满意程度(800/400 或其他)。

维修响应满意度:对报修后售后服务人员到达现场速度的整体满意度。

故障排除满意度:对维修效率(即从设备报修到彻底解决问题的时间)的整体满意度。

维修配件质量:配件是否为全新件、副厂件或翻新件等,对其维修配件质量是否满意。

维修配件到货速度:对维修配件到货速度的整体满意度。

维修价格满意度:对付费维修价格合理性的整体满意度(包括人工费和零备件价格)。

付款方式满意度:对维修付款方式(如先付款后维修、先维修后付款)的整体满意度。

是否提供备机:是否能够在机器发生故障停机时,根据医院要求提供备用机。

备机服务满意度:设备故障后,对备用机到货速度、质量的整体满意度。

合同完整性:保修合同的完整性,是否包含易耗件、易损件。

合同经济性满意度:对保修合同的经济性的整体满意度。

合同内 PM 满意度:对有保修合同的产品所提供的预防性维护的整体满意度。

合同指标满意度:对保修合同关键指标考核的满意度。

合同评价满意度:合同结束后,是否提供合同总结及评价材料,对其完整性的满意度。

报告质量满意度:对维护保养及维修报告的完整性、真实性、准确性和可读性的满意度。

报告完成率满意度:对维护保养及维修报告的完成情况(完成率)的满意度。

操作再培训满意度:对医院设备使用人员提供的应用再培训记录及其整体满意度。

应用再培训满意度:对医院临床医生的应用再培训,包括新技术临床应用培训的整体满意度。

技术支持满意度:对技术支持的服务热线(800/400 或其他)的满意度。

科研合作:有无科研合作项目,合作开展新功能、新手术方式的开发和应用,合作发表论文。

同一故障概率:维修后同一故障修复后再次发生故障的概率。

设备性能满意度:对维修后设备整体性能的满意度。

六、评测方法

(一)标准化服务体系评价方法

根据建立的医用内窥镜设备的服务体系评价方法,基于医用内窥镜品牌,选择厂家调研、医院调研、第三方调研等方式进行评价。

对于厂家和第三方公司,要求他们按年度提供相应的服务数据,课题组采集到数据后产生相应的评价任务,并推送给相对应的专家组进行评价(详见表 4-38)。同时,要求厂家和第三方公司按次提供各服务医院的内窥镜新购、维修、保修、投诉等信息,课题组采集到数据后对比已经收到的医院主动上报的评价信息。如果没有相关评价信息,则触发相应的评价任务并推送给相对应医院的临床医生、采购人员、医学工程师进行评价。

对于医院,要求参评医院的临床医生、医学工程师、采购人员在医院发生医用内窥镜设备新购、维修、保修、投诉等事件时,主动填写相应的评价信息(详见表 4-39),同时按时填写课题组按年推送的评价任务(详见表 4-40),以及该医院未及时填写而产生的内窥镜的新购、维修、保修、投诉相关评价任务(详见表 4-39)。

表 4-38　年度上报指标

评价指标	评测周期	评测人员
院内培训展示	年度	专家组
院外培训展示	年度	专家组
技术资料	年度	专家组
产品种类	年度	专家组
推广试用	年度	专家组
数据开放	年度	专家组
工程师资质	年度	专家组
维修规模	年度	专家组
维修认证	年度	专家组
维修制度	年度	专家组
维修实施	年度	专家组
售后团队	年度	专家组
团队培训	年度	专家组
投诉流程	年度	专家组
投诉记录	年度	专家组
不良事件监测	年度	专家组
不良事件记录	年度	专家组
产品召回	年度	专家组
PM 计划	年度	专家组
科研合作	年度	专家组

表 4-39　医院上报指标

评价类型	评价指标	打分依据	评测周期	评测人员
新购设备评价	需求论证	5 分:深度参与; 4 分:基本参与; 3 分:一般参与; 2 分:较少参与; 1 分:未参与	按次	临床医生/ 采购人员
	技术方案	5 分:深度参与; 4 分:基本参与; 3 分:一般参与; 2 分:较少参与; 1 分:未参与	按次	临床医生/ 采购人员

续表

评价类型	评价指标	打分依据	评测周期	评测人员
新购设备评价	技术方案完备性	5分:完整提供; 4分:基本提供; 3分:一般提供; 2分:较少提供; 1分:未提供	按次	临床医生/ 采购人员
	技术方案有效性	5分:完全满足; 4分:基本满足; 3分:一般满足; 2分:不满足; 1分:完全不满足	按次	医学工程师/ 临床医生
	合同到货	5分:完全相符; 4分:基本相符; 3分:一般相符; 2分:不相符; 1分:完全不相符	按次	医学工程师
	物流服务满意度	5分:非常满意; 4分:基本满意; 3分:一般; 2分:不满意; 1分:非常不满意	按次	医学工程师
	设备安装	5分:完全相符; 4分:基本相符; 3分:一般相符; 2分:不相符; 1分:完全不相符	按次	医学工程师
	安装调试	5分:完全相符; 4分:基本相符; 3分:一般相符; 2分:不相符; 1分:完全不相符	按次	医学工程师
	安装报告	5分:非常好; 4分:较好; 3分:一般; 2分:不好; 1分:非常不好	按次	医学工程师

续表

评价类型	评价指标	打分依据	评测周期	评测人员
新购设备评价	安装效率	1分：≥5 天 2分：3～≤5 天 3分：2～≤3 天； 4分：1～≤2 天； 5分：≤1 天	按次	医学工程师
	安装服务满意度	5分：非常满意； 4分：基本满意； 3分：一般； 2分：不满意； 1分：非常不满意	按次	医学工程师
	质量检查	5分：非常满意； 4分：基本满意； 3分：一般； 2分：不满意； 1分：非常不满意	按次	医学工程师
	质控记录	5分：完整提供； 4分：基本提供； 3分：一般提供； 2分：较少提供； 1分：未提供	按次	医学工程师/ 临床医生
	质控服务满意度	5分：非常满意； 4分：基本满意； 3分：一般； 2分：不满意； 1分：非常不满意	按次	医学工程师/ 临床医生
	验收流程	5分：完全相符； 4分：基本相符； 3分：一般相符； 2分：不相符； 1分：完全不相符	按次	医学工程师
	验收时间	5分：完全相符； 4分：基本相符； 3分：一般相符； 2分：不相符； 1分：完全不相符	按次	医学工程师

评价类型	评价指标	打分依据	评测周期	评测人员
新购设备评价	验收不合格处理	5分:非常满意; 4分:基本满意; 3分:一般; 2分:不满意; 1分:非常不满意	按次	医学工程师
	验收服务满意度	5分:非常满意; 4分:基本满意; 3分:一般; 2分:不满意; 1分:非常不满意	按次	医学工程师
	培训规范性	5分:非常详细; 4分:较详细; 3分:一般; 2分:过于简单; 1分:无有效内容	按次	临床医生/ 医学工程师
	临床培训	5分:非常满意; 4分:基本满意; 3分:一般; 2分:不满意; 1分:非常不满意	按次	临床医生
	医工培训	5分:非常满意; 4分:基本满意; 3分:一般; 2分:不满意; 1分:非常不满意	按次	医学工程师
	随货文档	5分:非常详细; 4分:较详细; 3分:一般; 2分:过于简单; 1分:无有效内容	按次	医学工程师
	操作手册	5分:非常详细; 4分:较详细; 3分:一般; 2分:过于简单; 1分:无有效内容	按次	医学工程师

续表

评价类型	评价指标	打分依据	评测周期	评测人员
新购设备评价	维修手册	5分:非常详细; 4分:较详细; 3分:一般; 2分:过于简单; 1分:无有效内容	按次	医学工程师
	技术资料开放性	5分:非常满意; 4分:基本满意; 3分:一般; 2分:不满意; 1分:非常不满意	按次	医学工程师
维修服务评价	维修响应时间	1分:≥72 小时 2分:48~≤72 小时 3分:24~≤48 小时; 4分:3~≤24 小时; 5分:≤3 小时	按次	医学工程师
	维修响应满意度	5分:非常满意; 4分:基本满意; 3分:一般; 2分:不满意; 1分:非常不满意	按次	医学工程师
	故障排除时间	1分:≥60 天; 2分:30~≤60 天; 3分:20~≤30 天; 4分:10~≤20 天; 5分:≤10 天	按次	医学工程师
	故障排除满意度	5分:非常满意; 4分:基本满意; 3分:一般; 2分:不满意; 1分:非常不满意	按次	医学工程师
	维修配件质量	1分:旧件及其他; 2分:副厂翻新件; 3分:原厂翻新件; 4分:副厂全新件; 5分:原厂全新件	按次	医学工程师

评价类型	评价指标	打分依据	评测周期	评测人员
维修服务评价	维修配件到货速度	5分:非常满意; 4分:基本满意; 3分:一般; 2分:不满意; 1分:非常不满意	按次	医学工程师
	维修价格满意度	5分:非常满意; 4分:基本满意; 3分:一般; 2分:不满意; 1分:非常不满意	按次	医学工程师
	付款方式满意度	5分:非常满意; 4分:基本满意; 3分:一般; 2分:不满意; 1分:非常不满意	按次	医学工程师
	是否提供备机	5分:是; 1分:否	按次	医学工程师/ 临床医生
	备机服务满意度	5分:非常满意; 4分:基本满意; 3分:一般; 2分:不满意; 1分:非常不满意	按次	医学工程师/ 临床医生
	维修质量	5分:非常满意; 4分:基本满意; 3分:一般; 2分:不满意; 1分:非常不满意		医学工程师
保修服务评价	合同完整性	5分:保修合同包含人为故障,涵盖所有附件及易耗件; 4分:保修合同完整,涵盖所有附件及易耗件; 3分:保修合同较完整,不含附件; 2分:保修合同较完整,不含易耗件; 1分:保修合同有较多限制	按次	医学工程师

续表

评价类型	评价指标	打分依据	评测周期	评测人员
保修服务评价	合同经济性满意度	5分:非常满意; 4分:基本满意; 3分:一般; 2分:不满意; 1分:非常不满意	按次	医学工程师
	合同内 PM 满意度	5分:非常满意; 4分:基本满意; 3分:一般; 2分:不满意; 1分:非常不满意	按次	医学工程师
	合同指标满意度	5分:非常满意; 4分:基本满意; 3分:一般; 2分:不满意; 1分:非常不满意	按次	医学工程师
	合同评价满意度	5分:非常满意; 4分:基本满意; 3分:一般; 2分:不满意; 1分:非常不满意	按次	医学工程师
投诉处理评价	投诉处理	—	按次	医学工程师/ 临床医生
	投诉便捷性	—	按次	医学工程师
	投诉反馈	—	按次	医学工程师

表 4-40 年度推送评价指标

评价指标	打分依据	评测周期	评测人员
团队服务满意度	5分:非常满意; 4分:基本满意; 3分:一般; 2分:不满意; 1分:非常不满意	年度	医学工程师
维修服务满意度	5分:非常满意; 4分:基本满意; 3分:一般; 2分:不满意; 1分:非常不满意	年度	医学工程师

评价指标	打分依据	评测周期	评测人员
维修质量	5分：12个月以上； 4分：6～≤12个月； 3分：3～≤6个月； 2分：1～≤3个月； 1分：1个月以内	年度	医学工程师
PM服务满意度	5分：非常满意； 4分：基本满意； 3分：一般； 2分：不满意； 1分：非常不满意	年度	医学工程师
报告质量满意度	5分：非常满意； 4分：基本满意； 3分：一般； 2分：不满意； 1分：非常不满意	年度	医学工程师
报告完成率满意度	5分：非常满意； 4分：基本满意； 3分：一般； 2分：不满意； 1分：非常不满意	年度	医学工程师
操作再培训满意度	5分：非常满意； 4分：基本满意； 3分：一般； 2分：不满意； 1分：非常不满意	年度	临床医生
应用再培训满意度	5分：非常满意； 4分：基本满意； 3分：一般； 2分：不满意； 1分：非常不满意	年度	临床医生
维修热线满意度	5分：非常满意； 4分：基本满意； 3分：一般； 2分：不满意； 1分：非常不满意	年度	医学工程师

续表

评价指标	打分依据	评测周期	评测人员
技术支持满意度	5分:非常满意; 4分:基本满意; 3分:一般; 2分:不满意; 1分:非常不满意	年度	医学工程师/ 临床医生
不良事件上报	5分:有收集并详细上报相关部门; 4分:有收集并部分上报相关部门; 3分:全部收集且不上报; 2分:部分收集且不上报; 1分:未做任何处理	年度	医学工程师
不良事件处理	5分:及时反馈并全部解决; 4分:及时反馈并部分解决; 3分:未及时反馈但全部解决; 2分:未及时反馈但部分解决; 1分:无反馈、无解决方案	年度	医学工程师

第六节　医用内窥镜评价报告

一、医用内窥镜测评型号

所评测的医用内窥镜型号涵盖了主流的国产及代表性进口医用内窥镜型号,包括硬性内窥镜设备6款及软性内窥镜设备4款。

二、医用内窥镜测评医疗机构

项目组在全国范围不同区域的50余家医疗机构完成的实际测评,每个型号测评在不少于3家三级甲等医院和3家基层医院完成。

三、硬性医用内窥镜综合评价

首次对国产和进口硬性医用内窥镜6个型号主机从5个维度进行全面评价,并从临床应用(临床效果、临床功能及适用性)和临床支撑(可靠性、技术性能和服务体系)两个方面进行综合分析(见图 4-18)。

硬性内窥镜–临床应用					硬性内窥镜–临床支撑				
临床功能及适用性	临床效果	临床应用评价	型号		型号	临床支撑评价	可靠性	技术性能	服务体系
4.332	4.431	2.196	卡尔史托斯(22202020)		迈瑞(HD3)	1.893	4.550	2.652	4.533
4.390	4.351	2.183	奥林巴斯(OTV–S190)	中	奥林巴斯(OTV–S190)	1.865	4.685	2.570	4.323
4.272	4.220	2.120	史赛克(1488HD)		卡尔史托斯(22202020)	1.865	4.650	2.692	4.196
4.237	4.127	2.086	迈瑞(HD3)		史赛克(1488HD)	1.806	4.465	2.592	4.118
3.716	3.752	1.869	沈大(SD-HD68)		沈大(SD-HD68)	1.727	4.220	2.414	4.075
3.628	3.726	1.843	天松(NT3668HD)		天松(NT3668HD)	1.618	3.220	2.542	4.181

图 4-18　硬性医用内窥镜综合分析结果

从测评结果可以看到,以卡尔史托斯(22202020)为代表的硬性内窥镜进口型号综合表现优异,在临床效果、技术性能方面表现最为突出。以迈瑞(HD3)为代表的国产型号在临床应用评价中紧跟进口第一梯队,在临床支撑评价中表现优异,提升了综合评价表现,适应临床常规标准手术应用。

四、软性内窥镜综合评价

首次对国产和进口软性医用内窥镜 4 个型号主机从 5 个维度进行全面评价,并从临床应用和临床支撑两个方面进行综合分析(见图 4-19)。

软性内窥镜–临床应用					软性内窥镜–临床支撑				
临床功能及适用性	临床效果	临床应用评价	型号		型号	临床支撑评价	可靠性	技术性能	服务体系
4.432	4.592	2.264	奥林巴斯(CV-290)		奥林巴斯(CV-290)	1.999	4.215	3.594	4.323
3.491	3.428	1.727	澳华光电(AQ-100)	中	开立(HD-330)	1.931	4.510	3.080	4.255
2.764	3.812	1.696	开立(HD-330)		澳华光电(AQ-100)	1.926	4.530	3.140	4.127
3.103	3.222	1.587	成运(VEP-2800)		成运(VEP-2800)	1.701	3.895	2.923	3.547

图 4-19　软性医用内窥镜综合分析结果

从测评结果可以看到,奥林巴斯(CV-290)软性内窥镜综合评价最佳,在临床效果、临床功能及适用性、技术性能及服务体系等方面均表现突出。国产软性内窥镜与奥林巴斯仍有较大差距,国产内窥镜优化提升任务艰巨。

五、临床效果评价

(一)硬性内窥镜

卡尔史托斯(22202020)、奥林巴斯(OTV-S190)和史赛克(1488HD)等硬性内窥镜进口型号的临床效果表现优异。国产迈瑞(HD3)与史赛克(1488HD)硬性内窥镜差距不大,抗烟/雾、抗反光等表现优良,能够满足临床标准手术需求(见图4-20)。

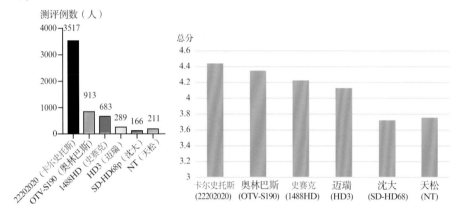

图4-20 硬性医用内窥镜临床效果评价例数及评价结果

(二)软性内窥镜

奥林巴斯(CV-290)软性内窥镜的评价总分为4.592,在所有评价指标中均遥遥领先,国产软性内窥镜型号开立(HD-330)、澳华(AQ-100)和成运(VEP-2800)与以奥林巴斯(CV-290)软性内窥镜为代表的进口型号仍具有一定差距(见图4-21)。

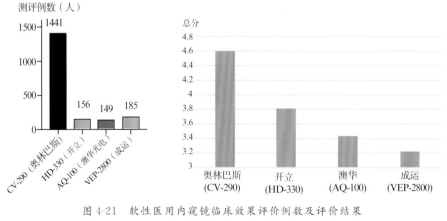

图4-21 软性医用内窥镜临床效果评价例数及评价结果

六、临床功能及适用性评价

（一）硬性内窥镜

进口硬性内窥镜型号卡尔史托斯（22202020）、奥林巴斯（OTV-S190）和史赛克（1488HD）领先，处于第一梯队。国产硬性内窥镜型号迈瑞（HD3）表现接近进口硬性内窥镜型号史赛克（1488HD），在操作手柄交互界面、按钮盲操作、内镜光纤等表现优良，能够满足临床需求（见图4-22）。

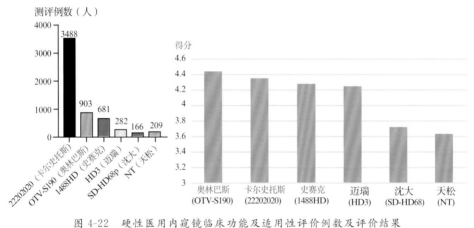

图 4-22　硬性医用内窥镜临床功能及适用性评价例数及评价结果

（二）软性内窥镜

奥林巴斯（CV-290）软性内窥镜评价总分为4.432，遥遥领先。国产软性内窥镜型号澳华光电 AQ-100 等与奥林巴斯（CV-290）进口软性内窥镜型号仍具有较大差距（见图4-23）。

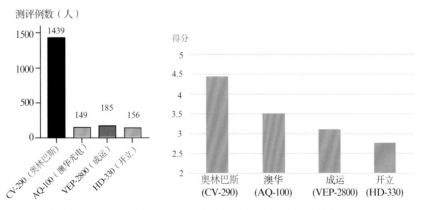

图 4-23　软性医用内窥镜临床功能及适用性评价例数及评价结果

七、可靠性评价

◆ 建立内窥镜可靠性评价模型和规范

根据前期模型验证及测试,最终采用 MTFF、MTBF、MTTR、可用度、故障频度等指标构建设备可靠性评价模型(见表 4-41)、FEMA 分析模型及人因可靠性模型对医用内窥镜可靠性进行多维度评价(见图 4-24 和图 4-25)。

表 4-41 设备可靠性定量评价(故障)

指标名称	变量	计算方法	单位
平均首次故障前工作时间(MTTFF)	n(样本总量)、TF(首次发生故障时间)	$\frac{1}{n} \sum_{1}^{n} \mathrm{TF}_i$	小时
平均无故障工作时间(MTBF)	m(设备发生故障的总次数)、TBF(设备正常工作时间)	$\frac{1}{m} \sum_{1}^{n} \mathrm{TBF}_i$	小时
平均故障修复时间(MTTR)	n(样本总量)、w(维修总次数)、TM(维修时间)	$\frac{1}{w} \sum_{1}^{n} \mathrm{TM}_i$	小时
可用度(A)	MTBF、MTTR	$\frac{\mathrm{MTBF}}{\mathrm{MTBF}+\mathrm{MTTR}}$	
故障频度(γ)	MTBF、MTTR	$\frac{1}{\mathrm{MTBF}+\mathrm{MTTR}}$	
维修时间率(T_M)	TBF、TM	$\sum_{1}^{n} \mathrm{TM}_i / \sum_{1}^{n} \mathrm{TBF}_i$	

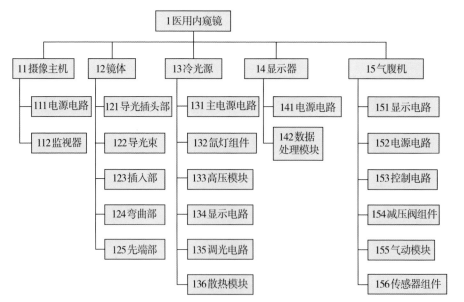

图 4-24 设备可靠性定性模型(FMEA 分析)

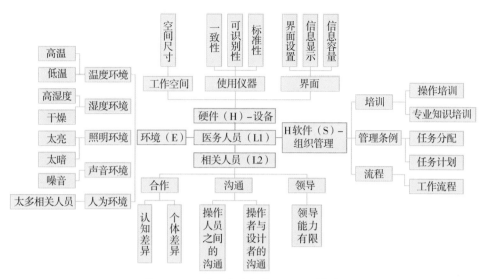

图 4-25　人因可靠性评价（SHEL 模型）

1. 医院横向对比

二级医院与三级医院的整机可靠性相关指标在统计学上并无显著性差异。但在平均维修时间维度上,结果提示二级医院医用内窥镜的平均维修时间相较于三级医院较长（$P = 0.067$）,见图 4-26。

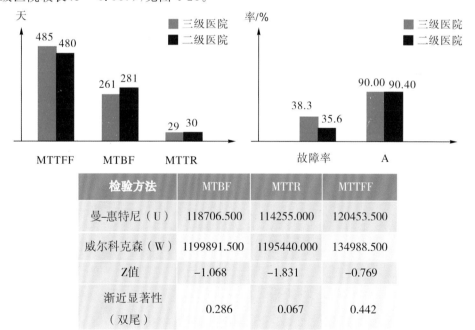

检验方法	MTBF	MTTR	MTTFF
曼-惠特尼（U）	118706.500	114255.000	120453.500
威尔科克森（W）	1199891.500	1195440.000	134988.500
Z值	−1.068	−1.831	−0.769
渐近显著性（双尾）	0.286	0.067	0.442

图 4-26　医用内窥镜设备可靠性医院对比结果

2.地域横向对比

东部、中部及西部地区的平均故障间隔时间有显著性差异。

与西部及中部地区相比,东部地区平均故障间隔时间更长且在统计学上有显著性差异。

中部地区的医用内窥镜平均首次故障前工作时间要明显长于西部地区且在统计学上有显著性差异(见图 4-27)。

整机可靠性指标	地域分布			P 值
	东部	中部	西部	
平均无故障工作时间（MTBF）	283.62±205.04	233.57±161.98	206.69±163.70	0.033
平均故障修复时间（MTTR）	27.20±22.51	27.12±22.56	26.93±14.35	0.472
平均首次故障前工作时间（MTTFF）	494.70±308.75	524.93±271.85	434.62±259.61	0.152

整机可靠性指标	P 值		
	东部与西部比较	东部与中部比较	西部与中部比较
平均无故障工作时间（MTBF）	<0.001	0.033	0.164
平均故障修复时间（MTTR）	0.099	0.472	0.111
平均首次故障前工作时间（MTTFF）	0.080	0.152	0.009

图 4-27　医用内窥镜设备可靠性地域对比结果

3.纵向对比

进口品牌在三级医院使用时长普遍更长;在二级医院,国产品牌的使用时长与进口品牌相当。

不同品牌型号内窥镜平均使用时长与故障率成正相关,即平均工作时长越长,则故障率 λ_m 越高(见图 4-28)。

		平均故障间隔时间（MTBF）	平均首次故障前工作时间（MTTFF）	故障率λ_m	平均修复时间（MTTR）	可用度（A）
使用时长	皮尔逊相关性	0.66	0.444	0.687*	−0.536	−0.275
	显著性（双尾）	0.053	0.231	0.041	0.137	0.473

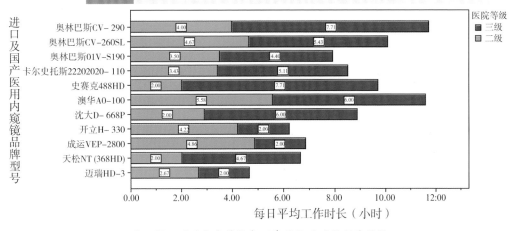

图 4-28 医用内窥镜设备可靠性使用时长评价结果

4. 各型号内窥镜可靠性情况

硬性内窥镜：日本奥林巴斯、德国史托斯得分领先，深圳迈瑞略高于美国史塞克，进口品牌整体处于较高水平。

软性内窥镜：上海澳华和深圳开立量化评价靠前，略高于市场使用率最高的日本奥林巴斯。推测：奥林巴斯在二三级医疗机构使用频率和时长均显著高于国产品牌，导致故障率较高。

八、技术性能评价

（一）硬性内窥镜

本评价结果清晰地指出了各品牌内窥镜各有不同的优劣势（见表 4-42）。

卡尔史托斯（22202020-110）在边缘光效方面具有明显优势。

迈瑞（HD3）在信噪比和静态图像宽容度方面具有优势。

通过单项指标的比较分析，可为国产品牌改进相关设计指引方向。

分析卡尔史托斯（22202020-110）优势的原因可能是采用特殊的光学设计而使其边缘光效与光学中传统的渐晕造成的边缘光能损失较小，边缘和中心亮度更一致。

表 4-42　硬性医用内窥镜设备技术性能评价结果

指标	品牌					
	卡尔史托斯	奥林巴斯	史赛克	迈瑞	沈大	天松
内窥镜插入部分外径(mm)	9.98	9.96	9.98	9.98	9.96	9.98
视场角(°)	79.5	91	89.2	74.5	77	80.3
中心角分辨力（C/°工作距40mm）	8.65	4.58	9.68	8.94	8.25	7.94
景深(10mm中心角分辨力/40mm中心角分辨力)	25.40%	53.90%	12.80%	26.80%	26.40%	30.20%
景深(150mm中心角分辨力/40mm中心角分辨力)	51.10%	109.20%	45.70%	70.40%	48.60%	79.20%
以空间角频率为单位的MITF(50%)(C/°)	3.79	3.1	6.61	5.2	5.37	5.78
以空间角频率为单位的MTF(30%)(C/°)	4.05	3.59	7.69	5.7	5.95	6.68
动态信噪比(dB)	31.58	34.91	33.14	45.22	33.48	28.3
照明边缘均匀性	33.30%	22.40%	10.40%	10.60%	14.20%	13.80%
照明镜体光效	0.746	0.585	0.456	0.684	0.799	0.8
成像镜体光效	1.53	1.11	0.88	0.86	0.97	0.96
综合镜体光效	1.14	0.65	0.4	0.59	0.77	0.77
综合边缘光效	0.461	0.171	0.135	0.262	0.328	0.29
单位相对畸变	3.50%	13.40%	8.80%	13.80%	−5.90%	−13.60%
畸变一致性差	4.10%	4.50%	1.70%	1.10%	−5.90%	2.10%
亮度响应特性(R通道)	0.9926	0.8692	0.9927	0.8835	0.9712	0.9672
亮度响应特性(G通道)	0.9932	0.8503	0.9874	0.9108	0.9738	0.9613
亮度响应特性(B通道)	0.9919	0.809	0.9771	0.8895	0.9508	0.9626
静态图像宽容度	179.59	475.31	583.26	670.92	57.38	124.03

(二)软性内窥镜

奥林巴斯在弯角、孔道直径、照明镜体光效、静态图像宽容度等方面具有明显的优势。但国产品牌开立和澳华在中心角分辨力、MTF方面具有优势(见表4-43)。

分析奥林巴斯在静态图像宽容度方面的设计思路。奥林巴斯采用了不同于国产品牌的特别设计,可能使用了单色光电传感器,配合红绿蓝单色光交替的频闪光源照明,摄像主机与频闪光源通讯实现同步处理再合成彩色图像,可以排除彩色光电传感器各通道的相互影响，以此来提高静态图像宽容度。这样设计值得国产品牌借鉴。

表 4-43　软性医用内窥镜设备技术性能评价结果

指标	品牌			
	奥林巴斯	开立	澳华	成运
弯角(°)	340	303	319	318
孔道直径(mm)	2.78	1.94	1.94	1.94
内窥镜插入部分最大外径(mm)	6.28	6.12	5.98	6.36
视场角(°)	118	121	88.5	95
中心角分辨力(C/°工作距 10mm)	1.44	2.89	2.81	1.51
景深(2mm 中心角分辨力/10mm)	76.40%	43.60%	43.40%	89.40%
景深(50mm 中心角分辨力/10mm)	88.20%	74.40%	75.40%	96.70%
以空间角频率为单位的 MTF(50%)(C/°)	1.09	2.57	2.23	1.36
以空间角频率为单位的 MTF(50%)(C/°)	1.22	2.94	2.6	1.48
动态信噪比(dB)	33.45	28.66	31.33	31.98
边缘均匀性	4.10%	81.10%	11.00%	42.00%
照明镜体光效	0.685	0.497	0.475	0.512
亮度响应特性(R 通道)	0.9961	0.9978	0.9994	0.9951
亮度响应特性(G 通道)	0.9853	0.9982	0.9995	0.9996
亮度响应特性(B 通道)	0.9964	0.998	0.9995	0.9985
静态图像宽容度	164.94	87.56	75.66	55.52

九、服务体系评价

服务体系评价研究覆盖医疗机构 218 家，涉及 80% 以上的省份，持续两年采集评价数据 31416 项(见表 4-44)。

服务体系评价研究形成了 9 个品牌，覆盖售前、售中、售后全生命周期，在不同医院以及不同地区的多维度服务能力评价结果(见表 4-45)。

迈瑞公司在三级医院的评价中，位列第 1 位，但是在基层医院评价位列第 7 位，有提升服务能力的必要性。迈瑞公司在售前、售中、售后三个一级指标加权评价中均为第 1 位。

表 4-44　医用内窥镜设备服务体系评价样本量

序号	厂家(简称)	2018 年度数据量(项)	2019 年度数据量(项)	数据总量(项)
1	奥林巴斯	15099	4778	19877
2	澳华	283	374	657
3	沈大	491	411	902
4	成运	142	110	252
5	卡尔史托斯	1429	1270	2699
6	开立	480	210	690
7	迈瑞	370	3075	3445
8	史赛克	395	1366	1761
9	天松	784	349	1133

表 4-45　2019 年医用内窥镜设备服务体系评价总体服务能力评价结果

项目	迈瑞	奥林巴斯	开立	卡尔史托斯	天松	澳华	史赛克	沈大	成运
总体得分	4.53	4.32	4.25	4.19	4.18	4.13	4.12	4.07	3.55
三级医院加权得分	4.56	4.34	4.02	4.18	4.04	4.58	4.08	4.12	3.02
基层医院加权得分	3.92	4.10	4.26	4.22	3.97	3.98	3.77	3.94	3.55
高收入地区得分	4.54	4.37	3.94	4.18	4.03	3.86	4.12	3.97	3.63
中收入地区加权得分	4.08	4.20	3.08	4.25	4.45	3.49	3.00	3.37	3.02
低收入地区加权得分	3.91	4.24	3.31	3.96	3.74	4.06	3.12	3.92	3.32

2018 年,史赛克(1488HD)服务水平最佳,迈瑞(HD3)次之(见图 4-29)。

2019 年,迈瑞(HD3)服务水平在各型号中最佳。

奥林巴斯(CV-290)服务能力连续两年占领先地位(见图 4-30)。

开立(HD-330)服务水平在国产型号中表现最佳。

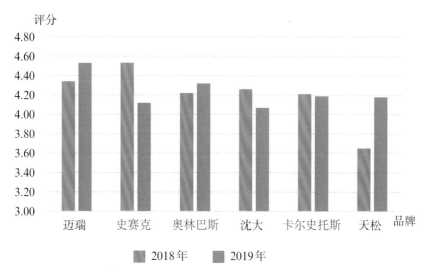

图 4-29   2019—2019 硬性医用内窥镜服务能力评价结果

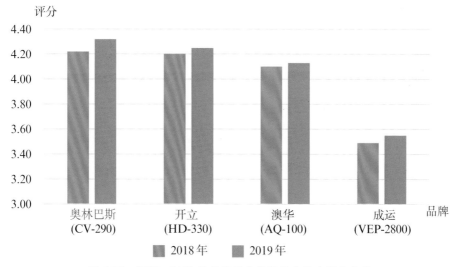

图 4-30   2018—2019 软性医用内窥镜服务能力评价结果

第七节 软 件 系 统

一、软件总体介绍

在建立评价指标体系的同时，项目组设计了"内窥镜评价体系采集分析平台"

的移动端 APP[取得软件著作权(2019 SR 0143847)],实时采集、上传数据,保证数据的客观性、科学性,实现数据的标准化。APP 根据不同科室、不同角色定制内窥镜评价子系统,基于智能评价系统的交互界面,使用者通过向导式评分,综合客观地记录手术及操作全过程中对各评价指标的真实评分。

目前,该软件系统的安卓版及 IOS 版移动端 APP 均已成功设计并搭建,不仅在核心评测单位运用进行数据采集,而且已在基层评测单位推广使用,以期能全面、快捷地收集不同等级、不同地区医院的医用内窥镜设备的评测数据,另外,我们推出了该移动端 APP 的使用说明,该使用说明涵盖了移动端 APP 的使用全过程,包括安装、注册、角色选择、基本信息填写、课题选择、指标评分等各功能模块。基于移动端 APP 实现的标准化数据采集及标准化的使用流程也作为评价规范的一部分。本软件系统采用分层化与构建原型相结合的系统开发方法,评价目标为医用内窥镜的服务,服务周期涵盖售前、售中、售后全生命周期的所有阶段。参与评价的主体为医疗机构内窥镜使用人员,包括医生、护士、医学工程师、采购人员。

开发方法方面,从分层化入手,用系统工程的思想和工程化的方法,按用户体验至上的原则,分层化、模块化、自上向下地对系统进行分析与设计,从整体与全局角度出发,这是考虑到不同医务工作者在角色、工作单位分布广而散、设备体验、临床经验等方面的差异化表现而定制的系统方法;利用大数据分析集在挖掘、归纳、输出等方面的特性进行分层化设计,使其易于管理和拓展。

有了分层化系统开发的基础,对于医务工作者执行系统的操作命令、内窥镜数据管理、图像与文本日志的分析及协同的多维内窥镜数据,不仅可以在提取数据值之前进行必要的数据解码,而且在数据有序化处理之后,还要经过构建原型的处理,即软件的设计逻辑、操作步骤、分析方法、实现过程等,开发一个原型系统,然后运用;开发人员和用户一起针对原型系统的运行情况反复修改,直至用户满意和达到项目要求,使原型系统更容易被用户所接受,还能准确地实现系统分层化下的全局设计。

二、软件使用总结

通过本系统的开发,填补了在医用内窥镜服务体系中客观全面且富有个性化产品的空白。在实际应用中,通过分层智能化的录入 APP 系统、多角色的用户中心以及灵活高效的 WEB 分析平台,从服务、售后等多个纬度综合地考量整个服务体系,为内窥镜一线医务工作者提供强有力的数据分析保障。在后续的研究工作中,还可以从以下几个方面进行深入。

1.除在医用内窥镜领域应用外,还可以从更多的角度应用于实际业务,充分发挥医疗大数据采集与分析的价值。

2.进一步了解和掌握大数据技术的最新应用及其技术内核,在调度服务、引擎服务等核心技术系统中,充分利用大数据技术发挥系统功能。

3.全国各区域医疗信息化建设正逐步完善,医疗大数据采集已不再是屏障,后续的研究有了更多的立足点,在医疗领域有着非常积极的实际应用前景。

三、数据质控

临床效果评价基于医用内窥镜主机型号,选择成套的内窥镜系统,基于标准化应用场景,对操作医生等进行资格审核,对不同的应用场景选取典型的手术、操作。在正式开展评价之前进行预评价及相关培训,对数据来源进行质控。在数据采集过程采用主刀/操作医生负责制,并注重时效性(手术后 2 小时内完成测评)。

数据平台系统实时监测所采集的数据,避免漏填、错填等。

数据分析统计基于专业统计团队,应用专业统计方法进行数据清洗,剔除无统计学意义的评价者数据 ＋ 离群数据,对评价结果进行修正。

数据平台系统数据质控流程见图 4-31。

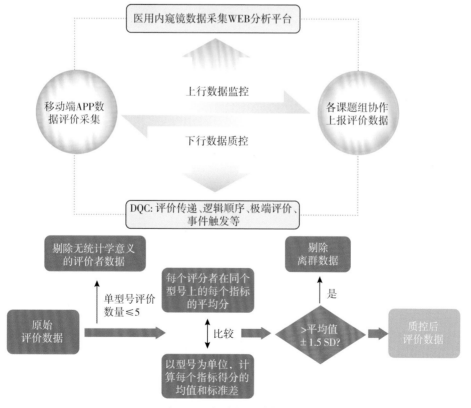

图 4-31 软件数据质控流程

第八节 论文及专利等情况

一、论文和论著

项目组共发表 SCI 论文 13 篇,中文核心期刊 22 篇。

出版《微创肺段手术学》《肺部微创高新诊疗技术手册》《国产医用内窥镜研发与应用——从国家重点研发计划到国产医用设备的创新与转化》。

图 4-32 相关专著

二、发明专利

申请发明专利并授权情况见表 4-46。

表 4-46 发明专利

成果状态	专利名称	登记号
发明专利 (授权)	用于医用内窥镜防护钬激光破坏的中空纤维套管及其应用	专利号 201910562249.4
发明专利 (授权)	一种用于医用内窥镜镜头的超亲水涂层及制备方法	专利号 201910156735.6
发明专利 (申请中)	一种应用于医用内窥镜的二元复合自修复硅胶管	申请号 201910157424.1

三、国家行业标准

本研究的内窥镜成像性能创新性评价方法已转化为国家医药行业标准,该行业标准内容填补国际 ISO 8600 内窥镜系列标准的空白,属于国际领先。

图 4-33　医用内窥镜行业标准文件示意

第九节　小　结

　　通过国家重点研发计划"医用内窥镜评价体系的构建与应用研究"的开展,我们首次系统建立了适用于医用内窥镜设备的评价体系,填补了国内乃至国际该领域空白;首次对国产和进口主流医用内窥镜从 5 个维度进行科学、大样本、系统评价,遴选国产优秀型号,为各级医疗机构的医用内窥镜标准配置谏言谏策;为国产医用内窥镜的改进指明方向,促进国产医用内窥镜产品改进和技术提升,提升国际竞争力。民族医用内窥镜的兴起将在我们这一代人的努力下蓬勃发展!

第三篇
基于医疗"互联网+"的
国产创新医疗设备应用示范

第五章 国产创新医疗设备应用概述

第一节 国产医疗器械行业发展现状与趋势

医疗器械是现今科技发展最活跃的领域之一,是推进医学诊疗技术进步的主要动力,是健康保障体系建设的重要基础,也是衡量国家综合实力的重要标志之一。医疗器械产业具有高度的战略性、带动性和成长性,并且体现出高科技性、高附加值等特点。据医械汇测算,2019 年全球医疗器械市场规模大约为 4529 亿美元;而据国际知名医疗行业调研机构 Evaluate Medtech 统计预测,2024 年全球医疗器械市场规模将达到 5945 亿美元。由此推算,全球医疗器械市场的年复合增长率保持在 3% 以上,呈逐年增长态势。医疗器械产业的蓬勃发展不仅能够为国民经济提供支撑,并且能够满足日益增长的医疗需求,从而提高人民健康生活水平。

相较于国外,虽然我国医疗器械行业起步晚了近半个世纪,但国家一系列医疗器械相关的法律法规的颁布,如《医疗器械监督管理条例》(国务院第 276 号令)、《医疗器械注册管理办法》(局令第 16 号)等,极大地推动了国产医疗器械行业的发展。目前,国产医疗器械产业已颇具规模。2014 年,我国医疗器械市场就已经成为全球第二大市场。根据德勤咨询的报告,2019 年我国医疗器械市场规模约为 6290 亿元,产业年复合增长率超过 19%,增速远高于全球水平。国产医疗器械主营业务收入增速已经高于药品制造行业,产业整体呈现发展快、势头猛、整合空间大等特点。

在医疗器械注册批准方面,据国家药品监督管理局统计,2020 年境内第三类医疗器械注册受理共 4220 项(注册品种为医疗器械的有 2793 项),比 2019 年增加 20.2%。其中,首次注册 1287 项,占比 30.5%;相关注册人大部分集中在经济发达的沿海省份,排名前五位的省(直辖市)有江苏、广东、北京、浙江和上海。2020 年,国家药品监督管理局共批准医疗器械首次注册、延续注册和变更注册 9849 项,相比于 2019 年增长 16.3%。其中,批准境内第三类医疗器械注册 3603 项,与 2019 年相比增长 13.3%,注册数量排名前五位的有无源植入器械,注输、护理和防护器械,神经和心血管手术器械,医用成像器械,有源手术器械。虽然得到注册批准的国产医疗器械产品主要集中在中低端领域,但高端医疗器械(如医用成像器械中的大型影像设备)占比正在迅速增长,国产器械市场格局正在由低端逐步向高端转变。

在医疗器械创新方面,自《创新医疗器械特别审批程序(试行)》(食药监械管〔2014〕13 号)发布到 2020 年,国家药品监督管理局共批准了 99 个创新医疗器械,其中,仅 2020 年就批准了 26 件(见表 5-1)。这些创新医疗器械产品的主要作用机制以及工作原理均为国内首创,核心技术均有我国的发明专利权或者已在国务院专利行政部门公开发明专利申请,在临床上具有较强的应用价值。部分重点产品,如穿刺手术导航设备、等离子手术设备等高端医疗器械产品赫然在列,国产医疗器械在高端领域加速追赶,创新成果"井喷式"涌现,产品供给能力显著提升,技术能力正逐渐接近国际先进水平。目前,我国医疗器械产业在国际医疗器械产业格局中扮演着越来越重要的角色,迎接重要的战略发展机遇和挑战。

表 5-1　2020 年部分获批的创新医疗器械产品

产品类别	名称
有源手术器械	穿刺手术导航设备
	等离子手术设备
医用成像器械	心血管光学相干断层成像设备
神经和心血管手术器械	药物球囊扩张导管
	药物洗脱 PTA 球囊扩张导管
医用软件	糖尿病视网膜病变眼底图像辅助诊断软件
	冠脉 CT 造影图像血管狭窄辅助分诊软件
	肺结节 CT 影像辅助检测软件

第二节　国家对医疗器械行业的政策支持情况概览

在国家的大力支持下,国产医疗器械表现出强大的本土优势。在核心部件不受进口制约的前提下,表现出高速创新转化、成本低廉、售后服务布局便利等优势。特别是"十二五"以来,医疗器械被列入国家战略性新兴产业的发展重点,国家为了支持国产医疗器械产业的发展出台了一系列新的政策。如科学技术部(简称科技部)在2011年12月发布了《医疗器械科技产业"十二五"专项规划》,提出要以"创新发展,惠及民生"为宗旨,实施"创新医疗器械产品应用示范工程"和"数字化医疗示范工程",合理配置医疗资源,促进创新医疗器械产品的应用和推广,使科技创新的成果能够更好地服务于医疗卫生体系建设,进而惠及广大人民群众。"十二五"期间,按照系统布局与重点突破相结合、当前亟须与未来发展相结合、创新驱动与需求拉动相结合等几项原则,重点开展基础装备升级、高端产品突破、医学应用创新、创新能力提升以及创新产品应用示范工程等方面的工作。

科技部将加快培育国产医疗器械战略性新兴产业摆在科技发展全局的重要战略位置,制定了《医疗器械科技产业发展规划2011-2015》,同时成立了医疗器械产业技术创新战略联盟。2011年开始,科技部会同卫生部在重庆市启动实施了"创新医疗器械产品应用示范工程"(简称"十百千万工程"),即《创新医疗器械产品应用示范工程实施方案》,提出要在全国10个省(自治区、直辖市)100个县(区)的1000家医疗机构中示范应用1万台(套)国产创新医疗器械产品,并通过应用评价、技术提升等方式,挑选并推荐一批价格合适、维护方便、简单易用且满足临床需求的国产创新医疗器械产品,在提升医疗机构装备和服务水平的同时,培育并扶持一批具有核心竞争力和自主知识产权的医疗器械高新技术企业。经过多年实施,"十百千万工程"共在82个县(区)2758个医疗机构示范应用了1346715台(套)总值约15.87亿元的国产创新医疗器械产品。在"十百千万工程"的带动下,实施区域国产设备占有率由30%提高到45%,覆盖人群4.5亿人,在促进国产医疗器械的应用普及和推进医疗器械创新企业发展方面发挥了积极作用,为各级医疗机构高端影像设备的普及、配置和升级提供了重要支撑。

以浙江省为例,自2012年项目启动以来,通过浙江省科技厅设立专项,浙江省人民政府发布了精准对接、精准服务的政策,通过12个部门联合组成的协调小组稳步推进,示范推广工作已初见成效。经过"十二五"建设,浙江省形成了"省-县(区)-乡-村"的四级医疗服务网络(见图5-1)。截至2020年底,15家省级医院通过全面托管、重点托管、专科托管等方式,与全省64家县级医院建立了合作办医关系,合作办医覆盖49个县(市、区),助力全省实现省市级优质医疗资源下沉县域全覆盖,通过发挥优质医疗资源的辐射、共享作用,使得县域医疗服务能力得到显著升高。通过政府发布创新政策、多部门协同推进、建立产业技术创新综合试点、发展省医疗器械产业技术创新战略联盟等方式,浙江省初步建成了专业门类齐全、产业链条完善、产业基础雄厚的产业体系,并形成了以评价示范、技术辐射、区域技术示范等手段带动国产创新医疗器械应用和发展的可复制、可推广的模式。

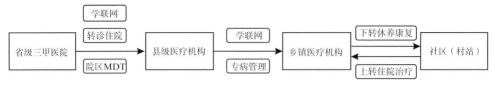

图 5-1 "省—县(区)—乡—村"四级医疗服务网络示意

另一方面,国家卫生和计划生育委员会(简称国家卫计委)在 2013 年启动了国产大型设备应用发展推广计划,浙江省响应号召并率先成立了浙江省国产大型医用设备应用推广中心。2014 年,国家卫计委启动了优秀国产医疗设备的遴选工作,并形成了优秀国产医疗设备目录。同年,工业和信息化部(简称工信部)与国家卫计委展开联合行动,以"一核心、两政策、三示范、四提升"为重点,逐步推动医疗设备的国产化。"十二五"期间,三个部委联合参与推动国产医疗设备的应用推广,可见国家层面对国产医疗设备发展的重视度和关注度之高、推动力度之大。

2015 年 10 月,中共十八届五中全会召开,提出将医疗器械作为医疗行业的重点突破领域之一,并指出在"十三五"期间要加快医疗器械国产化的部署。2017 年 5 月,科技部发布了《"十三五"医疗器械科技创新专项规划》,进一步聚焦于基层医疗机构的实际需求,强化国产创新医疗器械的示范、推广和普及。在前期"十百千万工程"试点示范的基础上,加快构建创新医疗产品示范推广体系,进大创新医疗器械产品在不同层次医疗机构中开展试点示范应用的推广力度,特别是在基层医疗机构的推广应用,鼓励医研企合作,建设创新医疗器械示范应用基地、培训中心,研究制定创新医疗器械产品目录,打通国产医疗器械从创新链到服务链的"最后一公里",形成"技术创新—产品开发—临床评价—示范应用—辐射推广"的良性循环。"十三五"期间,国家又先后发布了《国家中长期科学和技术发展规划纲要(2006—2020 年)》《国务院关于加快培育和发展战略性新兴产业的决定》《中共中央、国务院关于深化医药卫生体制改革的意见》《国务院关于加快发展养老服务业的若干意见》《国务院关于促进健康服务业发展的若干意见》《中国制造 2025》《"健康中国 2030"规划纲要》等,以支持国产医疗器械行业发展。其中《"健康中国 2030"规划纲要》指出,全民健康是建设健康中国的根本目的,并从医疗器械的流通体制改革、审评审批制度改革与监管强化、创新能力建设与转型升级、医疗器械国产化四个方面诠释了如何推动全民健康。医疗器械国产化作为推动健康科技创新的重点部署任务之一,能够增强对重大疾病的防治能力,并且提高健康产业发展的科技支撑力,是提高科技创新对医疗器械产业增长的贡献率及医疗器械成果转化率的重要举措。基于上述国产医疗器械的应用优势,针对国产替代进口的难点,通过评价和遴选优秀的国产产品并开展应用示范推广,将逐步改善目前基层医疗机构医疗装备配置不到位、种类不全、医学诊疗服务差的局面,解决老百姓看病贵、看病远、看病难等问题,加速推动全民健康战略目标的实现。

第三节　基于医疗"互联网＋"的国产创新医疗设备应用示范介绍

据调查,尽管在国家的大力支持下,国产医疗器械已逐步追赶上进口医疗器械的步伐,但其在我国大部分地区仍面临认可度差、临床应用普及率低、基层医疗服务不可及等尴尬的处境。省市级医疗机构虽然医疗资源充足,但由于种种原因,主观意愿上存在不认可也不愿意使用国产医疗器械的现象。基层医疗机构尽管面临着区域常见病多发病频发、优质医疗资源严重不足、医疗设备配置及人员无法承担相应的基层首诊任务等诸多问题,但仍宁愿高价购买进口的医疗器械而不选择国产产品,已购买的产品也存在闲置、无人愿用的状态。究其原因:①国产医疗器械目前仍处于追赶阶段,其核心技术的积累与进口产品还存在差距;②省市级医疗机构未能发挥引领和示范的作用,各层级医疗机构的相关人员对国产医疗器械的刻板印象还有待转变;③部分未经过遴选的国产医疗器械存在较差的应用体验,影响了基层医疗机构对国产医疗器械的整体认知。因此,在当前国际形势日益严峻的情境下,亟须通过国家政策引导、管理部门遴选、提升本土企业自身竞争力、完善评价和应用示范体系等多方面的努力,来协助国产医疗器械行业的进一步发展。

《"十三五"医疗器械科技创新专项规划》(简称《规划》)指出,要以医疗设备的产业化为导向,以磁共振、放疗设备、CT 等 10 大类医疗器械产品开发为核心,实现核心部件相关技术的突破,研究针对疾病的集成解决方案进行示范和推广。《规划》重点部署了五大重点发展方向。①前沿和颠覆性技术重点发展方向:要实现医学影像、体外诊断、生物医用材料、先进治疗、康复护理等医疗前沿领域的突破,积极布局新一代智能健康感知、医疗人工智能等颠覆性技术创新;②共性关键技术重点发展方向:如标准化技术、工程化技术;③重大产品研发重点方向:进行重大医疗器械产品的研发,包括数字诊疗设备、智能康复辅具、体外诊断产品以及生物医用材料的开发;④示范推广重点发展方向:做好创新医疗器械产品的评价和应用示范,制定创新医疗器械的产品目录,开展创新产品的评价和示范推广,实施创新医疗器械产品应用示范工程,形成"示范应用—临床评价—技术创新—辐射推广"的良性循环;⑤基地建设重点发展方向:统筹布局项目、人才、平台、基地,加强体制、机制和管理创新,整合优势科技资源,建设完善的国家医疗器械创新体系,提高国产医疗器械的创新能力,帮助国产医疗器械行业实现高速发展。其中,示范推广作为"十三五"医疗器械产业发展中最受关注的项目之一,主要实现创新产品和解决方案两个方面的示范和推广。创新产品的示范和推广旨在"十百千万工程"试点示范的基础上,加快体系化、机制化的创新医疗产品示范推广体系的构建;而解决方案的示范和推广主要是实现基于国产医疗器械的临床综合解决方案的推广和应用,促进优质资源的下沉,解决基层常见病、多发病的分级分层诊疗和慢性病管理等基本医疗卫生服务的需求,以提高基层医疗服务水平。

　　国家科技创新要求把国产化、高端化、国际化等作为医疗器械产品的创新发展方向,以核心技术的突破作为驱动,以重大医疗器械产品的研发作为重点,以示范应用的推广作为牵引,实现医工信交叉融合、医研企加强结合,最终达到创新链、产业链和服务链的联合发展。"十三五"期间,科技部启动了国家重点研发计划"数字诊疗装备研发"重点专项,以 10 个重大战略性医疗器械产品为重点,加强核心部件关键技术的攻坚,推进标准体系的建设、检测技术的提升以及示范应用的评价和推广方案的完善,实现医疗器械产品的国产化以及创新转型。从医疗器械"需求侧"和"供给侧"共同发力,通过应用示范来带动医疗设备的水平提升,并推动医疗设备的产业发展和临床应用。为响应"数字诊疗装备研发"重点专项任务,浙江大学医学院附属第一医院在浙江省科技厅的大力支持下,联合浙江省、宁夏回族自治区内多家医疗机构,及浙江大学、研究院所和互联网企业等,以"基于医疗'互联网＋'的国产创新医疗设备应用示范"为项目名称申报了 2017 国家重点研发计划"数字诊疗装备研发"试点专项,并成功立项(项目编号:2017YFC0114100)。该项目依托牵头单位和参与单位医疗"互联网＋"的网络体系基础、领先的临床医学实力、两省在慢病与健康管理方面的探索实践基础等,针对基层医疗服务能力不足、国产创新医疗设备市场占有率低等问题,结合区域常见多发病,以前期实施"国产创新医疗器械产品应用示范工程"为基础,着重解决与国产医疗设备推广应用相契合的提升基层医疗服务水平的新型医疗服务模式、新配置、新技术临床解决方案的制定,以及国产创新医疗设备的推广应用示范。该项目设置了医疗服务共性机制研究、微创手术/精准影像/远程病理/慢病管理相关国产医疗设备应用示范研究、信息技术支撑平台研究、创新售后服务体系研究和应用示范绩效评价研究等 8 个课题,以智能化程度高、可推广性强的国产创新医疗设备产品为重点,以微创手术技术为核心,以精准影像诊断、远程病理诊断为支撑,通过构建信息技术支撑平台,创建新型售后服务体系,形成适于基层的临床新配置、新技术、新服务模式解决方案。通过实施该项目,促进国产创新医疗器械产品的应用示范,使得示范地区的国产设备市场占有率显著增加,实现了基层医疗的数字化、网络化、智能化升级,进而改善医疗卫生服务体系的公平性和可及性,提高医疗服务水平,形成可在全国范围内推广的示范应用模式。

　　其中,针对微创手术系列的国产医疗设备应用示范研究项目面向肝胆胰外科、胸外科区域常见多发疾病,基于微创外科国产创新医疗设备,提出了两种适合基层医疗机构开展的微创外科新技术临床解决方案,形成了适宜不同层级医疗机构的国产医疗设备新型配置解决方案,通过建立多级微创外科国产创新医疗设备应用示范中心,促进微创外科国产医疗设备和微创外科新技术在基层医疗机构的普及和应用。该研究首先通过文献调研、实地调研以及专家咨询等深入了解基层医疗机构的临床需求,随后结合当前基层医疗机构中相应疾病服务能力缺口,建立以肝胆胰外科、胸外科疾病为主的微创外科治疗示范中心。同时,通过对优势微创外科国产医疗设备企业的实地调研和产品的前期试用,确定以国产高清内窥镜系统、创新外科微创手术器械为核心,开发一套在基层医疗机构推广性强、临床应用范围广的微创外科治疗体系。基于前期调研和医疗设备遴选,该研究建立了微创手术国产医疗设备应用示范研究平台,下设肝胆胰外科和胸外科应用示范亚中心,推广满足基层医疗卫生需求且适用的新技术临床解决方案。基于该研究平台,开发基于国产创新医疗设备的肝胆胰微创精准切除技术和胸外科肺段切除技术。随后,基于国产创新医疗设备的使用特性,参考国外相关产品使用流程,结合临床实际应用情况和基层医务人员的实际操作体会,根据新技术临床解决方案,制定标准化的微创手术流程,结合医联体、医共体的医疗机构层级架构,形成微创外科国产医疗设备配置解决方案,为更大范围的应用推广提供保障。同时,构建以省级医院为核心、各医疗体系层级式分布的网络会诊体系,有效衔接省级、地市级和县级基层医院,实现体系内医疗信息和医疗资源的共享;通过"区域联动"机制对医疗体系内的医疗工作者、医疗设备和患者群进行有序配置和分布,优化医疗资源配置,建立科学的微创外科分级诊疗体系。

微创手术系列国产医疗设备应用示范研究最终以国产高清内窥镜系统和创新微创手术器械为核心,开展了微创外科相关国产医疗器械的应用示范研究,依托"十三五"国家重点研发计划项目的实施,有效促进了国产高清内窥镜系统的提升改进和应用推广。本篇后续将对上述研究成果进行详细介绍。

第四节 小 结

国产医疗设备的技术创新和产业升级,事关国家经济产业发展和人民生命健康。2020年新冠肺炎疫情暴发以来,医疗物资和医疗设备的应用在抗击疫情中发挥了重要的作用。从口罩、医用防护物资等医疗物资的大量供应,到诊断试剂产品的快速审批落地,再到体外膜肺氧合(extracorporeal membrane oxygenation, ECMO)治疗及高流量输氧的临床应用,均体现了医疗器械在应急医疗中的重要地位。在应对新冠肺炎疫情中,国产医疗器械表现突出,小到口罩、检测试剂盒,大到呼吸机、车载 CT 等,均在国内外的疫情抗击一线发挥了重要作用,给众多新冠肺炎患者带来了康复的希望,国产医疗器械在国内外市场的影响力正在不断提高。国产医疗器械为本次疫情的顺利防控做出了十分重要的贡献,特别是国产企业的便利性、可及性、深度合作的可能性等优势,在本次新冠肺炎疫情期间表现尤为突出。另外,在当前国际形势下,支持国产医疗器械产业的发展,实现医疗器械技术的追赶,完成医疗器械产业的进口替代,也是势在必行的。

国产优秀医疗器械的应用示范应以临床新技术解决方案、新服务模式解决方案、"互联网+医疗"信息化服务平台等医工信融合方式为基础,通过"双下沉,两提升""省级引领示范-市县级带动示范-基层落地示范"等多种方式,推动契合临床需求、品质优秀的国产医疗器械优先和快速地在基层医疗机构落地。强调不局限于让基层医疗机构配置国产医疗设备,而是结合标准化评价、产品创新研发等,切实实现国产医疗设备质量的提升,再结合国产医疗设备的本土优势,促进其市场占有率的提高。随后,在完善的线上线下培训体系的基础上,开展宣教培训,推动国产优秀医疗器械在基层医疗机构临床使用效果的同质化,让基层医疗机构真正用得好且愿意用,实现国产医疗器械在基层医疗机构的真正"扎根"。通过实施应用示范工作,加速了基层医疗的数字化、网络化、智能化进程,弥补了基层医疗资源配置的短缺,培养了大批的基层医疗服务人才,实现基层医疗服务能力的显著提升,为"基本医疗卫生服务均等化"提供有力的支撑。同时,推动国产医疗器械产业的创新发展已成为深化医药卫生体制改革、降低医疗成本、推进健康中国建设等的重大战略需求。通过可复制、可推广的应用示范方式,为国产优秀产品打开国内市场,将有助于推动国产医疗器械的普及,提升国产医疗器械的核心竞争力,并最终实现高端医疗器械的进口替代,为国产医疗器械产业打通一条健康的、可持续发展的道路,也为"人人享有基本医疗卫生服务"的理念提供有力的支撑。

参考文献

[1] Boyer P, Morshed BI, Mussivand T. Medical device market in China[J]. Artificial organs,2015,39(6):520—525.

[2] 陈斌.我国医疗设备产业发展情况的研究[J].中国医疗设备,2018,33(3):136—139.

[3] 褚淑贞,王恩楠,都兰娜.我国医疗器械产业发展现状、问题及对策[J].中国医药工业杂志,2017,48(6):930—935.

[4] 蔡天智.浅谈中国医疗器械产业国际化趋势[J].中国医疗器械信息,2016,22

(13):21—22.

[5] 蔡鹏.医疗器械A企业发展战略研究[D].上海:华东理工大学,2018.

[6] 德勤.中国医疗器械行业:企业如何在日趋激烈的市场竞争中蓬勃发展?[R/OL].(2021—03—01)[2021—07—23]. https://www2. deloitte. com/cn/zh/pages/life-sciences-and-healthcare/articles/chinese-medical-device-industry-whitepaper. html

[7] 冯靖祎,张倩,吕颖莹,等.国产创新医疗设备应用示范助推国产医疗器械行业发展[J].中国医疗设备,2020,35(1):1—4,17.

[8] 冯靖祎.国产医疗器械助力全民健康,医工信融合助推全面小康[J].中国医疗设备,2020年,35(10):1—4,27.

[9] 冯靖祎,吴李鸣,刘济全等.构建国产创新医疗设备应用示范网络助推基层医疗服务能力提升——"十三五"国家重点研发计划"基于医疗'互联网＋'的国产创新医疗设备应用示范"项目成果[J].科技成果管理与研究,2020(4):84—85.

[10] 国家药品监督管理局.医疗器械注册管理办法(局令第16号)[EB/OL].(2000—04—05)[2019—07—23]. http://samr. cfda. gov. cn/WS01/CL0053/24455. html.

[11] 国家药品监督管理局.2020年度医疗器械注册工作报告[R/OL].(2021—02—05)[2021—07—23]. https://www. nmpa. gov. cn/yaowen/ypjgyw/20210205111730106. html.

[12] 国务院.国家中长期科学和技术发展规划纲要(2006—2020年)[EB/OL].(2006—02—09)[2019—07—23]. http://www. gov. cn/jrzg/2006—02/09/content_183787. htm.

[13] 国务院办公厅.国务院关于加快培育和发展战略性新兴产业的决定(国发〔2010〕32号)[EB/OL].(2010—10—18)[2019—07—23]. http://www. gov. cn/zwgk/ 2010—10/18/content_1724848. htm.

[14] 国务院.中共中央、国务院关于深化医药卫生体制改革的意见[EB/OL].(2009—04—08)[2019—07—23]. http://www. gov. cn/test/2009—04/08/content_1280069. htm.

[15] 国务院办公厅.国务院关于加快发展养老服务业的若干意见(国发〔2013〕35号)[EB/OL].(2013—09—13)[2019—07—23]. http://www. gov. cn/zwgk/2013—09/ 13/content_2487704. htm.

[16] 国务院办公厅.国务院关于促进健康服务业发展的若干意见(国发〔2013〕40号)[EB/OL].(2013—10—14)[2019—07—23]. http://www. gov. cn/zwgk/2013—10/14 /content_2506399. htm.

［17］国务院.中国制造2025(国发〔2015〕28号)［EB/OL］.(2013－10－14)［2019－07－23］.http://www.gov.cn/zhengce/content/2015－05/19/content_9784.htm.

［18］国务院."健康中国2030"规划纲要［EB/OL］.(2016－10－15)［2019－07－23］.http://www.gov.cn/xinwen/2016－10/25/content_5124174.htm.

［19］科学技术部.医疗器械科技产业"十二五"专项规划(国科发计〔2011〕705号)［EB/OL］.(2011－12－31)［2019－07－23］.http://www.most.gov.cn/fggw/zfwj/zfwj2011/201201/t20120118_92018.html.

［20］科学技术部."国产创新医疗器械产品应用示范工程"正式启动［EB/OL］.(2010－07－21)［2019－07－23］.http://www.most.gov.cn/kjbgz/201007/t20100720_78528.htm.

［21］Lin AX,Chan G,Hu Y,et al. Internationalization of traditional Chinese medicine:current international market,internationalization challenges and prospective suggestions［J］.Chinese Medicine,2018,13:9.

［22］林立明.浅析我国医疗器械行业发展现状及发展趋势［J］.科技创新导报,2016,13(21):107－108.

［23］MedTech E. World Preview 2018:Outlook to 2024［R/OL］.(2018－06－06)［2019－07－23］.https://www.evaluate.com/thought－leadership/pharma/evaluatepharma-world-prev.

［24］Purnama ILI,Tontowi AE,Sopha BM. Development of Medical Props Production Towards Industry 4.0［C］.2018 1st International Conference on Bioinformatics,Biotechnology,and Biomedical Engineering (BioMIC)－Bioinformatics and Biomedical Engineering, Department of Mechanical & Industrial Engineering,Gadjah Mada University,Yogyakarta,Indonesia;Department of Mechanical & Industrial Engineering,Gadjah Mad,2018.

［25］邵杰.整合能力应对挑战［J］.流程工业,2020,(6):1.

［26］Walker A,Ko N. Bringing medicine to the digital age via hackathons and beyond［J］.Journal of Medical Systems,2016,40(4):1－3.

［27］Wang N,Wang JG. The Structure Analysis of Chinese Medical Equipment Market［C］.2017 International Conference on Manufacturing Construction and Energy Engineering (MCEE 2017),Chongqing,2017.

［28］徐云龙.基层医疗机构常用医疗设备配置、使用与需求分析［D］.北京:北京中医药大学,2015.

［29］Yip GS,McKern B. China's Next Strategic Advantage:From Imitation to Innovation ［M］. Massachusetts Institute of Technology. Cambridge,

Massachusetts, USA: MIT Press, 2016.

[30] 中华人民共和国国务院. 医疗器械监督管理条例(国务院令第 276 号)[EB/OL]. (2000－01－04)[2019－07－23]. http://samr. cfda. gov. cn/WS01/CL0784/16570. html.

[31] 浙江省科技厅. 浙江省正式启动实施国家创新医疗器械产品应用示范工程[EB/OL]. (2016－10－15)[2019－07－23]. http://www. most. gov. cn/dfkj/zj/zxdt/201311/t20131127_110613. htm.

[32] 中华人民共和国国家卫生和计划生育委员会. 第一批优秀国产医疗设备产品遴选工作启动[EB/OL]. (2015－10－10)[2019－07－23]. http://www. nhfpc. gov. cn/guihuaxxs/s3586/201405/376235467c8c4a95a4194e08da109e2c. shtml.

[33] 中华人民共和国卫生部. 国家卫生计生委、工业和信息化部联合召开推进国产医疗设备发展应用会议[EB/OL]. (2014－08－18)[2019－07－23]. http://www. nhfpc. gov. cn/guihuaxxs/s3586/201408/71ce8bb4267c4578a2ce169a72bf4c60. shtml.

第六章　基层医疗机构国产微创医疗设备配置与应用情况调研

第一节　基层微创医疗服务发展现状

微创外科技术的兴起与发展,以全新的手术视角推动了整个外科理念的革新与转变,改变了传统外科的格局。我国以微创外科为特征的内窥镜外科学科已形成。近 10 年以来,在全球数万名的内窥镜外科专家的奋斗和努力下,新方法、新技术不断被探索和发展,使得国际内窥镜外科尤其胸腔镜、腹腔镜外科发展迅速。得益于内窥镜外科技术的进步,医疗仪器和器械也不断改进。例如腹腔镜手术技术在腹腔镜外科最早应用于胆囊切除术;而现在,通过腹腔镜可以完成腹部外科的胃切除、肠切除、胰十二指肠切除、肝/胰部分切除等手术。除此之外,内窥镜技术还可用于完成骨科、心血管外科、胸外科、妇科、泌尿外科等多种手术。第 5 代移动通信技术与人工智能的发展,更是给微创外科的发展带来更加光明的前景。

目前,基于医用内窥镜的微创医疗技术是消化、呼吸、泌尿、耳鼻喉等系统疾病诊断、治疗不可缺少的,具有创伤小、手术时间短、术后康复快等特点,在多个临床科室广泛应用。随着经验的积累和微创手术医疗器械技术性能的不断改善,微创手术进入推广普及新阶段,微创外科发展进入高位平台期。微创手术技术在基层医疗机构具有广阔的施展空间,但是,国产微创手术相关医疗设备目前仍存在配置阶梯不合理、缺少核心技术、服务评价体系不健全等问题,导致基层医疗工作者信心不足,患者倾向于选择进口产品。因为基层医疗机构缺乏高质量的临床配置解决方案、同质化的临床技术方案以及微创设备资源,因此,以微创手术相关的国产创新医疗设备为基础,通过制定适用于基层医疗机构的微创新技术临床解决方案和新配置解决方案,培养一批扎根基层医疗机构的微创人才队伍,推动国产微创设备基层铺设,全面提升各级医疗机构服务能力并增强疾病防控水平,具有十分重要的现实意义。

第二节 基层医疗机构国产微创医疗器械配置与应用情况调研

2018 年,本课题组面向浙江省内示范区域的医疗机构,调研国产医疗设备在微创外科的应用情况,共计发放调查问卷 205 份,回收有效问卷 202 份。同时,于 2018—2019 年前往淳安、柯桥、金华、缙云、景宁、北仑等地,以问卷调查、专家讨论、手术示范等多种形式开展实地调研,了解基层医疗机构在国产医疗设备微创手术应用方面存在的问题。调研的科室主要为胸外科及肝胆胰外科,调研结果如下。

一、基层医疗机构微创外科人才缺乏

通过整理分析调查问卷后发现,目前我省基层医疗机构微创外科职称分布呈现较为明显的金字塔形。参与调研的三级医院已基本设立肝胆胰外科或胸外科的专科病房,且大部分副高职称以上的医生可以独立开展胸外科和肝胆胰外科常见疾病的开放手术治疗,能够较好地适应当地患者的医疗需求。但是,大部分外科医生尚未经过专业微创外科技术培训,专业微创外科人才相对缺乏。

二、肝部分切除术和肺部分切除术

肝部分切除术和肺部分切除术是微创外科常见手术,临床亟须标准化、同质化的临床微创切除技术新方案。

三级医院和二级医院肝胆胰外科医生的日常手术以胆囊切除手术为主,单个医生每月开展胆囊切除手术 20～30 例,其中腹腔镜手术占比 90% 左右。在胆道探查手术方面,单个医生每月大概开展 5～10 例,其中腹腔镜手术占比 50% 左右。在肝癌切除手术方面,基层医疗机构单个医生每月大概开展 2～5 例,其中腹腔镜手术占比约 50%。但胰腺手术开展频次在基层医疗机构相对较低,在本研究调研单位中大部分三级医院单个医生每个月开展约 1～5 台,腹腔镜占比 50%。

此外,肺叶切除术和肺段切除术为基层医疗机构胸外科常见手术。实地调研结果显示,基层医疗机构胸外科常见手术为肺叶切除术、肺段切除术。在肺叶切除术方面,单个医生每月大概开展 15～20 例,其中胸腔镜手术占比 95% 左右。在肺段切除术方面,单个医生每月开展手术5~10例,其中胸腔镜手术占比为100%。肺大泡切除术、胸腺瘤切除数量较少,单个医生平均每月开展的手术量在1~2例,且胸腔镜手术占比为100%。

从上述数据可以看出,基层医疗机构腹腔镜微创手术占比较低,普及率不高;胸腔镜微创手术占比较高,但是手术量低。因此,建立一套标准化的临床肝(肺)切除临床技术方案,达到与省级医院同质化的手术效果,是基层医疗机构提高服务水平的重要解决措施。

三、基层微创外科医生对微创手术教学和交流平台有迫切的需求

实地调研结果显示,基层医疗机构外科医生对微创手术有普遍的学习欲望和学习需求。同时,手术与设备的数据采集平台成为基层医院微创外科学科发展的新动力。

四、国产品牌微创腔镜设备和器械在基层医疗机构铺设率低

以胸腔镜和腹腔镜为例,基层医疗机构外科医生普遍使用进口品牌的胸腔镜设备,如卡尔史托斯(STORZ)、强生(Johnson & Johnson)、史赛克(Stryker)、狼牌(Wolf)。而国产品牌的医疗设备和医疗器械主要为新能源和康基。以淳安、新昌、金华、柯桥等地为例,院内仅有的数台腹腔镜医疗设备均为进口品牌,而国产品牌则主要集中在手术钳、分离钳、吸引器等。在电外科微创设备,如超声刀、CUSA以及肝门阻断和离断设备方面,国产品牌更是匮乏。此外,医院经费短缺,设备购置、更新和维修均未列入预算计划,无专项经费,完全靠医院自筹解决。

五、基层医疗机构现有国产微创医疗设备老旧、故障多发

调查问卷结果显示,目前基层医疗机构国产医疗设备存在的常见故障主要有:摄像头卡口内进水导致的图像反光严重,泛红光;导光束有脏污未清理导致的两端接头处发热严重;气腹机进气压力不足等。目前,国产医疗设备在产品质量方面仍存在短板。基层医疗机构国产医疗设备占有率极低,现有腔镜设备老旧,使用年限均超过10年。

六、小　结

充分、深入的调研是制定应用示范实施方案的基础。通过文献、问卷、实地调

研浙江省基层医疗机构服务情况,尤其是医联体/医共体新型医疗服务模式情况和微创外科服务情况,以及基层微创外科医疗设备配置与应用情况,可见依托新型医疗服务模式,基层医疗机构初步实现了区域人财物资源的整合,为区域医疗服务能力的提升提供了基础,但还需要有针对性地构建适宜基层医疗机构的新技术与新配置临床解决方案,同时通过省(市)级医疗机构的专家资源、技术资源等下沉,开展区域人才培养,再结合分级诊疗、医师多点执业等标准化机制,才能从根本上带动基层微创外科医疗服务的提升,并促进国产微创医疗设备尤其国产高清内窥镜系统在基层的落地与实际应用。

参考文献

[1] 陈求名,安舟,何哲浩.高科技内镜技术与微创胸外科优化融合[J].中国医师进修杂志,2019,42(7):593—595.

[2] 孙静,冯靖祎,郑骏,等.国产医用内窥镜系列产品注册情况研究[J].中国医疗设备,2019,35(1):10-12,29.

[3] 中国医药教育协会胸外科专业委员会,中国胸外科肺癌联盟,浙江省医学会胸外科学分会等.人工智能平台下肺结节的三维可视化定位与手术规划专家共识[J].中国胸心血管外科临床杂志,2019,26(12):1161—1166.

第七章　基于微创外科国产医疗器械的新技术临床解决方案

在前期调研的基础之上，本章联合数十位肝胆胰外科、普胸外科专家，基于国产创新医疗设备的肝胆胰微创精准切除技术和肺段切除技术，并经过专家认证、内部测试及第三方评测，获得了标准化、同质化的基于国产微创医疗器械的新技术临床解决方案，在满足基层医疗卫生日益增长的微创技术需求的同时，为国产微创医疗器械在基层的应用推广做好铺垫。

第一节　肝胆胰微创精准切除技术

一、需　求

原发性肝癌是全球癌症相关性死亡的第三大原因。庞大的乙型肝炎病毒感染患者基数和人口的持续老龄化使我国新发肝癌人数从 2010 年开始再次呈现增长趋势。目前，手术切除仍然是治疗肝癌的主要手段，基层医院亟须开展高水平、高质量的标准化微创肝切除术，以达到省级医疗机构的同质化效果。

二、适应证

限定于原发性肝癌中的肝细胞癌、转移性肝癌、有症状的良性占位。

三、微创术者要求

1.副主任医师(高年资主治医师)及以上医疗权限。

2.熟悉肝切除术。

3.受过腹腔镜手术专业培训,腹腔镜下胆囊摘除术合格。

4.具有灵活的应变能力,具有果断地转成开腹手术的能力。

四、术前评估

在肝脏切除术前,利用 IQQA 三维重建及数字化导航系统转换原始肝脏 CT 图像,通过人工神经网络分析技术建立真实肝脏模型,对所获得的三维重建模型进行优化,并通过人工智能技术规划手术路径;将优化的三维重建模型与 3D 打印结合,1:1还原肝脏,再与智能规划的手术路径相结合,根据手术路径标定沿途重要结构的坐标,实现术前规划辅助手术,明确目标肝脏血管立体解剖结构,排除血管变异(如图 7-1 和图 7-2 所示)。

肝分段

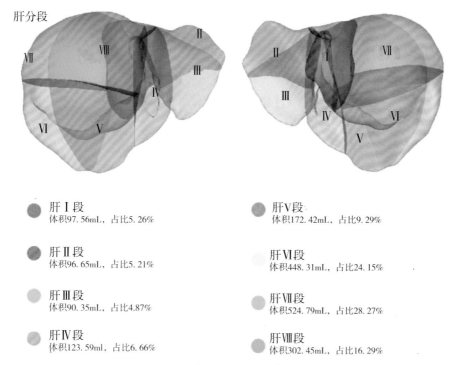

肝Ⅰ段
体积97.56mL,占比5.26%

肝Ⅴ段
体积172.42mL,占比9.29%

肝Ⅱ段
体积96.65mL,占比5.21%

肝Ⅵ段
体积448.31mL,占比24.15%

肝Ⅲ段
体积90.35mL,占比4.87%

肝Ⅶ段
体积524.79mL,占比28.27%

肝Ⅳ段
体积123.59ml,占比6.66%

肝Ⅷ段
体积302.45mL,占比16.29%

图 7-1 三维重建模型可以明确每个肝段体积

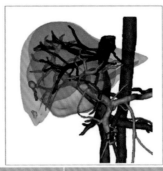

肝部位		测量体积/mL	百分比/%
肝脏		1856.11	100.00
左半肝		348.98	18.80
右半肝		1507.13	81.20
肝肿物		740.24	——
方案 （部分肝切除）	切除肝体积	1343.91	72.41
	剩余肝体积	512.20	27.59

图 7-2　通过 3D 重建技术可以明确肿瘤与血管之间的相关性及准确设计切除路径

五、微创手术设备

本研究主要涉及内窥镜摄像系统、超声刀和手术规划系统（省级医疗机构需配置）、肝门阻断带（liver circle）、肝脏拉钩、Trocar、直角小弯（大、中、小）、电凝钩、电铲、腔镜吸头、腔镜左弯（长、短）、腔镜小弯（粗、细）、腔镜无损伤钳、腔镜剪刀、腔镜上夹钳、腔镜松夹钳、腔镜钛夹钳、气腹针、血管夹、针持、气腹管、取物袋等国产微创设备。

六、手术步骤（标准流程）

1.体位
患者取仰卧分腿位。

2.布孔位置
全麻成功后摆放体位，术野常规消毒铺巾，通常在肚脐下方进 Trocar，建立气腹与进光源，在左右侧锁骨中线与肋缘交点下方 5cm 处，左右侧腋前线与肋缘交点 2cm 处各进一个 Trocar，放置操作钳（病灶位置不同，Trocar 穿刺点稍有改变）。

3.病灶边缘的标记

要确定既能保证阴性切缘又能保证保留足够肝体积的切割线。术前三维模型结合术中超声确定病灶边缘,用电刀做标记。

4.肝脏游离

经右上腹 Trocar 伸入能量器械,切断与腹壁相连的圆韧带,分离镰状韧带、左右冠状韧带、左右侧三角韧带,游离肝脏。

5.血流控制

分离第一肝门,打开小网膜囊口,置入环肝门阻断带,收紧阻断带即可达到阻断第一肝门的效果,松开阻断带便可以恢复入肝血流[省级示范单位采用自主研发的肝门阻断带(见图 7-3),基层医疗机构可使用血管阻断带]。同法,肝门阻断带还可以绕过下腔静脉来控制中心静脉压,减少肝静脉系统出血(见图 7-4)。

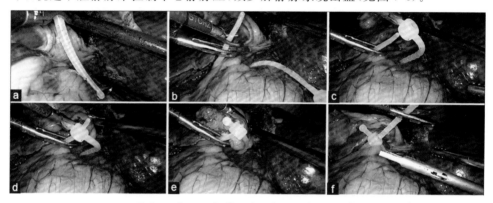

图 7-3 肝门阻断带及其阻断肝门/IVC 示意

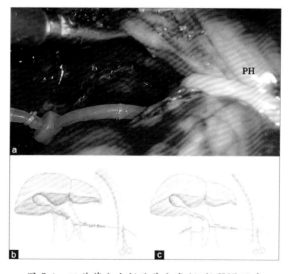

图 7-4 双关节分立钳及其分离/阻断 IVC 示意

6.肝实质的切除

开始时,肝脏实质厚约 2cm,可以放心使用超声刀。随着肝实质的深入,脉管结构会逐渐显露,仔细辨别脉管结构,以肽夹夹闭。为满足对精细管道结构分离的需求,本研究将康基公司的肝脏拉钩进行改造,进而研发出了一套适用于肝切除的组织分离器套件(见图 7-5)。该组织分离器套件具有不同的弯曲角度,头端伸缩自如,有利于钝性突破和带线,用于肝切除术中可以对 Glisson 蒂、肝静脉等管道结构进行有效分离。在吸引方面,采用康基公司生产的集吸引、电凝和冲洗功能于一体的腹腔镜复合吸引器,在吸引的同时可以使用电凝功能,术中无须反复更换器械,可以保持操作的连续性,节省手术时间。

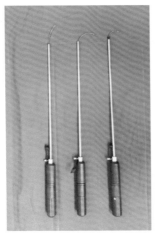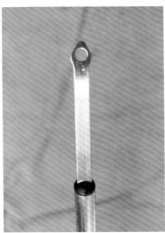

图 7-5　肝组织分离器

7.标本移除

于肝断面仔细缝扎电凝止血,探查腹腔无活动性出血及胆漏后,在腹腔内将切除肝收入取物袋中,绕肚脐延长切口,将取物袋取出,放置引流管。清点纱布器械无误后排出腹腔气体,缝合腹壁切口。

8.术后

麻醉复苏后将患者送回病房,将标本送病理检查。

综上所述,本团队制定了一套适用于国产医疗器械临床应用的标准化手术流程和规范,并建立图片和影像教学资料,用于新型临床解决方案的教学推广。在项目推广和实施过程中与国产设备公司开发部门保持密切合作,通过手术数据的收集和设备数据的实时采集,利用项目中心数据分发管理平台提供的设备数据结合基层医疗人员的使用报告,研制和优化国产微创设备,以建立可持续发展的国产微创设备优化机制。

第二节 胸外科肺段切除技术

一、需 求

　　肺癌是全球第二高发恶性肿瘤,其癌症相关性死亡则位列所有癌症首位。吸烟、空气污染使我国新发肺癌人数持续呈现增长趋势。在低剂量螺旋 CT 用于肺癌的早筛后,越来越多早期肺癌得以检出,对于此类患者,手术切除仍然是主要的治疗手段。相较于传统肺叶切除手术,肺段切除手术可在实现根治性切除的同时,保留更多患者肺功能,提高患者远期生存质量,基层医院亟须开展高水平高质量的标准化微创肺段切除术,以达到省级医疗机构的同质化效果。

二、微创术者要求

　　1.副主任医师(高年资主治医师)及以上医疗权限。

　　2.熟悉肺切除。

　　3.曾接受胸腔镜手术专业培训。

　　4.具有灵活的应变能力,具有果断地转成开胸手术的能力。

三、肺段手术适应证

　　1.肺功能差或合并其他严重全身性疾病,无法耐受肺叶切除。

　　2.直径≤2cm 的周围型肺结节,且合并以下特征之一:①病理证实为原位癌或微浸润癌;②CT 影像以磨玻璃成分为主(磨玻璃成分≥50%)且结节倍增周期≥400 天。

四、肺段手术禁忌证

　　1.结节直径≥2cm 或影像学表现以实性成分为主。

　　2.术前评估考虑存在淋巴结转移可能。

　　3.术中冰冻淋巴结阳性。

　　4.中央型肺癌或肿瘤浸润支气管,肺段切除无法保证足够切缘。

五、术前评估

在肺段切除术前,进行肺部体积测定,并利用三维重建技术引导微创肺段切除技术;基于离体肺段表面标志,模拟真实肺部结构,设计切肺方案,包括切面 CT 影像模拟及辅助定位,以根据体表标记更精确地定位病灶、动静脉、支气管及段间平面,降低手术风险。将优化的三维重建模型与 3D 打印结合,1∶1 还原肺部,再通过电磁导航支气管镜定位结节并排除气道变异,与智能规划的手术路径相结合,根据手术路径标定沿途重要结构的坐标,在术中找到固定标志后按图索骥,实现术前规划辅助定位。

六、手术过程

肺段切除的手术过程如下。

(一)麻醉、体位和切口的选择

1.麻醉
采用双腔支气管内插管建立单肺通气下全身麻醉。

2.体位
使患者取健侧卧位,并将胸部垫高增宽肋间隙,将患侧上肢放置并固定于支架上,尽量显露腋窝下区域,并将手术床调整为折刀位。

3.手术切口
手术中根据具体病情及术者的习惯,选择 1~3 个切口。观察孔通常位于腋中线第 7 肋间,长 1cm。主操作孔位于腋前线的第 4 或第 5 肋间,从背阔肌前缘起始向腹侧胸壁延伸,长 3~5cm(根据胸腔深浅和肿瘤位置适当调整)。副操作孔一般选择在腋后线第 7 肋间,长 1.5cm,需要尽可能与观察孔同一肋间,以减少术后肋间神经痛。

(二)手术顺序

1.首先对肺门及纵隔淋巴结进行采样并进行快速冰冻病理分析,若分析结果判定为阳性,则进行肺叶切除术。

2.楔形切除病灶,送冰冻病理,确定病理类型。

3.将段支气管残端、段间平面边缘再次送冰冻病理,若有肿瘤残留,继续切除整个肺叶或行联合肺段切除术。

(三)切除的手术步骤

对于不同的肺段以及不同的肺裂发育情况,对肺段支气管、动脉、静脉的处理顺序也有所不同。根据肺段间静脉走向,来判断肺门部的肺段间水平,以电钩或超声刀进行分离,当分离至未有明显的解剖标志时,则以直线型切割缝合器进行处理。再结合肺段间支气管的解剖走向和通气情况,配合麻醉师进行压力通气、低压力、低潮气量膨肺,以此判断肺段的边界。手术中需保证切缘与肿瘤的距离超过2cm。同时进行淋巴结的系统清扫(N_1,N_2),淋巴结清扫的数目和组数与传统的肺叶切除术基本一样。肺段间与肺叶间的淋巴结在术中进行采样冰冻病理检查。

(四)肺段的处理方法

1.解剖基础

肺段包括肺段支气管、支气管分支以及肺组织。其中,右肺分10段,左肺分8段,相邻两个肺段共用同一条静脉。

2.肺段切除的可行性

每一肺段都有相对独立的功能单位,并且有独立的支气管分支分布和血供,有分离和切除的可行性。

3.切除顺序

从肺门部血管向远端解剖,明确各肺段的血供;遵循肿瘤学原则,先处理肺段静脉,再依次处理肺段动脉以及支气管,最后根据肺段的段间平面范围切断肺组织。

(五)具体的各个肺段切除的手术步骤

1.舌段切除

(1)向背侧牵拉左上肺,于肺门前方解剖分离上肺静脉主干后继续向远端解剖,分离出舌段静脉,以切割闭合器切断。

(2)暴露位于后方的舌段支气管,以切割吻合器切断。

(3)结扎、切断位于舌段支气管后方的舌段动脉。

(4)以切割吻合器切开斜裂及肺段间的连接。

2.左上肺段切除(保留舌段)

(1)打开前纵隔胸膜,分离上肺静脉固有段分支,保留舌段静脉。

(2)打开后纵隔胸膜及叶间裂,分离固有段动脉并切断。

(3)从肺裂间解剖分离固有段支气管,以切割闭合器离断。

(4)以支气管横断面为肺段切除标志,再次肺通气明确段间平面位置后予以离断。

3.右上肺前段切除

(1)以卵圆钳钳夹上叶前段内侧缘向后下方牵拉,解剖并切断前段静脉。

(2)向肺尖方向牵拉前段,解剖,离断尖前段动脉。

(3)此时动脉分支深处可见前段支气管,向深面解剖并游离前段支气管,予以闭合、切断。

(4)用切割闭合器切开前段与尖段及后段之间的肺实质连接。

4.右上肺尖段切除

(1)向背侧牵引右上肺,打开前纵隔胸膜,解剖右肺上静脉,分离上肺静脉的尖段属支、中间支及中叶静脉,闭合并切断位于右上肺静脉最上方的尖段静脉。

(2)解剖前干动脉直至充分显露其肺动脉起始端及远端的尖段和前段动脉分支后,闭合并切断右肺动脉发出的第一个分支的尖段动脉。

(3)向下牵拉右上肺,解剖后方的上叶支气管,闭合、切断前上方段支气管的尖段支气管。

(4)嘱麻醉师膨肺,明确段间平面后做 V 形肺段间平面切割。

5.右上肺后段切除

(1)于斜裂与水平裂交汇处,向后方解剖叶间动脉,向右上肺内深入,解剖后段动脉,闭合、切断。

(2)解剖位于后段动脉深面的后段静脉,予以闭合、切断。

(3)向深面解剖后段支气管,闭合、切断。

(4)处理肺段间连接及水平裂。

6.背段切除

(1)打开斜裂胸膜,解剖叶间动脉。

(2)解剖、离断背段动脉。

(3)解剖并游离背段支气管,予以切断。

(4)解剖背段静脉,以内窥镜切割闭合器离断。

(5)嘱麻醉师膨肺后,切断段间平面。

(六)病灶的定位方法

术前利用 CT 数据进行三维重建,明确结节所在肺段位置,术中直接切除目标肺段。

(七)肺段边界的确定和处理方法

目前,肺段边界的确定方法有多种,常用的有以下 4 种。

1.切断相应段支气管后,在麻醉师的辅助下进行膨肺,肺组织膨胀与萎陷交界处为肺段边界。

2.通过术中支气管镜辅助,直接对目标肺段支气管进行通气,肺组织膨胀与萎陷交界处即为肺段边界。

3.切断目标肺段的肺段动脉后,经外周静脉注射吲哚菁绿,通过近红外胸腔镜系统直接显示肺段边界。

4.术中在气管镜辅助下,于目标肺段支气管内喷射吲哚菁绿,同样利用近红外胸腔镜系统来确定肺段边界。

(八)手术操作过程中的注意点

1.手术切缘与肿瘤边缘的距离要大于2cm。必要时,可以联合切除邻近部分肺段的肺组织。

2.在处理段间平面时,减少切割闭合器的使用,而尽可能采用超声刀、电凝钩,进而可避免肺组织的过度扭曲、折叠。另外,在肺组织离断明显的表面覆盖可吸收垫片,降低发生组织漏气和渗血的概率。

3.对不同的肺段静脉、动脉和支气管,处理顺序也不相同。对肺段的动静脉,一般采用5mm威克外科结扎锁(Hemolock夹)或者双重丝线结扎进行处理;对直径较大的血管及肺段支气管,一般采用切割闭合器进行处理。

(九)肺段切除淋巴结清扫的范围

解剖性肺段切除术的淋巴结清扫范围与标准的肺叶切除术的范围应当一致。清扫包括肿瘤所在段的叶间、叶、段淋巴结(第11、12、13组),肺门淋巴结(第10组)及纵隔淋巴结(左侧:4L、5、6、7、8、9组;右侧:2R、3A、3P、4R、7、8、9组)。如果术中采样发现了隐匿淋巴结转移,则应进行标准肺叶切除术或者联合肺段切除术。

(十)术后处理过程

1.术后,通过随访团队对患者进行系统的随访,详细收集和记录患者的相关临床信息,包括患者年龄、性别、手术时间、肿瘤的大小、位置、分期和组织学类型等基础信息,以及血液流失、术后并发症、淋巴结切除数、术后影像学变化、血生化复查结果、术后生活质量评估等手术相关信息。

2.对术后病理分期是Ⅰb期的患者,建议术后根据病理标本的免疫组化及分子病理的结果进行辅助治疗。

第三节　小　结

基于国产医疗设备的外科疾病微创治疗体系的建立是一个复杂的系统工程,在医疗新技术、信息新技术的共同推动下,可望形成一些基层常见疾病的新型服务模式,改变过去医疗服务依赖于省级医院的状况。本章所述微创手术系列国产医疗设备应用示范研究正是在这样的驱动力下设计和实施的。经过系统性的开展,为相关技术、系统和产品的应用推广提供了思路。

目前,本课题组所建立的推广示范体系仍在浙江省内推广应用,在实际推广工作中,仍存在基层医疗机构被动、受动的问题。面向多种疾病的创新国产医疗设备微创治疗技术体系在较大程度上改变了基层医疗机构医生医疗服务能力不足的局面,改善了患者的就医体验,及基层医疗机构医生的行医体验和职业成就感。在后续的实施过程中,要改变基层医疗机构被动的状态,以提升执业能力、提高职业成就感等多种方式,吸引基层医疗机构积极主动地推荐周边兄弟医疗单位参与推广示范体系,更广范围地推广该技术体系,验证该技术体系的效能。

目前,我们已经建立了互联网教学平台(www.medevice.pro)和手术演示系统,并吸引了一定量的医务人员注册参与,在平台上可以观摩示范手术,也可以将个人手术视频经审核后上传以便相互交流。在后续工作中,要着重加强互联网教学平台的建设,鼓励、督促更多的医务人员注册参与,把目前建立的教学平台建设成众多医务人员主动学习的平台。通过互联网教学平台和手术演示系统,培养标准化的基层医疗机构骨干医疗人员,提高微创外科国产医疗设备的使用率及使用规范程度,改善微创手术成功率,也助推国产医疗设备市场占有率的提升。

参考文献

[1] 方子文.电视胸腔镜下解剖性肺段切除联合系统性淋巴结清扫在ⅠB期老年高危非小细胞肺癌患者切除术后生存及预后因素的研究[D].广州:南方医科大学,2016.

[2] 于耀洋,黄向宇.全胸腔镜解剖性肺段切除治疗肺部疾病效果探讨[J].中国实用医刊,2015,42(4):23-24.

第八章　适于基层医疗机构的微创外科国产医疗设备配置解决方案

第一节　新配置解决方案背景

在现代医疗中,医疗设备发挥着越来越重要的作用,许多疾病诊疗方法的提升也依赖于对应医疗设备的技术改进。一个医院技术水平的高低也部分取决于其配置的医疗设备种类和数量,先进的医疗设备能够更好地辅助医生对疾病进行精准正确的诊断和治疗。

基层医疗机构医疗设备和器械使用年限较长、设备老旧,这已成为限制医院外科手术水平提升的重要影响因素。同时,国产医疗设备的占有率极低,基层预案普遍缺乏腹腔镜器械设备,特别是电外科手术设备,如超声刀、CUSA以及肝门阻断和离断设备等。此外,在医院设备采购经费方面,普遍存在经费短缺的现象。由于相关设备的购置、更新和维修均未被列入预算计划,也无专项经费补贴,完全靠基层医疗机构自筹解决,导致医疗设备陈旧,不能及时更新和升级换代。这进一步导致基层医疗机构无法完全满足临床医疗和患者的需求。

根据前文调研可知,目前浙江省内的内窥镜市场主要份额被进口品牌所占据,国产品牌所占市场份额较少,国产品牌主要提供光学内窥镜和配套的消耗性手术器械。目前,浙江省正逐渐发展成为医疗器械重点生产区域,生产企业逐渐增加和扩大,内窥镜行业呈现产业集聚群的现象。本研究通过建立内窥镜评价体系(详见本书第二篇内容),结合省市级试用验证与专家调研评估等方式,遴选了一批优秀国产微创医疗器械,形成了适应基层医疗机构的国产微创医疗器械同质化配置方案。

第二节　微创外科国产医疗设备配置解决方案

基于上述调研结果,通过对微创外科国产医疗设备(如国产高清腹腔镜、国产

国产医用内窥镜研发与应用
——从国家重点研发计划到国产医用设备的创新与转化

创新医疗器械等)多次进行使用评估和评价,形成了初步的适应基层医疗机构的国产医疗设备新配置解决方案。在完成上述国产内窥镜选型基础配置之上,为更好地进行术前定位及术中出血控制,添加了国产肝脏三维重建设备和肝门阻断带设备,经过多轮完善,形成最终配置方案(见表8-1)。配置方案优化流程如图8-1所示。

表 8-1 肝切除微创精准技术体系的创新国产医疗器械新配置解决方案

序号	配置医疗机构	产品名称	生产企业	规格型号	数量	用途
1		内窥镜摄像系统	深圳迈瑞生物医疗电子股份有限公司	HD3	1套	手术图像采集、显示、传输及存储
2		优力卡射频超声刀	武汉半边天医疗技术发展有限公司	BBT-US-C55	1把	组织分离、肝脏切割、血管凝闭
3		IQQA©—Liver	上海医软信息科技有限公司	/	1套	术前肝脏三维重建和手术规划
4		血管阻断带	自主研发	/	2个	肝门阻断和牵引,下腔静脉阻断
5		Trocar		Ⅳ型套装F	1套	布孔
6		气腹针		101.011	1个	建立气腹
7		电凝钩		101.017	1把	微小出血点止血
8		电铲		101.019A	1把	
9		腔镜吸头		101.079	1个	吸引、冲洗
10		腔镜针持		101.022	1个	镜下缝合
11	三级医疗机构	CC钳		101.049	2把	无损伤钳组织
12		腔镜左弯(长)		101.037	1把	组织钳取、分离
13		腔镜左弯(短)		101.037A	1把	
14		腔镜小弯(粗)	杭州康基医疗器械股份有限公司	101.037F	1把	
15		腔镜小弯(细)		101.037T	1把	
16		腔镜无损伤钳		101.048	1把	肠道等组织钳取
17		腔镜剪刀		101.033A	1把	修剪组织
18		腔镜上夹钳		101.113	1把	腔镜下脉管结构夹闭
19		腔镜松夹钳		101.131	1把	
20		Homelock钳(中)		101.113A	1把	
21		Homelock钳(小)		101.113B	1把	
22		腔镜钛夹钳(大)		101.001	1把	
23		腔镜钛夹钳(中)		101.001C	1把	
24		腔镜钛夹钳(小)		104.001	1把	
25		肝脏拉钩		101.237A	1套	肝静脉和Glisson蒂分离
26		取物袋		Ⅱ型	1个	标本放置

续表

序号	配置医疗机构	产品名称	生产企业	规格型号	数量	用途
1		内窥镜摄像系统	深圳迈瑞生物医疗电子股份有限公司	HD3	1套	手术图像采集、显示、传输及存储
2		优力卡射频超声刀	武汉半边天医疗技术发展有限公司	BBT-US-C55	1把	组织分离、肝脏切割、血管凝闭
3		Trocar		Ⅳ型套装F	1套	布孔
4		气腹针		101.011	1个	建立气腹
5		电凝钩		101.017	1把	微小出血点止血
6		电铲		101.019A	1把	
7		腔镜吸头		101.079	1个	吸引、冲洗
8		腔镜针持		101.022	1个	镜下缝合
9		CC钳		101.049	2把	无损伤钳组织
10	二级医疗机构	腔镜左弯（长）		101.037	1把	组织钳取、分离
11		腔镜左弯（短）		101.037A	1把	
12		腔镜小弯（粗）		101.037F	1把	
13		腔镜小弯（细）	杭州康基医疗器械股份有限公司	101.037T	1把	
14		腔镜无损伤钳		101.048	1把	肠道等组织钳取
15		腔镜剪刀		101.033A	1把	修剪组织
16		腔镜上夹钳		101.113	1把	腔镜下脉管结构夹闭
17		腔镜松夹钳		101.131	1把	
18		Homelock钳（中）		101.113A	1把	
19		Homelock钳（小）		101.113B	1把	
20		腔镜钛夹钳（大）		101.001	1把	
21		腔镜钛夹钳（中）		101.001C	1把	
22		腔镜钛夹钳（小）		104.001	1把	
23		肝脏拉钩		101.237A	1套	肝静脉和Glisson蒂分离
24		取物袋		Ⅱ型	1个	标本放置

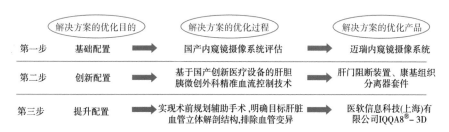

图 8-1 肝切除微创精准技术体系配置方案优化流程

此外，通过多次对微创外科国产医疗设备（如国产高清医用内窥镜、国产手术器械等）进行临床效果、临床功能及适用性等相关评价，形成了初步的基于国产医疗设备的适应基层医疗机构的精准微创肺段切除技术体系的新配置解决方案。在完成国产内窥镜选型基础配置之上，为更好地进行术前定位，识别气管、血管变异，更好地在术中止血，减少对血管的损伤，添加了国产数字化三维重建及术前规划软件系统和改进的国产手术器械，经过多轮完善，形成最终配置方案（见表 8-2）。肺段切除微创精准技术体系配置解决方案的优化流程如图 8-2 所示。

表 8-2 肺段切除的创新国产医疗器械新配置解决方案

序号	配置医疗机构	产品名称	生产企业	规格型号	数量	用途
1		内窥镜摄像系统	深圳迈瑞生物医疗电子股份有限公司	HD3	1 套	手术图像采集、显示、传输及存储
2		IQQA©-Liver	上海医软信息科技有限公司	—	1 套	术前肺部三维重建和手术规划
3		手术刀		常规型号	2 把	切割组织
4		手术剪		201.133	3 把	修剪组织
5		镊子		常规型号	3 把	钳夹肺组织
6		缝针		常规型号	5 把	进行手术缝合
7		手术钳		101.048	1 把	钳夹肺组织
8		甲状腺拉钩		常规型号	4 把	开胸时暴露视野
9		腹钩		常规型号	1 把	预备中转开胸时暴露切口
10		压肠板		常规型号	1 把	
11		血管拉钩		常规型号	1 把	保护及牵拉血管
12		电刀头		常规型号	1 把	切割组织、微小出血点止血
13	三级医疗机构	腔镜吸头	杭州康生医疗器械有限公司	HJH 010193B	1 把	吸引、冲洗
14		普通一次性吸头		常规型号	2 把	
15		胸腔镜穿刺器		Ⅲ 型 Φ10	1 把	保护腔镜镜头
16		腔镜分离钳		101.037	2 把	分离及钳夹肺组织
17		抓钳		101.049A	1 把	
18		电凝钩		101.017	1 把	微小出血点止血
19		电凝线		301.039	1 把	
20		推结器		HJH01095	1 把	镜下打结
21		漏斗		常规型号	1 把	冲洗
22		钛夹钳		101.001	1 把	腔镜下脉管结构夹闭
23		止血钳		HZ07014	4 把	夹闭血管
24		持针器		HZ06018B	4 把	镜下缝合
25		普通卵圆钳		常规型号	3 把	钳夹、提拉肺组织
26		双关节卵圆钳		201.127	1 把	
27		纱粒		常规型号	10 包	压迫组织或出血点
28		夹纱		常规型号	5 把	

续表

序号	配置医疗机构	产品名称	生产企业	规格型号	数量	用途
1	二级医疗机构	内窥镜摄像系统	深圳迈瑞生物医疗电子股份有限公司	HD3	1套	手术图像采集、显示、传输及存储
2		手术刀	杭州康生医疗器械有限公司	常规型号	2把	切割组织
3		手术剪		常规型号	3把	修剪组织
4		镊子		常规型号	3把	钳夹肺组织
5		缝针		常规型号	5把	进行手术缝合
6		手术钳		101.048	1把	钳夹肺组织
7		甲状腺拉钩		常规型号	4把	开胸时暴露视野
8		腹钩		常规型号	1把	预备中转开胸时暴露切口
9		压肠板		常规型号	1把	
10		血管拉钩		常规型号	1把	保护及牵拉血管
11		电刀头		常规型号	1把	切割组织、微小出血点止血
12		腔镜吸头		HJH010193B	1把	吸引、冲洗
13		普通一次性吸头		常规型号	2把	
14		胸腔镜穿刺器		Ⅲ型 Φ10	1把	保护腔镜镜头
15		腔镜分离钳		101.037	2把	分离及钳夹肺组织
16		抓钳		101.049A	1把	
17		电凝钩		101.017	1把	微小出血点止血
18		电凝线		301.039	1把	
19		推结器		HJH01095	1把	镜下打结
20		漏斗		常规型号	1把	冲洗
21		钛夹钳		101.001	1把	腔镜下脉管结构夹闭
22		止血钳		HZ07014	4把	夹闭血管
23		持针器		HZ06018B	4把	镜下缝合
24		普通卵圆钳		常规型号	3把	钳夹、提拉肺组织
25		双关节卵圆钳		201.127	1把	
26		纱粒		常规型号	10包	压迫组织或出血点
27		夹纱		常规型号	5把	

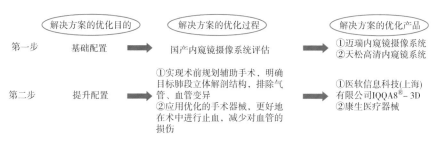

图 8-2　肺段切除微创精准技术体系配置解决方案优化流程

第三节　小　结

　　本研究通过基层实地调研和问卷基线调查等方式,重点调研了浙江省内基层医疗机构的设备配置情况、微创手术开展情况、医师人才队伍建设情况、医疗机构信息系统和网络化建设情况等。随后,通过对微创外科国产医疗设备(如国产高清腹腔镜、国产创新医疗器械等)多次进行使用评估和评价,形成了初步的适应基层医疗机构的国产医疗设备新配置解决方案。通过肝胆外科和胸外科微创国产创新医疗设备应用示范中心建设,为基层示范医疗机构培养医疗骨干人员,使其能够加强对各项国产设备的操作规范,开展肝胆外科、胸外科疾病微创诊疗技术。

第九章　国产微创医疗器械应用示范与评价研究

　　微创手术系列国产医疗设备应用示范研究的总体技术路线如图 9-1 所示。通过需求分析、产品遴选、新技术临床解决方案制定、新配置解决方案制定、服务评价体系建立等工作的实施，为国产微创医疗器械的应用示范打下了基础。针对国产微创医疗器械的实际应用示范，本章将从省—市—县（区）级示范中心建设、新配置解决方案应用示范成效、新技术解决方案应用示范成效、服务评价体系应用示范成效、各基层示范点应用示范具体情况以及国产医用内窥镜评价研究等方面进行阐述。

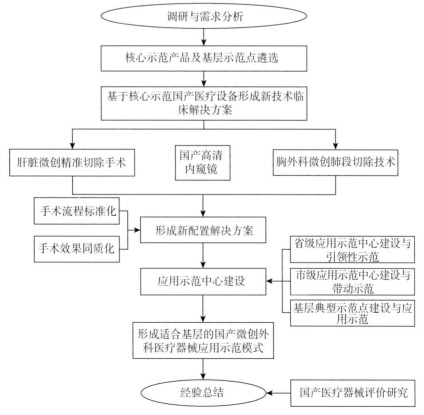

图 9-1　微创外科国产医疗器械应用示范体系建设及应用示范方案

第一节　国产微创医疗器械应用示范中心建设

本研究以研究牵头单位作为浙江省省级示范中心,以市级研究参与单位作为市级示范中心,旨在通过省级示范中心开展引领性应用示范、市级示范中心带动应用示范,为基层规模化应用示范提供支撑,并在示范中心的医联体单位中优选了浙江省内 3 家县级医疗机构作为基层典型示范点组织开展国产微创医疗器械的应用示范工作。其中,省市级示范中心的建设内容主要包括专家库建设、培训基地建设和设备配置与应用等,然后在新配置解决方案、新技术临床解决方案、培训等方面开展相应的应用示范工作。

一、省级示范中心建设与应用示范情况

在本研究中,省级应用示范中心充分发挥了引领带动作用,通过"省级引领、地级市带动、基层跟进"实现了国产医疗设备的推广应用。具体来讲,优先配置新配置解决方案内的微创国产医疗器械,共配置 7 套迈瑞内窥镜系统 HD3、1 套浙江天松内窥镜系统 NT668、370 件康生手术器械、482 件康基手术器械、12 套杭州青狼手术器械、3700 多个上海逸思吻合器,配置 1 套上海医软 IQQA$^©$ －3D 手术规划评估系统,开展引领性示范应用,并为培训奠定基础。

2017 年以来,累计开展全口径微创手术 64798 例,其中 2017 年开展微创手术 11217 例,2018 年开展微创手术 14406 例,2019 年开展微创手术 17489 例,2020 年开展微创手术 21686 例。2017－2020 年,浙江大学医学院附属第一医院(简称浙大一院)微创手术数量在总手术量中的占比由 2017 年的 21.27% 增长至 2020 年的 25.33%,实现 4 年连续增长,取得较好的微创手术开展效应。

其中,微创肺切除术 2017 年开展 1710 例,2018 年开展 3518 例,2019 年开展 4319 例,2020 年开展 5405 例,2017—2020 年 4 年总计开展 14952 例。目前,浙大一院所开展的肺切除术几乎全部为微创手术。2017 年,微创肺切除术在肺切除术中的占比为 52.52%;2020 年,该占比为 94.25%,取得了显著提升的效果。

微创肝胆胰切除术 2017 年开展 2625 例,2018 年开展 3251 例,2019 年开展 3998 例,2020 年开 4393 例,4 年总计开展 14267 例。2017－2020 年,浙大一院微创肝胆胰切除术的手术数量在同口径总手术量中的占比由 2017 年的 61.71% 增长至 2020 年的 73.22%,实现 4 年连续增长,取得较好的微创手术开展效应。

二、市级示范中心建设与应用示范情况

在本研究中,市级应用示范中心依托自身资源优势及地理优势,充分发挥了带动作用,通过"地级市带动"推动基层跟进,实现国产医疗设备的推广应用。项目实施以来,共计培训微创外科人才 25 人,其中包括主治医师 7 人、副主任医师 8 人、主任医师 7 人。2017－2020 年共计开展微创手术 6630 例,微创手术培训内容涵盖肝胆胰外科、胸外科、胃肠外科等多个学科。2017 年和 2018 年开展微创相关培训会议各 2 场,参加培训人员共计 40 人。2019 年开展微创相关培训会议 5 场,参加培训人员共计 200 余人。

研究实施以来,共计购入国产手术器械 380 余件,包括彭氏电刀 100 件,一次性双极电凝(浙江康基)100 件,一次性结扎夹(浙江康基)120 件,一次性穿刺器(浙江康基)10 件,一次性保温毯 20 件,金手指(浙江康基)2 件,腹腔镜哈巴狗(浙江康基)1 套,直角分离钳(浙江康基)2 件,蛇形抓钳(浙江康基)4 件,伞形挡(浙江康基)1 件,电凝钩(浙江康基)2 件,双极电凝(浙江康基)3 件,分离钳(浙江康基)4 件,无损伤抓钳(浙江康基)4 件,弯剪(浙江康基)4 件,直角分离钳 Φ10(浙江康基)2 件,肝脏拉钩(浙江康基)1 件,可弯五叶扇形钳 Φ10(浙江康基)1 件。

其中,2019 年 10 月引进康基肝脏器械包以来,器械包内的哈巴狗抓钳、血管钳等器械受到肝胆胰外科医师的广泛好评;后来,肝胆胰外科肝脏切除术均使用康基肝脏器械包。对肝胆胰外科及胸外科共 12 位有主刀肝切除或肺切除资质的医师进行了对国产腔镜系统的满意度调查,结果指标分为满意、较为满意和不满意:2017 年 11 月－2018 年 9 月,满意的有 2 位,不满意的有 10 位;2018 年 10 月－2019 年 9 月,满意的有 5 位,不满意的有 7 位;2019 年 10 月－2020 年 12 月,满意的有 10 位,不满意的有 2 位。对肝胆胰外科及胸外科共 12 位有主刀肝切除或肺切除资质的医师进行了国产微创手术器械满意度调查,结果指标分为满意、较为满意和不满意:2017 年 11 月－2018 年 9 月,满意的有 1 位,不满意的有 11 位;2018 年 10 月－2019 年 9 月,满意的有 3 位,不满意的有 9 位;2019 年 10 月－2020 年 12 月,满意的有 7 位,不满意的有 2 位(有 3 位医师因双下沉未能及时参与调查)。可见,外科医师对于国产腔镜系统与微创手术器械的认可度逐年提高。

三、基层示范点建设

在省市级示范中心的带动下,基层示范点的建设内容主要包括新配置解决方案实施、专家工作站建设以及人才培养与培训等方面。其中,信息平台的对接与应用示范包括信息技术支撑平台的对接(人员注册、机构注册和资产管理等)和创新

医疗服务信息支持系统的应用示范(微创手术和教学培训等方面);并围绕人才培养与培训,开展微创外科人才队伍建设与规模化培训(含线上和线下两种方式)。以人才队伍建设为例描述该部分研究,具体如下:充分发挥微创外科国产创新医疗设备应用示范中心作用,构建以省级医院为核心、"医联体"内各医疗体系层级式分布的网络会诊体系,有效衔接三甲医院、地市级医院、县级基层医院各级医师,实现体系内医疗信息和医疗资源的共享;通过"区域联动"机制对医疗体系内的医疗工作者进行技术输送,优化医疗资源配置,建立科学的微创外科分级诊疗体系。

(一)建立微创外科国产创新医疗设备教学应用示范中心

微创外科国产创新医疗设备教学应用示范中心为试点基层医疗机构的配置和使用方案提供技术支持;依托现有的省级示范中心智能化腔镜模拟训练中心、动物微创手术中心、微创手术室,开展技术培训和模拟训练,建立"基层－中心－基层"的有序培训机制。

本研究组积极推动、筹建,于 2017 年率先在省级示范中心成立微创外科国产创新医疗设备应用示范、培训中心,为基层医疗机构人员提供技术培训支持。设施主要包括虚拟腔镜技能培训所需的场地及器械,场地占地面积约 150 平方米,配备腔镜模拟训练仪 32 台、整套腔镜手术设备 6 套、虚拟腔镜模拟器 4 台、动物微创手术室 1 间。2020 年 11 月,又在浙大一院总部一期建成 4000 平方米的技能中心,购置腔镜模拟器 20 台、虚拟腔镜模拟器 4 台,用于微创手术教学示范,有效满足基层医疗机构医务人员学员微创手术基础技能培训和模拟训练需求。

功能区域分布主要包括以下三个方面。①基本技能培训考核区:多学科(内、外、妇、儿、护理等)基本技能多功能培训区;16 站 OSCE 实践能力考核区、考核督导区;无纸化线上理论考核区;理论培训、临床思维培训等多功能培训区。②情景式整合模拟培训区:院前灾害创伤急救、公共卫生事件应急演练等;院内多情景模拟,如急诊抢救、手术、腔镜手术、ICU 等整合培训。③虚拟现实、互联网远程培训区。虚拟现实技术培训区,如腔镜技术等;多媒体多功能教室,如远程直录播等。

临床技能中心拟配置设备主要包括以下三个方面。①模拟教学设备类:主要包括基础模型、高端模拟人、腹腔镜虚拟训练设备等(见图 9-2 至图 9-4),用于医学生、住院医师、专科医师的临床技能培训考核和医疗流程优化等。②医疗设备物资类:主要包括监护仪、除颤仪、呼吸机、麻醉机等医疗设备,及桌椅、储物柜等总务物资。医疗设备结合模拟教学设备,可以创建高仿真的临床救治环境,使培训对象熟练掌握临床救治流程和医疗设备使用流程(见图 9-5 至图 9-9)。③信息类:主要包括教学管理系统、技能中心管理系统、录播系统等软件系统和配套硬件设施。主要用于解决教学信息化管理需求,实现教学和技能中心的全程化信息化管理、教学数据的及时收集与客观分析、教学资源的整合、线上线下相结合的课程模式等功能。

图 9-2 虚拟腔镜技能培训室

图 9-3 动物腔镜技能培训室

基础腔镜训练模块：

图 9-4 基础腔镜训练模块

图 9-5 虚拟微创手术训练系统

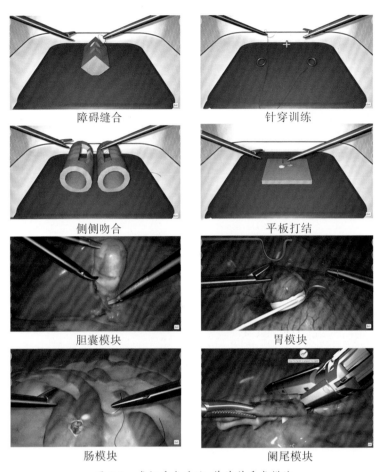

图 9-6 虚拟手术系统:普外科手术模块

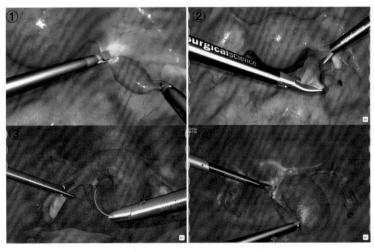

图 9-7 虚拟手术系统:妇产科模块

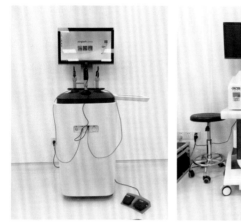
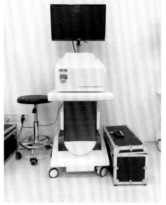

超声刀

LapSIM虚拟手术系统　　　　　BDS腔镜模拟器　　　　　OR×2

图 9-8　虚拟手术系统:泌尿外科模块

图 9-9　虚拟手术系统:基础腔镜训练室

　　近年来,微创外科发展迅速,其具有创伤小、恢复快、痛苦轻、治愈率高等优点。腔镜作为微创外科的代表,在外科领域被广泛应用,涉及许多病种和手术,受到患者欢迎。并且,随着科学技术的不断进步,手术器械不断改进创新,腔镜的施展空间越来越大,腔镜临床技能培训成为当代年轻医师培养中不可或缺的一部分。为加强腔镜技术培训质量,腔镜培训课程体系设计秉承进阶式教育的理念,由基础腔镜课程、仿真人体腔镜模拟训练构成,旨在实现培训者的腔镜手术技能的逐步提升。

　　受训医师首先须接受腔镜基础技能培训及考核,以确保熟练掌握腔镜手术操作的基本手法,即具备较为娴熟的腔镜下双手灵活配合能力、视觉转换、纵深感、准确定位、精确剪切、手眼配合及缝合打结的技能。腔镜基础技能培训课程内容主要包括腔镜知识和基本模块训练讲解、腔镜基本技能摸底(夹豆子)考核、5个基本模块训练以及考核。其中,基本模块训练目的如下。①抓持传递训练模块(夹豆子):

培训目的为练习腔镜下双手配合、视觉转换及纵深感。②钉转移训练模块:培训目的为练习腔镜下双手配合、视觉转换、纵深感、准确定位。③穿隧道训练模块:培训目的为练习腔镜下双手配合、视觉转换、纵深感及双手灵活配合能力。④精确剪切训练模块:培训目的为练习腔镜下双手配合、视觉转换、精确剪切的技能。⑤缝合打结训练模块:培训目的为练习腔镜下双手配合、手眼配合、纵深感及缝合打结技能。通过以上培训和练习,可以极大地缩短临床医师掌握腔镜技能的时间。有调查显示,在模拟器上进行7.5小时模拟训练所获得的操作技能相当于医师在临床上轮转培训1～2年所学的技能。

受训医师在完成腔镜基础技能培训及考核后,须进一步接受虚拟仿真人体腔镜模拟训练。该训练是借助腔镜手术模拟训练系统,为受训医师提供一个无病患参与的高效情景培训平台,创造临床逼真的手术条件和场景,并可模拟出各种各样的挑战、临床背景和并发症,以锻炼受训医师在常规和危重情况下的操作能力(见图9-10)。该培训有3大模块,分别为基本技能培训模块、任务培训模块和专业模块。基本技能培训模块包括13个练习项目,即摄像机导航、器械导航、协调、抓持、切除、导管插入、施夹、提升与抓持、肠处理、精细解剖、密封与切割、缝合及精度与速度训练。任务培训模块是依照美国胃肠镜医师协会制定的腔镜手术原理设计的,包含短桩转移、图样剪切、结扎套圈、腔内缝合。专业模块主要为胆囊切除术、阑尾切除术、肾切除术、肺叶切除术等综合认知技能训练模块。有研究显示,进行6小时系统的仿真人体腔镜模拟训练后,初学者的水平与有着20～50台手术经验的腔镜手术医师相当,并可减少一半常规完成手术的时间。通过上述培训课程,使受训医师具备正确的操作技能和达到一定的熟练程度,从而为实体腔镜手术打下坚实的基础。

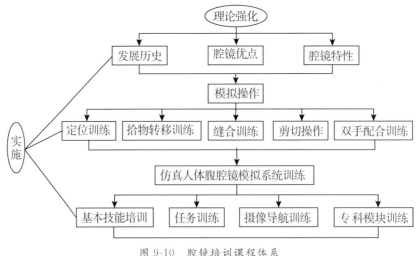

图 9-10　腔镜培训课程体系

通过以上递进式培训,经过理论学习、腔镜模拟器训练、仿真人体腔镜模拟训练的逐步深入培训,使受训医师从理论到临床有机衔接,使其在体会中学习及掌握腔镜手术基本操作技能,切实提高受训医师的临床实践技能,为真实的临床操作奠定坚实的基础。

2017 年 8 月—2020 年 6 月,已开展腔镜基础技能培训共 18 期,每期分 2 场,总计培训住院医师 216 人(见表 9-1)。

表 9-1 微创技术课程开展情况(2017 年 8 月—2020 年 6 月)

时间	期数	学员数
2017	4	48
2018	7	84
2019	7	84
2020	0	0
总计	18	216

(二)打造创新医疗服务模式,培养微创人才

通过"技术输送""人才下沉""名师培训"等线下手段与"网络会诊"等互联网线上手段相结合的方式,打造创新医疗服务模式,为典型示范医院培养一批适应新医改模式、掌握新技术体系、区域核心医院的基层骨干医疗人员,为国产设备的推广和创新外科技术的基层普及提供应用人才储备。

本研究组主要成员为浙大一院各微创诊疗组学科带头人及微创中心成员,具有学科内较高水平的微创手术施行能力。微创中心定期召开中心成员会议,研究制定目标责任和发展规划,制定并落实岗位职责和有关会诊讨论制度。微创诊疗组发挥自身优势,由学科带头人带领学科团队科学管理,加强微创技术人才的培养和人才梯队建设,在上级专家的指导下努力开展微创技术项目,在突破高精尖微创诊疗项目、微创专病专治方面下功夫,进一步拓宽诊疗范围,提高诊疗质量,突破诊疗数量,使微创诊治中心真正发挥其独特的作用,推动微创技术大提高、大发展。通过对基层医疗机构医务人员轮流培训、上级医院派出相关专业技术人员下沉基层医疗机构手把手带教,及借助数字化平台远程会诊等形式,帮助基层医疗机构医师掌握相关手术技术及器械的使用方法。

在有效帮扶方面,浙大一院向各基层医疗机构派出医疗专家每年近千人次,开展专科门急诊,指导手术,建立会诊及疑难病例讨论制度,举办学术讲座。医联体内驻点专家开展教学查房,远程会诊,帮助建立特色专科等,开展新业务、新技术。受援医院(社区)医务人员医疗水平、服务能力不断提升,医联体帮扶工作效果显著。

采用名师培训的方式,省级示范中心先后向北仑、缙云等地基层医疗机构开展基层微创外科医师培训会共计 9 次,培训以专家讲座、手术示范等多种形式展开,主题涉及"基于国产器械下的微创理念在肝胆胰手术中的应用""国产医疗设备和器械在腹腔镜肝脏切除手术中的应用及腹腔镜肝脏切除的标准化流程""国产医疗器械在腹腔镜肝脏切除手术中的应用""国产腹腔镜设备在胆囊切除手术中的应用""国产医疗器械在腹腔镜胰十二指肠切除手术中的应用"等,对提升当地外科医师微创手术知识储备能力发挥重要作用。

(三)多渠道培养标准化基层骨干医疗人员

本研究通过互联网教学平台和手术演示系统,培养标准化的基层骨干医疗人员,提高微创外科国产医疗设备的使用率及使用规范程度。

为提升基层医疗机构外科医师的微创手术能力,拓宽微创手术教学渠道,进一步拓展国产医疗设备在微创外科的应用空间,采用建立国产医疗设备应用示范信息技术支撑平台、在线手术直播、钉钉手术会议等形式提高基层医疗机构医师微创手术学习效果。以国产医疗设备应用示范信息技术支撑平台(https://www.medevice.pro/)为例,开设了微创手术应用示范版块,以视频教学为主要教学模式,为广大基层外科医师学习微创手术技术、提升微创外科手术知识能力提供了全新的渠道。该平台自开设以来,平台外科医师注册人数逐年增长,并上传了课题组自制的基于微创肝段精准切除、肺段精准切除的手术录像,对国产设备的推广起到了积极作用。

此外,通过网络直播、召开线下国产医疗设备经验分享会、开展基层示范点手术示教等途径,推广课题新技术临床解决方案与新配置临床解决方案。

综上,针对微创外科人才培养,基层外科医师对微创手术教学普遍的学习欲望和学习需求,本项目以技术支撑平台为基础,开设国产微创器械应用示范版块,以视频教学等多种基于互联网的教学模式,为广大基层外科医师学习微创手术技术、提升微创外科手术知识能力提供了全新的渠道,并促进国产器械的基层铺设。同时,建立基于"双下沉"模式的微创外科人才培养机制,在确保基层医疗机构顺利开展微创手术的同时,实现了国产医疗设备器械与基层微创外科人才培养的双提升。项目实施期间,通过网络直播、召开线下国产医疗设备经验分享会、开展基层示范点手术示教等途径,推广课题新技术临床解决方案与新配置临床解决方案。完成基层示范点微创外科人才队伍建设工作。通过手术示教、主题会议、专题培训、在线直播、网络回放等多种方式,由浙大一院和宁夏医科大学总医院牵头在浙江省以及其他兄弟省份开展多次微创手术系列国产医疗设备应用示范培训。培训呈现多元化方式、线上线下相结合、以手术示教带动国产医疗设备推广等特点,并于应用示范平台上发布微创手术示教视频,为基层医疗机构微创外科医师提供长期的网络示教工作。

第二节　新配置应用示范成效

微创手术新配置解决方案已通过多轮专家论证,并通过省级医疗机构引领性示范、基层示范点落地示范、乡镇卫生院跟随应用的方式实现了其在浙江省各层级医疗机构的推广使用。其中,本研究通过产品展示、试用、反馈、调整等形式,推动了国产微创器械(康生、康基、迈瑞)在包括基层示范点在内的全省基层医疗单位的铺设。

本研究通过专家论证和用户评价,制定了基于国产创新医疗设备的肝切除微创精准技术体系配置方案和肺段切除微创精准技术体系配置方案,分别适用于基层医疗机构应用国产医疗设备开展肝切除手术和肺段切除手术,新配置率为52.30%。2017－2020年,基层示范点微创外科手术相关国产设备总数和总金额汇总如表9-2所示。

表9-2　基层示范点微创外科手术相关国产设备总数和总金额汇总表(2017－2020年)

示范点名称	年份	设备总数/台	国产设备数/台	设备累计金额总数/万元	进口设备累计金额数/万元	国产设备累计金额数/万元
缙云县人民医院	2017	15	1	256.86	254.06	2.8
	2018	17	1	405.83	403.03	2.8
	2019	26	9	413.64	406.53	7.11
	2020	28	10	471.39	407.38	64.01
三门县人民医院	2017	184	129	1471	1176	295
	2018	232	133	1838	1542	296
	2019	363	232	2664	2083	581
	2020	385	238	2743	2166	587
宁波市北仑区人民医院	2017	80	3	2545.64	2538.43	7.21
	2018	106	26	2604.19	2574.63	29.56
	2019	121	28	3008.29	2957.73	50.56
	2020	139	33	3857.77	3666.11	191.66

综上,通过在省级微创示范中心和基层示范点铺设国产内窥镜摄像系统与国产医疗器械,有效提高了基层示范点微创手术开展数量,并推动了迈瑞等国产内窥

镜摄像系统在浙江省医疗卫生机构的铺设与应用,有效降低了基层医疗机构搭建微创手术平台的成本,着力促进了国产微创设备的示范研究与发展,取得了良好的示范效应。

第三节　微创手术系列新技术应用示范成效

一、实施方案

(一)深入基层,开展国产医疗设备微创外科手术示范

为推进基层医疗机构国产医疗设备的普及和应用工作,本研究相关小组先后多次前往义乌中心医院、柯城区人民医院等地开展国产医疗设备微创外科手术示范工作(见图 9-11),将实际手术案例与国产器械使用操作相结合,向基层外科医师推广了腹腔镜符合吸引器、可伸缩电凝吸引器、定制化肝脏拉钩等众多国产品牌医疗器械,并取得了具有实际应用意义的示范效果。

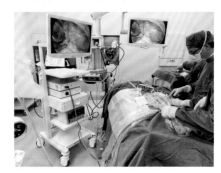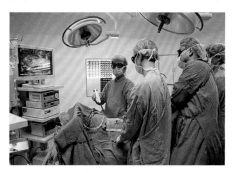

图 9-11　外科手术示范

(二)多措并举,开展国产医疗设备微创外科培训示范

基层医疗机构微创外科的发展离不开外科人才的培养与储备。为此,对照美国毕业后医学教育认证委员会(Accreditation Council for Graduate Medical Education-International,ACGME)标准,建设微创外科基层医师培训基地,搭建由基本手术技能训练、模拟操作、微创动物操作三大模块组成的,配备临床思维训练系统、名家经典手术视频系统的国产微创设备应用示范培训中心,吸纳骨干师资教学,为开展多层次、多形式、全覆盖的临床技能培训提供有利的技术平台支持。另外,对基层外科医师开展遴选工作,加强生源控制。为进一步保证生源质量,最大限度地实现培训规模优势,本研究要求微创外科基地在学员招录过程中增加专业基地考核筛选

环节,通过学员报名、送出单位审核、专业基地考核的方式确定拟招录名单、培训基地录取、调剂等流程,顺利完成年度微创外科基层医师培训招录工作。

(三)实地调研,开展国产医疗设备微创外科查房示范

在进行国产医疗设备微创外科手术的示范过程中,外科查房是不可或缺的重要环节。本研究充分利用基层调研机会,在开展多项手术操作教学的同时开展外科查房示范(见图 9-12),结合微创手术与传统开放手术的不同点,对基层外科医师的不同手术类型术后查房提出了新的观点与要求。

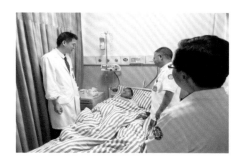

图 9-12 微创外科术后查房示范

(四)学科交流,推动打造国产医疗设备微创外科中心

为进一步促进微创外科国产医疗设备和微创外科新技术在基层医疗机构的普及和应用,开展不同地区、不同规模、不同服务对象医院间的院际交流与合作,本研究小组先后与浙江省公安边防总医院、宁波市第一医院、宁夏医科大学总医院开展微创外科学术交流,并邀请各示范点单位和地方医院参加座谈会,对提升基层微创外科医师技术水平、拓展基层外科医师手术思维和实践能力起到了明显的推动作用(见图 9-13)。

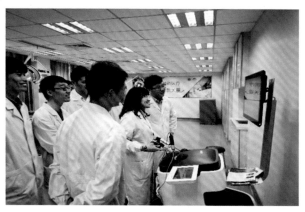

图 9-13 微创外科教学示范

(五)重点加强基层微创示范点建设

为进一步提升微创外科国产医疗设备在基层的有效使用和手术开展,本研究选定缙云县人民医院为基层微创外科手术重要示范点。以 2019 年为例,缙云县人民医院共完成微创外科手术 5578 例,其中肝与肺微创手术共计 1052 例,外科 832例,肿瘤中心 220 例,占该院全年微创外科手术的 18.86%,较往年有明显提高。

二、关键解决问题

1. 基于国产创新医疗设备的肝胆胰微创精准切除技术,利用国产高清内窥镜系统,快速精准地识别肝脏、胰腺表面的解剖学标志,确定标志识别对肝脏手术操作的指示作用,通过多源微波组织熔断设备在无须阻断肝脏和胰腺血流的情况下快速、安全地完成肝实质离断的肝脏手术及胰腺手术。

2. 基于国产创新医疗设备的胸外科肺段切除技术是一种以国产高清内窥镜系统为核心的精准肺切除新技术。其需研究肺段切除的最佳手术流程和关键质控点;采用国产电外科设备进行肺部结构的解剖游离,研究电凝切割止血系统术中操作要点,寻找最佳使用方式;采用国产超声能量系统,探究肺段切除最佳的淋巴清扫方案。

三、实施结果(案例)

经过几年的工作开展,本研究小组初步建立了以肝胆胰外科、胸外科疾病为主的微创外科治疗示范中心,培训了一定量的外科医师,服务于基层,解决基层的实际需求。同时,通过几年的示范工作,提高基层医师对国产医疗设备和医疗器械的知晓率,推广了国产医疗设备和医疗器械的应用,通过对优势微创外科国产医疗设备企业的实地调研和前期试用,确定以国产高清内窥镜系统、创新外科微创手术器械为核心,开发了一套基层医疗机构推广性强、临床应用范围广的微创外科治疗体系,更好地适应基层需求。目前建立的针对肝脏和肺部病变的微创治疗体系可以较好地适应目前基层医疗服务存在的缺口,缓解人民群众对医疗服务的需求增长与基层医疗机构服务能力不足的矛盾,具有重要的实际应用意义。

(一)针对肝癌的微创精准治疗体系

基于前期调研,建立了基于国产创新医疗设备的肝癌微创精准切除技术体系。我国乙肝感染人群庞大,乙肝后肝硬化和肝癌具有发病率高、治疗复杂的特点。过去基层医疗机构在对肝癌的诊断和治疗能力方面存在严重的不足。通过本研究和推广工作,基层医疗机构医师对乙肝和肝癌的认知大幅度提高,对肝癌的治疗能力得到明显的改善。在缙云县人民医院,县域内肝癌手术频次由零提高到每年 $30\sim$ 40 台次。基层医疗机构的外科医师在本研究建立的技术体系的指导下,可以在上级医师的面对面的指导下或者远程指导下,独立开展简单的肝癌的腹腔镜治疗,提高了基层医疗机构的服务能力。同时通过对国产医疗设备的普及和推广,改变了既往医务工作者对国产设备的认识,提高了国产医疗设备的普及率。

(二)针对肺部结节的肺段切除微创精准切除技术体系

基于前期调研和医疗设备遴选,本项目建立了基于国产创新医疗设备的肺段微创精准切除技术体系,通过具体实施,提高了基层医疗机构医师对肺部结节的诊断和治疗能力。在缙云县人民医院,县域内肺部结节的手术频次由零提高到每年 $70\sim80$ 台次。基层医疗机构的外科医师在本研究建立的技术体系的指导下,可以安全顺利地开展肺段的微创手术切除,提高了基层医疗机构的服务能力,缓解了肺部结节性疾病发病率增加与基层医疗机构服务能力不足的矛盾。

综上,基于省级医疗单位经验、综合省内领域专家意见,结合国产创新医疗设备特点,通过内部测试及第三方评测,研究形成了基于国产创新医疗设备的精准血流控制肝切除术标准化、同质化方案,及基于国产创新医疗设备的肺段微创精准切除技术标准化、同质化方案。研究实施期间,微创手术新技术解决方案在省-市-县多层级医疗机构推广和应用,促进基层医疗单位的微创手术技术与省级医疗单位同质化。

第四节 基层示范点应用示范情况

三个基层示范点实际应用示范情况分述如下。

一、宁波市北仑区人民医院

自研究开展以来,宁波市北仑区人民医院的微创手术中,国产医疗设备器械的占比显著增加,为了积极推广国产医疗设备,推广微创技术,医院多次组织相关培训会议,培训了微创外科人才 10 人,其中主治医师 5 人、副主任医师 2 人、主任医师 3 人,微创手术培训内容涵盖肝胆甲乳外科、胸外科等多个学科。

研究开展以来,浙大一院双下沉人员在宁波市北仑区人民医院开展了微创手术 320 例,其中使用国产医疗设备及器械的微创手术 128 例。在基于国产创新医疗设备的肺段微创精准切除技术体系应用方面,宁波市北仑区人民医院共计开展国产医疗设备器械肺段切除手术 80 例;在基于国产创新医疗设备的肝切除微创精准技术体系应用方面,宁波市北仑区人民医院共计开展国产医疗设备器械肝切除手术 7 例;在基于国产创新医疗设备的肝胆管结石微创治疗精准技术体系应用方面,宁波市北仑区人民医院共计开展国产医疗设备器械肝胆管结石手术 16 例。国产微创外科设备的应用已开始被宁波市北仑区人民医院的外科医师所广泛接受。

二、三门县人民医院

以临床应用广、智能化程度高、可推广性强的高清内窥镜系统国产创新医疗器械产品应用为基础,通过建立微创手术国产医疗设备应用示范中心,项目组形成了适用于基层医疗机构的、可推广性强的新技术、新配置、新服务模式临床解决方案,形成一种全新的、可操作的、可推广实施的基于医疗"互联网+"的国产医疗设备应用示范模式。

项目推动成立了专门的组织架构,由三门县人民医院院长担任第一负责人,统筹国产医疗设备器械微创手术应用示范点的整体运作。三门县人民医院副院长兼肝胆胰甲乳外科主任为副组长,全面掌握微创技术和质量指标,制定计划并明确分工职责,追踪并评价完成情况。

三门县人民医院结合自身实际建立了一套完整的教学管理制度,同时配备满足微创手术教学条件的多媒体教室和先进的教学设备。根据教学大纲和教学计划,将微创手术教学分为临床理论集中授课和实践操作一对一授课,旨在通过理论授课让大家了解和学习国产医疗设备器械和微创手术的原理,并通过实际操作各种腔镜设备真正掌握微创技术。并在规范化培训后,进行微创手术理论和技能操作的考核,以确保国产医疗设备器械微创手术示范点的教学质量。研究开展以来,医院培训了微创外科人才 11 人,其中主治医师 7 人、副主任医师 4 人,微创手术培训内容涵盖普外科、血管外科、肛肠外科、泌尿外科等多个学科,培训主题包括"肝胆胰肿瘤早期筛查技术在基层医院的推广应用""消化道肿瘤诊治进展""肿瘤精准诊治·三门行、快速高效的抢救——基层医院腹部创伤救治""医共体模式下全科医师普外科疾病规范化治疗"等。

三门县人民医院踔厉步稳推进县级公立医院深化改革,不断丰富"双下沉、两提升"工作内涵,打造医联体建设实践创新模板。以三门湾分院为牵头医院,15 家分院为成员单位的县域唯一医共体,同时三门县以发挥浙大一院优质医疗资源为依托,三门县人民医院为主体,乡镇卫生院为基石的"三级"联动医疗服务架构,全力构建上下联动分级诊疗新秩序、新格局,形成了一种全新的、可操作的、可推广实施的基于医疗"互联网+"的国产医疗设备应用示范模式,使患者留在当地,极大地降低了异地就医额比例。

三、缙云县人民医院

缙云县人民医院成立了专门国产医疗设备器械微创手术示范点的组织架构。缙云县人民医院副院长担任课题组负责人,分设备采购、手术器械应用、临床实施、质量控制与反馈等多个小组,分别负责相关工作。

研究开展以来,缙云县人民医院培训了微创外科人才 68 人,其中住院医师 17 人、主治医师 25 人、副主任医师 15 人、主任医师 11 人,微创手术培训内容涵盖胸外科、妇科、肝胆外科、普外科、耳鼻咽喉科等多学科。2017 年以来,缙云县人民医院先后开展了多期专题培训,主题涵盖"胃肠道疾病诊治新策略""基层医院肛肠疾病的诊治规范与进展""国产医疗设备配置方案研究及应用推广""肝胆胰肿瘤围手术化疗""靶向及生物免疫治疗新进展""基层服务点相关设备应用示范"等。缙云县人民医院新院区搭建了 1000 多平方米的崭新的技能中心,教学设备以及各种腔镜模拟器械齐全,由全科医学、急诊医学、普外科、肿瘤外科、麻醉科、妇产科、骨科、五官科、泌尿外科、胸外科等多科主治医师组成的讲师带教团队负责住院医师的规范化培训以及微创技能培训,并组织住院医师微创技术技能大赛,邀请各个科室主任担任评委,通过比赛促进微创手术示范点的教学。

研究开展以来,缙云县人民医院共计配备国产医疗设备 12 台/套,国产医疗器械两批套,所涉及的国产医疗品牌包括迈瑞、鑫高益、深圳美侨、医云康、悦琦、优呼吸、杭州康生等。一方面,通过应用国产微创设备,显著降低医院成本核算,提高医院的经济收益;另一方面,国产微创设备的应用减少了患者的医疗支出,同时手术达到与进口医疗器械和设备同等的效果,患者满意度明显提高。整体而言,国产微创设备的应用为缙云县人民医院带来了较好的经济效益和社会效益。

第五节 国产医用内窥镜应用示范经验总结

一、评价改进是国产医疗器械应用示范成功的关键要素之一

基于应用示范经验,项目研究小组总结了创新国产医疗设备的成功推广应用的四个关键因素,即"基于临床需求""产品品质佳""省级引领性示范""评价改进"。首先,创新医疗设备必须以贴合临床需求的方式下沉基层,让基层真正用得好、愿意用;其次,产品本身的品质一定要良好,这是可推广的基础;再者,省级引领性示

范是推广的突破口，基于基层医疗机构往往以省级单位为参照对象的事实，唯有得到省级医疗专家的充分肯定，产品才能获得基层医疗机构的信任；最后，评价改进是助力国产企业打开市场、提高可持续发展力及竞争力的有力支撑，也是完善医疗器械产业链的重要一环。从长远看，三年期的项目为推动国产医疗器械产业发展探索出了一条健康的、可持续的道路。

在本研究实施过程中，临床评价改进的重要战略意义及高度的创新性逐渐凸显，研究团队抓住契机，于2019年成立了浙江大学医学院附属第一医院医疗器械临床评价技术研究实验室，并于2020年11月成功通过浙江省重点实验室认定，更名为浙江省医疗器械临床评价技术研究重点实验室（以下简称实验室）。实验室重点面向国产医疗器械企业，基于临床真实使用过程，对国产医疗设备开展主客观评价并提出改进建议，紧密结合浙江省国产医疗设备应用推广中心，实现"临床需求—产品研发—评价改进—应用示范—评价改进—推广应用"的上市前后的全链条闭环路径，形成长效机制，最终持续提高国产创新医疗设备的竞争力和市场占有率。一方面，实验室邀请临床医师、技师及临床工程师共同参与国产医疗设备的遴选，基于临床实际需求对参评的国产医疗设备从硬件、软件、人因工程等方面提出一系列改进意见，使其实际效用更贴近临床，从研发环节就促进国产医疗设备的创新提升；另一方面，实验室紧密联合临床及国产医疗器械生产企业，共同组建创新研发平台，对国产医疗器械开展上市前后全链条评价，建立标准化医疗器械评价体系与方法，对医疗器械开展临床功能、临床效果、技术性能、可靠性、安全性、人因工程等全生命周期应用管理过程的评价，从而遴选出优秀的创新国产医疗器械，并依托推广中心进行应用推广。本项目不局限于让基层医疗机构配置国产医疗设备，而是结合产品创新研发、标准化评价等，切实提高国产医疗设备的质量，基于国产医疗设备的本土优势，促进其市场占有率的提升。

二、国产医疗器械评价研究案例分析

实验室于2019年建立了可视五官镜的评价指标体系，旨在对可视五官镜进行全面、系统的评价，以期科学、有效、方便地评价和对比国内外可视五官镜在临床使用效果、临床功能及适用性、可靠性、技术性能等方面的差异，为评价可视五官镜提供科学的、合理的依据和手段。

实验室首先通过文献回顾法，利用互联网和电子文献数据库等资源进行文献挑拣、收集、鉴别、整理相关文献，分析国内外可视五官镜的相关评价指标、指标体系，为研究提供相关参考资料和理论依据。接着，采用德尔菲专家咨询法，选取我国具有代表性、权威的专家进行多轮咨询，经过多次的数据信息反馈修改及分析整理,使专家意见趋于一致,最后建立一个科学合理的可视五官镜评价指标体系(见图 9-14)。然后,使用层次分析法,两两比较专家对指标的重要性赋值的均数,进行分析处理,从而确定一级、二级指标的权重。

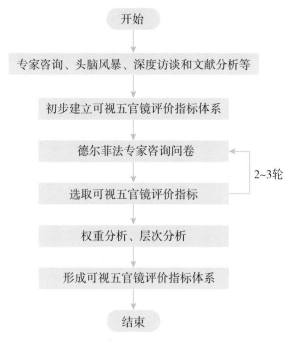

图 9-14 可视五官镜评价指标体系建立技术路线

第六节 小 结

综上所述,针对微创手术类医疗设备,本研究形成了以手术器械为核心,依托适用于基层医疗机构的临床新技术解决方案,以省级引领性配置及应用示范、市县级带动配置及应用示范,以宣教培训为重点,以"双下沉,两提升"为抓手,推动国产优秀微创医疗器械在基层落地应用的推广应用模式。

针对区域常见的肝胆胰和肺部疾病诊治需求,基于微创手术国产创新医疗设备在省级医疗机构的使用经验,联合国产医疗器械企业改进了现有微创手术器械的设计,使其更符合临床实际应用需求。根据基层医疗机构开展微创手术的实际条件,结合国产创新医疗器械,建立了两种基于国产医疗设备的微创手术临床新技术解决方案,即"基于国产创新医疗设备的精准血流控制肝切除术标准化、同质化方案"和"基于国产创新医疗设备的肺段微创精准技术标准化、同质化方案",在标准化腔镜手术的基础上结合国产手术平台特点,优化手术标志识别和手术操作,制定标准化手术操作步骤,建立图片和影像教学资料用于教学推广。根据以上新技术临床解决方案优化了相应的微创手术新配置解决方案,由省级医疗机构引领性配置与应用后指导市县级医疗机构配置与应用。省级医疗机构引领性配置与应用是推动微创手术国产创新医疗设备在基层医疗机构落地配置和应用的关键。

依托牵头单位的省级引领优势,结合这些新技术临床解决方案,建立浙江省内的微创协同诊治平台,依托现有的智能化腔镜模拟训练中心、动物微创手术中心、微创手术室,开展技术培训和模拟训练,建立"基层－中心－基层"的有序培训机制。通过"网络会诊"和"区域联动"等机制,实时调度中心的科研与技术骨干帮扶基层试点医院和军事医疗单位应对复杂病例和突发创伤,灵活启动转诊机制,为国产创新医疗设备系统的基层应用推广提供可靠的技术支持和安全保障,同时将新技术解决方案推广到基层。通过收集手术数据和实时采集设备使用数据,结合基层使用报告,优化新技术及新配置临床解决方案,以"双下沉,两提升"为抓手,开展基层微创手术新技术应用示范,在示范过程中推动基层示范区域的国产优秀医疗器械的落地。以国产创新微创手术器械的落地及应用为主导,推动其他微创手术新配置(如内窥镜系统)的基层配备及使用。

针对本研究的实际实施,提出如下建议:①微创手术人才的培养是一个长期过程,在培养的过程中需要建立和完善规范化的培训和资格认证体系,不断优化微创外科医师的培训方案,鼓励医师吸收先进工作经验,积极学习新型仪器的使用方法和手术技巧。后续应用中,要逐步建立起一套完善的资格认定体系和质量控制体系,详细规划微创外科医师的资格认证和上岗标准,确保每个微创外科医师都具备优秀的手术技巧,从而推动微创外科医师的专业化、职业化进程。②通过省级示范中心的有效带动,形成基于国产医疗设备的临床新技术方案与配置方案的推广模式,建立基于"双下沉"模式的微创外科人才培养机制,有效提升基层医疗机构的服务能力,更好地满足当地患者的临床需求。建议加大对省级示范中心的投入力度,及时总结相关经验,并可以向全国推广,也为后续创新产品的改进奠定基础。

第四篇
研发、转化与应用

在前面几篇内容中,我们详细地介绍了医用内窥镜的现状及发展趋势。医用内窥镜在医疗领域的应用场景不断扩展,极大地提高了疾病诊断与治疗的便捷性、微创性。医疗内窥镜市场是医疗器械领域十分重要的部分。在前期医用内窥镜的评价体系构建和应用研究中,我们发现目前占据内窥镜市场的产品仍以进口为主,国产的比例仍然不高。近些年,国家大力支持医疗器械领域国产商品的创新与转化,以提高国产医用器械的竞争力。在内窥镜领域,同样有许多医疗器械产品呈现差异化竞争,细分应用市场。基于前期国家重点研发计划,浙大一院胸外科在胡坚主任带领下,同样积极参与国产内窥镜产品的研发转化与应用推广,在内窥镜软镜、硬镜上分别与相应厂家一起主导了筛查用超细支气管镜、超细胸腔镜两项产品的研发与应用。本篇内容重点介绍这两项产品的研发与应用。

第十章　筛查用超细支气管镜研发、转化与应用

第一节　国内外支气管软镜市场调研报告

一、国内外支气管镜产品概况

支气管镜是一种通过电子支气管镜及其辅助设备对支气管进行诊疗操作的医疗设备。支气管镜产品可分为柔性支气管镜、刚性支气管镜和 EBUS。根据是否可重复使用，支气管镜可分为一次性支气管镜和非一次性支气管镜；根据镜身插入部分的直径不同，纤维支气管镜（简称纤支镜）有 5.0mm、4.0mm、3.6mm、2.8mm、2.2mm 等多种规格，电子支气管镜有 5.3mm、3.8mm 等规格。支气管镜的影像系统包括视频处理器、光源、摄像头、无线显示器以及其他组件，所包含的主要配件有细胞刷、经支气管穿刺针、活检钳、活检阀、清洁刷、喉舌等。支气管镜诊疗所面向的患者有成年患者和小儿/新生儿患者，最终的用户主要是医院和诊所，其应用市场分布于全球各个国家。

作为了解疾病的病理生理学和诊断肺部疾病的重要工具，支气管镜日益受到重视。电子支气管镜用于评估和管理多种呼吸道疾病，适用于观察肺叶、段及亚段支气管病变，活检采样进行细菌学和细胞学检查，以及结合 TV 系统进行动态记录、示教等，用于检测和诊断支气管阻塞、肺出血、肿瘤等疾病。目前，支气管镜技术的应用有助于呼吸道疾病的早期诊断和早期治疗。

二、国内外支气管镜市场需求

（一）呼吸系统疾病患者数量的不断增长

全球各种呼吸系统疾病的患病率上升促使支气管镜的市场需求日益增长。根

据世界卫生组织(World Health Organization,WHO)的数据,全球每年约有300万人死于慢性阻塞性肺疾病,每年新发肺癌患者约180万人,死亡约160万人。但是,发达地区与发展中地区的癌症谱有所不同。根据国际世界癌症研究基金会的数据,高达58.0%左右的肺癌病例在发展中国家,这些国家肺癌高发的主要原因在于呼吸系统疾病患者数量庞大。呼吸系统疾病的发病率不断上升,使得对支气管镜检查的需求、对微创手术的需求不断上升,全球对支气管镜的需求在未来可能还会大幅增长。

(二)支气管镜技术的不断发展

电子支气管镜原先主要用于呼吸系统疾病检查,但是随着支气管镜技术的不断进步,现在通过电子支气管镜,已经可以完成原先必须通过胸外科开胸手术才能完成的高风险手术;而很多丧失外科手术机会的患者也能通过支气管镜介入治疗重获新生。这些不断增加的应用将成为未来支气管镜需求增长的关键因素之一。众多的手术操作对一次性支气管镜的需求不断增长,这也将进一步推动支气管镜市场的发展。此外,医院对支气管镜设备的投资不断增加,加上医疗报销政策的改进和技术进步等因素,都将促使支气管镜的市场需求量上升。

三、国内外支气管镜市场规模和分布

据统计,2017年全球支气管镜市场规模为154亿美元,并预计以复合年增长率8.3%上升;到2025年,预计全球支气管镜市场规模将达到296亿美元。在我国,包括支气管镜在内的内窥镜行业有较大的开发空间。2012年,我国内窥镜行业市场规模不到100亿元;而到2018年市场规模已突破210亿元。

北美地区每年在全球支气管镜市场中占有很大份额,其次是欧洲。其中,美国是全球最大的支气管镜市场。在美国,广泛采用支气管镜的原因主要是慢性呼吸系统疾病的发病率和患病率上升,并且各州和联邦政府有优惠报销政策。而在中国、日本、印度等亚太地区,受医疗基础设施发展、医疗保健支出增加、强制性医疗保险实施、技术不断进步、老年人口增加以及患者大量增加等因素的影响,支气管镜市场规模预计也将有显著增长。

四、国内外支气管镜的市场份额

在全球支气管镜市场占有主要份额的企业有以下几家。① Olympus Corporation(奥林巴斯):目前提供的设备包括光纤支气管镜 BF-3C40,BF-XP60,支气管镜 EVIS EXERA Ⅲ,BF-MP190F,BF-H190 和 BF-1TH190。②Karl Storz

SE&Co. KG(卡尔史托斯):提供硬性支气管镜基本套件、儿童支气管镜仪器和 IMAGE1 S 等设备。③Fujifilm Holdings Corporation(富士能):为诊断实验室、零售商、办公室、机构和行业等最终用户提供 EB-530 系列支气管镜和 EB-580 系列支气管镜。④HOYA Corporation(豪雅公司):提供 EB J10 示波器、V 系列光纤支气管镜、RBS 系列便携式光纤支气管镜和 EB 1990i 视频支气管镜。⑤Ambu A/S:为医院、诊所和救护车等最终用户提供 Ambu aScope 4 Broncho 系列和 Ambu aScope 3 系列。市场上其他知名企业还有 Boston Scientific(美国)、Ethicon(美国)和 Medtronic(爱尔兰)等。

在我国的内窥镜市场中,软镜市场主要由奥林巴斯、富士能和宾得 3 家企业所占,其市场份额合计超过 95%;硬镜市场主要由卡尔史托斯、奥林巴斯和史赛克 3 家企业所占,其市场份额合计达 83%。

根据患者年龄来分,在预测期内,成年患者的市场复合年增长率可能是最高的。这种增长可以归因于老年人口的增加和慢性病的患病率高。根据最终用户,医院占据了支气管镜市场的最大份额。这主要归因于医院有操作熟练的医疗专业人员、技术先进的设施以及优惠的报销政策,患者对基于医院的治疗方法或治疗程序有高度的信任。

第二节　国产支气管软镜现状及相关技术参数

一、国内支气管镜技术的应用现状

我国的电子支气管镜技术起步较晚,但在改革开放后,我国的支气管镜应用技术发展迅速。目前,我国电子支气管镜在临床上的治疗应用主要包括活检术、经支气管镜肺泡灌洗术、经支气管针吸活检术、超声引导下经支气管针吸活检术、气管内支架置入术、经气管镜气胸封堵术、球囊扩张技术、气管镜下冷冻治疗、支气管异物等。随着支气管镜应用范围的不断扩大,治疗病例成倍增加,操作技术也日臻完善,越来越多的基层医疗机构也配备了专门的支气管镜操作人员。

目前,国内电子支气管镜技术不仅广泛应用于成年患者,而且在婴幼儿呼吸系统疾病诊断中也具有明显的优势。利用电子支气管镜直接观察气管以及支气管黏膜的形态,可以准确掌握支气管畸形、支气管异物及分泌物阻塞情况,提高重症肺炎患儿不明原因呼吸困难疾病的诊断率。此外,因为患者在清醒状态下接受支气管镜检查往往比较痛苦,也有些患者因为惧怕而放弃检查进而延误病情,所以无痛支气管镜检查得以有效发展。无痛支气管镜检查的实施能够起到较好的镇静效果并保持生命体征平稳,患者在安静、舒适的状态下接受检查,清醒后无不良记忆,对再次接受检查操作无恐惧感,对某些需反复接受支气管镜诊疗的患者尤为适宜。

二、国内主要软镜企业的发展现状

相较于其他医疗器械,全球内窥镜厂商集中度较高。目前,我国软镜市场主要由奥林巴斯、富士能和宾得 3 家日企巨头占据。国内企业的内窥镜技术与日本领先品牌在分辨率、镜头使用寿命、医生使用感觉等软指标上有一定差距,在核心技术特别是微型图像传感器和控制电路上,国内企业主要还是依靠进口。国内企业多集中在中低端市场,并且有着明显的价格优势。从具体产品来看,有一定技术难度的治疗一般使用日本品牌的产品。而在耳鼻喉治疗中,国内医院主要采用性价比更高的国内产品。

就具体企业而言,国内具有一定知名度的软镜企业有上海澳华、上海医光、深圳开立等。上海澳华成立于 1994 年,生产了我国第一台电子消化内窥镜,目前具备一定的研发实力。上海医光创建于 1937 年,是国内最早、最大的专业内窥镜研发、制造中心。深圳开立是内窥镜行业的后起之秀,技术实力较强,在 2015 年推出国内首台全高清电子内景系统 HD-550,有望打破日企的垄断格局,其标清产品目前已拿到 CFDA 和 CE 认证。开立内窥镜的最大特色就是可以与其超声产品相结合成为更加高端的超声内窥镜系统,充分发挥其在超声方面的技术优势。

目前在软镜领域,国产产品与日本产品的差距不仅体现在硬件的各项参数上,也体现在各种软实力方面,如软件、光源技术、图像处理能力、医生的使用体验、操作手感、医生的培育、人才的储备,乃至对上下游资源的掌控能力等。因此,国内厂商乃至欧美厂商短期内追赶日本厂商的难度较大。由于电荷耦合器件(charged coupled device,CCD)核心技术和供应完全被日本企业(尤其索尼)所垄断,所以国内厂商想在 CCD 技术上实现追赶的可能性并不大,只能寄希望于在未来应用 CMOS 技术替代 CCD 技术才能在一定程度上缩小与日本产品的差距,但这种差距不是靠某一项技术的突破就能抹平的。因此,国产软镜行业未来的发展还有很大的想象空间。

三、国家对医疗器械行业的政策扶持

随着高端医疗器械被纳入国家"十三五"计划重点支持产业,国家对业内创新企业的鼓励和支持将促进龙头企业为患者加速贡献高品质、高性价比的新产品。

在培育民族健康产业方面,国家于 2012 年推出了 100 亿元的民族健康产业重大专项,同时在《"健康中国 2020"战略研究报告》中明确指出未来将推出七大医疗体系重大专项,确定中国医疗卫生体系发展优先领域。2015 年 5 月,国务院印发《中国制造 2025》,其中重点提出要提高医疗器械的创新能力和产业化水平,重点发展影像设备、医用机器人等高性能诊疗设备,全降解血管支架等高值医用耗材,及可穿戴、远程诊疗等移动医疗产品。此外,国家卫计委颁布多项政策支持我国医疗器械国产化。医疗器械是关系人类健康的新兴领域,在欧美等发达国家更是将其誉为朝阳工业。近几年,我国医疗器械工业通过努力也取得了不错的成绩。2005 年,我国成为仅次于美国和日本的世界第三大医疗器械市场。2006 年,我国医疗器械进出口额首超百亿元大关;到 2010 年,突破千亿元大关;至 2018 年上半年,我国医疗器械行业市场规模约 4000 亿元,并以每年 20% 的速度递增。随着经济发展、人口增长、社会老龄化程度提高以及人们保健意识不断增强,全球医疗器械市场需求持续增长,医疗器械行业已成为当今世界发展最快的行业之一。在国家政策的扶持下,以及医疗器械行业技术发展和产业升级的背景下,国内医疗器械行业有望继续保持高速增长的良好态势,并实现从中低端市场向高端市场进口替代的愿景。

四、支气管镜的相关技术参数

国产支气管镜有纤维支气管镜、电子支气管镜以及结合型支气管镜(见图 10-1)。支气管镜前端由物镜、导光束和工作孔道组成。

图 10-1 支气管镜产品。A:支气管前端;B:纤维支气管镜;C:电子支气管镜

纤维支气管镜(简称纤支镜)的主要工作原理为光源通过光导纤维传导到气管内,照亮以观察物体。物镜通过光导纤维将气管内影像传导到目镜。目前,根据镜身插入部分的直径不同,纤支镜可有 5.0mm、4.0mm、3.6mm、2.8mm、2.2mm 等几种规格。其中,5.0mm 和 4.0mm 规格的,有 2.0mm 活检孔道;3.6mm、2.8mm 规格的,有 1.2mm 活检孔道;2.2mm 规格的,没有活检孔道。电子支气管镜的主要工作原理同上,但其镜前端的 CCD 摄像头可对观察物摄像并将信号传入计算机图像处理系统,通过监视器成像,其图像清晰度大大优于纤支镜。因 CCD 尺寸的限制,根据镜身插入部分的直径不同,电子支气管镜可分为直径为 5.3mm、有

2.0mm活检孔道的,及直径为 3.8mm、有 1.2mm 活检孔道的。后者可以用于儿科。结合型支气管镜于 2004 年问世,其工作原理包含上述两种,其图像清晰度介于纤支镜与电子支气管镜之间。由于支气管镜插入部分不再受 CCD 尺寸的限制,所以其插入部分可制作得更细。目前,结合型支气管镜有 4.0mm 和 2.8mm 两种规格,分别有 2.0mm 和 1.2mm 活检孔道,适用于儿科。自从电子支气管镜应用以来,因其具有体积便携、操作方便、成像清晰等优点,所以已经逐渐取代了纤支镜在临床诊疗中的地位。

五、国内外支气管镜产品参数对比

三家日企巨头的部分支气管镜产品和部分国产支气管镜的参数对比见表 10-1。

表 10-1　一次性支气管软镜参数对比

厂家		型号	视场角/°	景深	头端外径/mm	软管外径/mm	插入部最大外径/mm	通道	弯曲角/°	插入部转动	图像功能
国外厂家	奥林巴斯	BF-1TQ290	120	2～100	5.9	6	7.2	3	上 180/下 130	左右 120	NBI
		BF-6C260	120	2～100	5.9	5.7	7.1	2	上 180/下 130	无	无
		BF-260	120	3～100	4.9	4.9	5.8	2	上 180/下 130	无	无
		BF-F260	120	3～100	5.5	5.4	6.7	2	上 180/下 130	无	AFI
		BF-H290	120	3～100	6	5.7	7.2	2	上 210/下 130	左右 120	NBI
		BF-P260F	120	3～50	4	4.4	5	2	上 180/下 130	无	无
		BF-P290	110	2～50	4.2	4.1	4.9	2	上 210/下 130	左右 120	NBI
		BF-Q290	120	2～100	4.8	4.9	6.1	2	上 210/下 130	左右 120	NBI
		BF-XP290	110	2～50	3.1	2.8	3.3	1.2	上 210/下 130	左右 120	NBI
		BF-1T260	110	3～100	5.9	6	7.1	2.8	上 180/下 130	无	无
		BF-XP260F	90	2～50	2.8	2.8	3.25	1.2	上 180/下 130	无	无
	宾得	EB15-J10	120	3～100	5.9	5.2	6.65	2	上 210/下 130	无	
		EB19-J10	120	3～50	7.1	6.4	7.55	2.8	上 180/下 130	无	
		EB-1170K	120	3～50	3.8	3.7	4.95	1.2	上 210/下 130	无	
		EB-1572K	120	3～50	5.5	5.1	6.45	2	上 210/下 130	无	
		EB-1970TK	120	3～50	6.2	6.3	7.75	3.2	上 180/下 130	无	
		EB-1575K	120	3～50	5.5	5.2	6.65	2	上 210/下 130	无	i-scan

厂家		型号	视场角/°	景深	头端外径/mm	软管外径/mm	插入部最大外径/mm	通道	弯曲角/°	插入部转动	图像功能
国外厂家	宾得	EB-1990i	120	3～50	6.6	6.4	7.75	1.2	上180/下130	无	i-scan
		EB-1570	120	3～50	5.3	5.1	6.15	2	上210/下130	无	
		EB-1970	120	3～50	6.2	6.2	7.55	2.8	上210/下130	无	
	富士能	EB-270P	120	3～100	3.8	3.5	4.2	1.2	上180/下130	无	
		EB-470S	120	3～100	4.9	4.9	5.9	2	上180/下130	无	
		EB-470T	120	3～100	5.9	5.9	6.6	2.8	上180/下130	无	
国内厂家	浙江优亿	TIC-SD-Ⅰ	90	3～100		2.8		无	上130/下130		
		TIC-SD-Ⅱ	90	3～100		3.8		0.5	上130/下130		
		TIC-SD-Ⅲ	90	3～100		4.8		1.5	上130/下130		
		TIC-I1	90	3～100		3.8		无	上130/下130		
		TIC-I3	90	3～100		5.2		2.2	上130/下130		
		TIC-I4	90	3～100		5.5		2.4	上130/下130		
	上海澳华	VBC-Q30	120								
		VBC-1T30	120								

第三节　支气管软镜在胸科疾病诊疗中的应用

一、支气管镜的发展历史

1987年,有"支气管镜之父"之称的德国科学家 Gustav Killian 首先报道了用长25cm,直径8mm的食管镜为一名年轻男性从气管内取出骨性异物,从而开创了气管镜的历史。1904年,美国医生 Chevalier Jackson 对气管镜进行了改进,使气管镜进入了临床,其后在很长一段时间内,气管镜均由胸外科医生操作,主要用于取出气管内异物。但由于当时气管镜的照明度差,可视范围小,仅能窥见大支气管近端,操作时患者较痛苦,所以临床应用受到一定限制。直到1964年,日本 Ikeda 着手研究纤维光束支气管镜,使得支气管镜临床应用得以飞速发展,支气管镜检查治疗的临床适应证越来越多,对肺部疾病的诊疗起到了关键性的作用。

后来,纤维支气管镜还衍生出了许多功能,如经支气管镜超声检查,经支气管镜取异物,建立人工气道,经支气管镜介入微波热凝、高频电切割及电凝、激光、冷冻等治疗良恶性气道疾病,经支气管镜进行支气管镜腔内近距离放疗,经支气管镜介入球囊扩张气道成形术,经支气管镜的气管、支气管支架置入治疗,经支气管镜光动力治疗腔内肺癌等。

二、纤维支气管镜的临床技术发展

(一)自体荧光支气管镜

自体荧光支气管镜(autofluorescence bronchoscopy,AFB)是利用细胞自体性荧光和电脑图像分析技术开发的一种新型电子支气管镜,可显著提高气管镜对肺癌及癌前病变早期诊断的敏感性。早在 20 世纪初,发现人体组织在一定波长的光线照射下可以产生自发性荧光,而肿瘤组织的荧光特征有别于正常组织。但是由于自发性荧光强度太弱,并且与反射光交会一起,所以正常情况下肉眼无法直接观察到这些荧光信号。直到近些年,借助电脑图像处理技术,才使其广泛应用于临床。

目前,国际上比较成熟的 AFB 系统主要有以下几套。①加拿大学者 Lam 等设计的 LIFE 系统:使用氦镉激光装置,产生红色级绿色荧光。②日本宾得公司的SAFE-1000、SAFE-3000 系统:光源为疝光灯,检查时可随时切换普通及荧光支气管检查。③德国 D-Light Storz 系统:只用白光,只是使用了蓝光滤光片作为激发光源,检查期间可让患者口服 5-氨基乙酰丙酸,其在体内可代谢成血嘌呤前体物质,使肿瘤组织的红色荧光加强而绿色荧光强度不变,区分度较高。④日本奥林巴斯公司的自体荧光成像系统:使用 395~445nm 蓝光激发 450~690nm 荧光,550~610nm 反射光。

随着荧光支气管镜的普及和设备检查的简便化,越来越多的研究从不同角度指出 AFB 对癌前病变、早期肺癌的诊断相对于普通支气管镜有明显优势。对部分气管内肿瘤高危(如食管癌紧贴气管、头颈部癌紧贴气管等)的患者,普通气管镜无异常时可加做 AFB 检查,以提高检出率。胸外科医生对 AFB 检查的获益更加明显直接,许多患者在普通气管镜下难以明确病变范围,AFB 检查可比较清晰地分出肿瘤的边界,指导外科医生手术切除范围,手术方式的选择,包括是否需要行袖状切除术或者全肺切除术等。另外对于术后气管镜的复查,AFB 比普通气管镜有更好的检出率,以发现是否存在术后肿瘤复发的情况。

(二)超声内镜引导下经支气管镜针吸活检

超声内镜引导下经支气管镜针吸活检(endobronchial ultrasound-guided transbronchial needle aspiration,EBUS-TBNA)自最早于 2002 年进行临床研究

后,迅速被美国国立综合癌症网络(National Comprehensive Cancer Network,NCCN)及美国胸科医师学会(The American College of Chest Physicians,ACCP)肺癌指南推荐为肺癌术前评估的重要工具。相对于早先的纵隔镜淋巴结活检病理分期,EBUS-TBNA 具有创伤小、操作相对容易、费用较低及严重并发症少(如纵隔感染等)等明显优势,目前已基本替代了纵隔镜淋巴结分期。EBUS-TBNA 操作原理为安装在支气管镜前端的超声探头设备,配合专用配套的吸引活检针,在实时超声引导下进行针吸活检,配套有电子凸阵扫描的彩色多普勒超声可以确认血管位置,防止误穿血管。

(三)气管内高频电刀

1926 年,物理学家 William Bovie 和神经外科专家 Harry Cushing 共同研制出世界上第一台应用于临床的高频电刀。随着人们对其优越性(如切割组织速度快、止血效果好、操作简便等)认识的提高,高频电刀已被广泛地应用于支气管镜引导下的支气管内病变的治疗。目前,国内常用的电刀有日本奥林巴斯 PSD20 型、30型,德国爱尔博以及西赛尔电刀等。

气管内高频电刀主要适用于气管、支气管内有良恶性病变且不适于手术治疗的患者。治疗后能够改善患者气管通气情况,复张因阻塞而不张的远端肺。对于恶性肿瘤患者,能有效地延长生存时间,为其他治疗方案争取治疗时间。

(四)气管内激光治疗

自 1976 年 Laforet 等首先报道经纤维支气管镜引导,气管内激光切除气道肿瘤以来,相继有多种激光被应用于治疗呼吸系统疾病。目前,在气管内疾病治疗中应用最多的是 YAG(钇铝石榴石)激光和 Nd:YAG(掺钕钇铝石榴石)激光。这种激光功率大,组织穿透性强,能量高度集中,能准确地定位于病变部位,并能通过屈曲自如的导光纤维传送。

气管内激光治疗主要用于气道内阻塞性病变以及各种原因引起的气道狭窄,包括气管内平滑肌瘤、血管瘤、错构瘤、乳头状瘤、神经纤维瘤等良性肿瘤以及气管内恶性肿瘤。与气管内高频电刀相似,气管内激光治疗可以开放气道,延长恶性肿瘤患者的生存时间。

(五)微 波

微波主要是利用微波天线进场的生物致热效应,使组织变性,从而到达治疗疾病的目的。由于微波致生物组织加热是内源性加热,故具有热效率高、升温速度快、高温热场较均匀、凝固区内坏死彻底等突出优点。

经支气管镜微波热凝技术主要用于气道内良、恶性肿瘤治疗,且微波仪器价格低廉,比较容易在基层医疗机构推广。微波治疗的止血机制是血管及周围组织凝固后,使血管壁膨胀、血管腔变小、血管内皮细胞损伤并导致血栓形成。故微波热凝治疗具有较好的止血功能,且并发症很少,尤其适用于治疗小病灶;而对于较大的病灶,则需要反复多次治疗,才能将肿瘤全部切除。对于气道狭窄,也可用微波热凝的方法治疗使气道再通。微波组织凝固的特点是:止血效果好,对深层组织损伤小,损伤部位边界清楚,无焦痂,也无即刻反应;此外,操作简单、方便、安全。

(六)CO_2冷冻

冷冻治疗(cryoablation)是利用超低温度破坏组织的一种方法。1913 年,伯明翰放射学家 Hall-Edwards 首次详述了 CO_2 的应用和搜集方法。20 世纪 60 年代以前,CO_2 冷冻主要广泛应用于皮肤良性病变。1986 年,英国学者 Maiwand 首次报道用冷冻姑息性治疗气管内肿瘤,并取得成功经验。目前,CO_2 冷冻已在国内广泛应用。根据不同的临床需求,冷冻治疗可分为冻取和冻融两种类型。

冷冻治疗是一种姑息性治疗,总有效率约为 70%～80%。经冷冻治疗后,患者的支气管阻塞症状可以减轻,生活质量得以改善。但恶性肿瘤患者的生存率是否可以明显提高,生存期是否可以明显延长,还没有得到证明。

(七)光动力治疗

光动力治疗(photodynamic therapy,PDT)已有 4000 多年(古埃及时代)的历史。研究表明,PDT 对肿瘤细胞有直接杀伤作用。在 PDT 治疗肿瘤时,以直接杀伤肿瘤为主,有的可导致肿瘤细胞凋亡。PDT 的光敏反应可造成微血管破坏,血小板及炎症细胞激活,导致炎性因子释放,引起血管收缩、血细胞滞留凝集、血流停滞,造成组织水肿、缺氧、缺血,从而杀伤肿瘤。且 PDT 对间质有破坏作用,这对于防止肿瘤的残留或复发很重要。还有研究表明,PDT 可继发抗肿瘤免疫反应。

PDT 可用于早期肺癌和癌前病变,如病变表浅,直径小于 1cm,内镜下能看到病灶,且肿瘤所在部位能被光纤对准的情况。对于晚期肺癌,需先采用消融治疗,去除管腔内肿瘤,疏通管道,改善呼吸功能,然后采用 PDT 消灭残余肿瘤。有些患者可获得病情控制,为外科切除创造条件。对于手术、放疗后的局部残留或复发的小病灶,可用 PDT 继续治疗。

三、展　望

随着物理、化学、生物等科学技术的不断发展,纤维支气管镜的制造工艺也越来越精湛,可操作的功能越来越丰富,可治疗的疾病也会越来越广泛。相信在将来,纤维支气管镜可以部分替代手术,真正达到完全经自然腔内治疗的无痕手术,以最小的创伤为患者完成最佳的治疗。这也是所有胸外科医生追求的目标。

第四节 中央型肺癌诊疗现状

肺癌是原发性支气管肺癌的简称,是一种起源于支气管黏膜或者腺体的呼吸系统恶性肿瘤。随着环境的恶化以及人们生活方式的改变,肺癌的发病率越来越高。同时,由于诊断和治疗方式的限制,肺癌患者的死亡率仍然居高不下。早期,肺癌患者大多因为没有明显的临床症状、体检意识不强或经济因素的限制,到确诊时已经到了肺癌晚期,导致肺癌的 5 年生存率较低。目前,对肺癌比较明确的危险因素包括吸烟、环境污染、放射性物质暴露、携带肿瘤易感基因、患有肺部基础疾病等。

在临床实践过程中,我们常常根据发生部位的不同将肺癌分为周围型肺癌和中央型肺癌。周围型肺癌大多发生在段支气管以下,约占肺癌的 1/4,最常见的组织学类型是腺癌。而原发部位在段支气管至主支气管的肺癌被称为中央型肺癌,位置靠近肺门,这类患者约占所有肺癌的 3/4,是肺癌的主要患病人群。因此,提高对中央型肺癌的诊断和治疗水平对改善肺癌患者的远期生存率意义重大。中央型肺癌的主要病理类型包括鳞状上皮细胞癌和小细胞肺癌,也可为未分化癌,但是少见腺癌。根据癌组织的生长形态,中央型肺癌又可分为管内型、管型和管外型。管内型中央型肺癌的肿瘤组织自支气管黏膜表面向腔内生长,逐渐形成乳头、息肉或者菜花样的肿块,最终导致受累支气管狭窄或者堵塞。管外型中央型肺癌是指肿瘤从受累的支气管管壁侵犯支气管外膜,最后在支气管外形成大小不等的肿块。受累的支气管由于肿块压迫也可导致不同程度的堵塞。而管型中央型肺癌的肿瘤组织沿支气管壁浸润生长,支气管管壁可有增厚或者轻度增厚,官腔阻塞程度不一。

从临床表现来看,中央型肺癌由于累及大支气管,临床症状较周围型肺癌出现得更早。中央型肺癌患者大多为中年或高龄男性,有吸烟史。早期表现为咳嗽,尤其以无痰的刺激性干咳为主,这是患者就诊时最常见的症状。由于肿瘤组织的血管比较丰富,所以部分患者肿瘤坏死时可出现痰血;如果肿瘤侵犯较大的血管,也可表现为咯血。由于中央型肺癌起源于大支气管,当肿瘤向腔内生长或转移到肺门淋巴结时,可压迫主支气管或者隆突,引起呼吸困难、气短、喘息,偶尔表现为喘鸣,听诊可发现局部或单侧可有哮鸣音。就诊时对有不明原因喘鸣者尤其应该提高警惕。肿瘤阻塞气道也会导致肺呼吸面积减小,造成胸腔积液或者阻塞性肺炎。当中央型肺癌压迫周围组织或者发生转移时,在临床上会出现一系列的特征性表现。

对中央型肺癌的检查大致可以分为几个部分，包括血清学检查、细胞学检查、影像学检查、内镜检查以及内镜和活检一体化检查。目前，中央型肺癌的实验室检查主要集中在血清标志物检测和痰液脱落细胞学检查。但目前血清学检测的主要问题是检测物的敏感度和特异度都不够高，对中央型肺癌患者敏感性和特异性高的血清学标志物还有待进一步研究。对于确诊后血清学标志物明显上升的中央型肺癌患者，血清学标志物的检测可以作为患者治疗后监测的重要指标。

痰液细胞学检查是目前诊断中央型肺癌的最简单且方便的无创诊断方式之一。通过痰液找到癌细胞不仅可以明确诊断，而且在大多数病例还可以确定中央型肺癌的组织学类型。中央型肺癌患者的痰液细胞检查阳性率最高可达 80% 左右，远高于周围型肺癌。对于起源于较大支气管的中央型肺癌，特别是有血痰的患者，在痰液中找到癌细胞的可能性比较大。对于高度怀疑肺癌的患者，应连续多日重复送检患者痰液检查。但是目前影响痰液脱落细胞学检查的因素有很多，如痰中混有脓性分泌物可使恶性细胞发生液化，对检验医师的经验要求较高。

在胸部高分辨率 CT 检查大规模应用之前，X 线胸片检查是胸部疾病的首选检查方法。X 线胸片检查简单方便，费用较低，大多数中央型肺癌患者是通过 X 线胸片首诊发现的。胸部 CT 检查分辨率高，检查范围大，尤其在出现高分辨率 CT 之后，胸部 CT 检查已经逐渐取代 X 线胸片检查成为筛查肺癌的最常用的检查项目。增强 CT 对于明确中央型肺癌肺门和纵隔淋巴结转移情况，以及正确判断肺癌的转移范围十分重要。此外，CT 重建是目前诊断肺内小结节的主要方法，对肺内结节的诊断效果目前已经达到厘米范围。它不仅有助于对肺部结节的诊断，而且也是肺部结节随访的重要方式。

在中央型肺癌的诊断中，内窥镜检查十分重要。特别在纤维支气管内窥镜取代硬性支气管镜并广泛使用后，中央型肺癌的诊断准确率得以大大提高。应用于肺癌诊断的内窥镜主要有支气管镜、胸腔镜以及纵隔镜。对于直视下观察气管和支气管病变、准确定位病灶、发现气管内的原位癌等，支气管镜都是不可或缺的重要手段。目前，支气管镜已经可以达到 5 级以上的支气管部位。虽然其对周围型肺癌的诊断和治疗范围还不够，但是已经可以基本涵盖对中央型肺癌的诊断和治疗范围。并且在进行纤维支气管镜检查的同时，可以通过内窥镜系统完成对可疑病灶的刷洗、钳取以及针吸等操作，来获取组织标本，可以在很大程度上提高中央型肺癌的检出率和病理诊断效果，有助于确定中央型肺癌的病变范围和明确手术方式。据统计，对于支气管内窥镜下可见的支气管病变，活检和刷检的诊断率均达到 90% 以上。虽然支气管镜目前存在获取组织标本较少、无法发现气管下病变以及对中央型肺癌早期的上皮内瘤变和原位癌无法诊断等不足，但是随着荧光支气管镜的普及和应用，支气管镜的这些不足已经完全可以被弥补。荧光支气管镜是利用窄带光谱技术,根据正常组织和肿瘤组织在内窥镜下荧光特性的不同,区别肿瘤和正常组织的方法。这对于气管内的原位癌和上皮内瘤变的诊断十分重要。在进行支气管镜检查的同时,利用探头磁导航或者透视的方法,完全可以实现支气管下可疑病变组织的获取和诊断。当然,随着技术的发展,内窥镜系统已经完全不满足于诊断,还可以用于治疗,特别是对于中央型肺癌的支气管内上皮内瘤变和原位癌,实现无创下的诊断和治疗一体化。并且,对于支气管镜无法诊断的部位(如纵隔、胸膜和胸壁),纵隔镜和胸腔镜可以发挥重要作用。可以预见在不久的将来,内窥镜在中央型肺癌的诊断和治疗中将发挥越来越重要的作用。

外科手术根治性切除治疗是早期非小细胞肺癌的主要治疗方式。由于小细胞肺癌会较早发生远处转移,所以除 $T_{1-2}N_0M_0$ 期小细胞肺癌之外,其他小细胞肺癌一般以放疗和化疗为主。目前,对非小细胞肺癌的基本原则是,对于Ⅰ期和Ⅱ期患者,推荐以手术治疗为主,并且仍然将解剖性肺叶切除作为基本术式。对于淋巴结的清扫,目前认为至少清扫或采样纵隔＋肺内共 12 组淋巴结。Ⅲ期非小细胞肺癌患者分为可切除患者和不可切除患者。可切除的Ⅲ期非小细胞肺癌患者包括 T_3N_1、T_4N_{0-1} 和部分 $T_{1-2}N_2$,少部分ⅢB期(指 T_3N_2;N_2 为单一淋巴结转移且直径 $<3cm$ 的情况)。对不能耐受解剖行肺叶切除手术的Ⅰ期、Ⅱ期、部分Ⅲ期以及所有Ⅳ期非小细胞肺癌患者,则以根治性同步放化疗为主。对不能手术或者已经达到中晚期的非小细胞肺癌患者,目前临床一般使用放疗和化疗联合的方式,主要有根治性同步放化疗、序贯放化疗以及诱导和巩固化疗三类。不可切除的Ⅲ期非小细胞肺癌患者都是放化疗的主要对象,包括:同侧多枚成团病灶或多站纵隔淋巴结转移的患者;对侧肺门、纵隔淋巴结转移,或同侧、对侧斜角肌转移,或锁骨上淋巴结转移的患者;不可切除或不适合切除肿瘤的患者。在根治性同步放化疗中,同步放疗的靶区主要是原发灶和转移淋巴结累及野,推荐放射剂量为 $60\sim70Gy$(2Gy/次)。同步化疗则推荐以铂类为主的同步化疗方案,包括 E 方案、AC 方案、AP 方案。若患者无法耐受同步放化疗,则可采取序贯放化疗方案,目前推荐的方案有 NP 方案、TC 方案、AC 方案和 AP 方案。

近年来,靶向治疗和免疫治疗对晚期中央型肺癌患者有良好的治疗效果,所以在临床中越来越受到重视。目前,对于伴有耐药基因突变的Ⅳ期患者,如果 EGFR 驱动基因检测阳性,则推荐使用 EGFR-TKI;如果 ALK 融合基因阳性或者 ROSI 融合基因阳性,则克唑替尼为一线治疗选择。对于驱动基因检测阴性的晚期患者,临床上还是以放化疗为主。目前,免疫治疗肺癌还处于临床试验阶段,但是从阶段性结果来看,免疫治疗在对晚期肺癌患者的治疗以及术前患者的新辅助治疗方面显示出重要作用,未来在临床治疗中将扮演更加重要的角色。

第五节　早期中央型肺癌筛查的支气管软镜研发

肺癌是患者死亡率最高的恶性肿瘤。全球每年约有 176 万人死于肺癌。在中国,仅 2018 年就有约 77 万例肺癌新发病例,有 69 万名患者死于肺癌。目前,支气管镜检查是诊断肺癌的重要方法之一,对疑诊肺癌的患者均应行纤维支气管镜检查。支气管镜的广泛应用大大提高了肺癌的诊断率,支气管镜对中央型病灶的诊断敏感率达 88%。同时,支气管镜检查有助于了解肿瘤浸润深度、位置、大小、声带运动能力及气道情况,指导外科医师制定正确的手术方案。纤维支气管镜直视下通常可以发现黏膜病变或管腔内新生物,其病理类型以鳞癌为主,腺癌次之,临床症状表现为不同程度的咳嗽、咯血、活动性气促或胸闷。带有光学染色功能的纤维支气管镜(包括自发免疫荧光、窄带成像及光学相干断层扫描等),相较于普通支气管镜,可以显著提高对支气管黏膜病变的检出率,更易发现早期病变。

由于支气管镜为一种新型的视频插管系统,所以也广泛应用于临床麻醉、ICU抢救、常规气道插管、耳鼻喉口腔科的咽喉和口腔部检查、直视下放置胃管和口咽部清理、气管插管临床教学等。

一、一次性支气管软镜

一次性支气管镜系统旨在为各种气道手术过程提供实时查看和记录。一次性支气管镜系统通常是无菌分配的,仅供一次性使用,支气管镜可与便携式可重复使用的视频监视器配合使用,进行图像显示,可用于检查鼻腔和上呼吸道解剖结构。内窥镜旨在通过监视器提供可视化。

一次性支气管软镜主要分为两种:无通道一次性支气管镜和吸引/吹气通道一次性支气管镜。具体的产品型号及技术参数如表 10-2 所示。

表 10-2　两种型号的支气管镜的技术参数对比

产品型号	头端硬性部外径/mm	插入管外径/mm	最大插入部外径/mm	内通道	工作长度/mm
EBS-380	4.5	4.5	≤4.7	无	600
EBS-580C	5.8	5.8	≤6.5	1.2	600

一次性软镜由手柄部件、显示部件和充电器组成。其中,手柄部件为无菌包装,是一次性使用医疗设备,不适用于传统的清洁和消毒。使用结束后,设备已经受到感染,需要分离手柄组件和显示组件,手柄部件必须根据当地关于收集带电子元器件的被感染医疗器材的处理方法进行处理。

一次性支气管软镜的结构示意如图 10-2 所示。一次性支气管软镜各部分的名称及作用见表 10-3。一次性支气管软镜的性能参数见表 10-4。

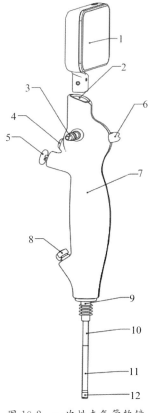

图 10-2 一次性支气管软镜的结构示意图

1.显示组件;2.显示接口;3.吸引接口;4.拍照录像按键;5.吸引按键;6.摆臂;7.手柄组件;8.注药口盖;9.末端接头;10.插入管;11.弯曲部;12.头端部

表 10-3 一次性支气管软镜各部分的名称及作用

序号	名称	作用
1	显示组件	显示图像
2	显示接口	连接显示器
3	吸引接口	连接负压设备
4	拍照录像按键	单击实现拍照,长按实现录像
5	吸引按键	按下实现吸引功能
6	摆臂	控制弯曲方向
7	手柄组件	无菌包装,一次性使用(包含序号 2~12)
8	注药口盖	吸引时盖上盖子,给药时打开
9	末端接头	连接气管导管
10	插入管	可弯曲地插入
11	弯曲部	可弯曲部分
12	头端部	包含摄像头、LED 灯及工作通道(EBS-380 无工作通道)

表 10-4 一次性支气管软镜的性能参数

参数	值
光学系统	
视场角/°	90°±15%
景深/mm	5~50
光照度/lux	≥700
弯曲角度	
弯曲角度上/下/°	180/180
充电器	
充电器输入/输出	100~240VAC 50~60Hz /5V/1.2A
充电时间/h	≤3

续表

参数	值
储存与运输	
运输温度/℃(℉)	−40~55/(50~104)
建议存储温度/℃(℉)	10~25/(50~77)
相对湿度/%	30~85
大气压强/kPa	80~109
操作环境	
温度/℃(℉)	5~40/(41~104)
相对湿度/%	30~85
大气压强/kPa	80~109
灭菌	
灭菌方法	EO

二、一次性套管设计

由于支气管镜是精密的电子器件并使用高分子材料制作,所以不能使用高温蒸汽灭菌,而且目前的各种消毒剂、消毒液又难以对结构复杂的镜体进行彻底消毒,容易造成交叉感染。为此,推出了用一次性耗材制成的包含活检通道及水汽通道的一次性内窥镜套管,使内窥镜镜身部分包含图像处理系统和方向调节系统,解决了内窥镜消毒不完全的问题,用一次性耗材将镜体与患者体腔隔离,耗材用后销毁,效果相当于支气管镜的一次性应用。

目前,支气管镜市场上有两种产品,一种只用于检查无通道,另一种可用于吸引、打气、取活体通道。一次性使用内窥镜套管就是要设计一种管径小、操作方便和舒适性好的。其中,套管材质一般采用天然橡胶或者热塑性弹性体、聚氨酯为主要原料。管体有弹性,不会损伤支气管黏膜,无毒无副作用,生物相容性高,使用安全。在套管表面做超滑涂层,覆盖在套管表面,以提高套管表面的润滑性,方便操作。按照一次性使用支气管套管的功能,可分为全密封式和半密封式。

全密封式内窥镜套管的结构图如图 10-3 所示。全密封式内窥镜套管对活检、吸引、水汽等部件进行接口封装,可以在内窥镜的使用过程中,实现内窥镜与活检钳道管和吸引管等的密封式连接。护套由套囊、锁紧环、送水送气管、钳道管、套囊端帽组成。附件由三通密封帽、吸引管组成,可重复使用。配套工具由引导管、引导锥、定长剪、电子热合控制器和热合钳组成,可重复使用。

半密封式内窥镜套管仅对内窥镜镜体进行封装,镜面部分裸露。半密封式内窥镜套管只有护套部分,一般由开口端、套体及缩口端构成(见图10-4)。

　　内窥镜套管是指内窥镜经消毒后安装的一次性无菌内窥镜套管,是一次性使用的无菌产品,其使用中接触人体黏膜及组织的部分和污染最为严重的部分都用一次性套囊和一次性钳道管隔离,所用材料都能满足其要求的物理、化学及生物性能及使用时的技术性能要求。下面分别说明由这些医用高分子材料制成的套管物理、化学性能、生物相容性及光学性能。

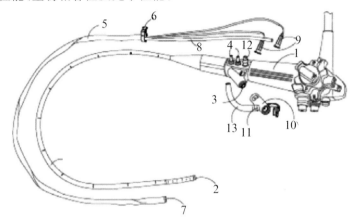

1—内窥镜镜体;2—镜体前端;3—镜体后端操作孔道;4—水气管接口;
5—一次性护套;6—锁紧环;7—护套套囊端帽;8—一次性钳道管;
9—水气管接头;10—三通密封帽;11—吸引接头;12—吸管接口;
13.吸引管。

图10-3　全密封式内窥镜套管的结构图

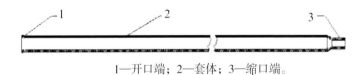

1—开口端;2—套体;3—缩口端。

图10-4　半密封式内窥镜套管的结构图

(一)物理性能

1.外观表面光滑、清洁,能顺畅地进入呼吸道。

2.有极高的伸长率和润滑性,可使套管方便地套入支气管镜,并随支气管镜转向弯曲自如。

3.有良好的密封性,在使用过程中无微生物向支气管镜内渗漏。

4.能承受一定的静拉力,因为套管在使用过程中会有拉扯。

5.套上套管后不影响支气管镜的使用。

(二)化学性能

套管的化学性能应保持原内窥镜插入部的各项指标不降低。

1.酸碱度,与标准试验液的 pH 之差不超过 2.0。

2.重金属应不大于 $2.0\mu g/mL$。

3.高锰酸钾还原性物质与标准试验液的消耗量之差应不超过 2.0mL。

4.蒸发残留物应不大于 2.0mg。

(三)生物相容性

按照 GB/T16886.1—2001 的要求,短期表面接触黏膜的医疗器械,其外表面材料的生物相容性评价应满足以下要求。

1.细胞毒性应不大于 2。

2.刺激反应类型应不大于轻度。

3.致敏反应≤2 级。

(四)光学性能

满足医用内窥镜通用标准光学性能及测试方法要求,包括以下几个方面。

1.视场角 $90°\pm15\%$。

2.有效景深范围为 10～100mm。具有景深效果的光学镜在该景深范围内,视场中心的角分辨力应不低于设计光学工作距处角分辨力测量值的 80%。试验应至少包括有效景深范围的最远端。

3.视场质量达到视场应无重影或鬼影、闪烁等效应,无可见杂质、气泡等缺陷。

4.照明

(1)照明有效性和边缘均匀性:在有效景深范围内检查,照明光斑应充满视场的有效尺度,且在 φ_{cg} 的 90% 视场处的照度应均匀,在该视场带上选择四个正交方位测试,其均匀度应满足表 10-5 的规定。

表 10-5 边缘均匀度要求

标准视向角范围	均匀度
$\theta\leqslant30°$	≤25%
$30°<\theta\leqslant50°$	≤35%
$50°<\theta$	≤45%

(2)照明镜体光效:在 φ_{cg} 的 90% 视场处的照明镜体光效 φ_{cb} 的名义值应可查获。照明镜体光效 φ_{cg} 的测定值应不小于 0.141。

(3)照明变化率:光学镜经灭菌或消毒试验后,其照明光路的光能积分透过率应保持稳定,用输出光通量衡量,光通量变化率应不大于 20%。

（4）综合光效：应给出在 W_p 的 90％视场处的综合镜体光效 SLeR 的名义值。综合镜体光效 SLeR 的测定值应不小于 0.122。在评价视场面形状下 W_p 的 90％视场处的综合边缘光效（SLe-Z）的测定值不小于 0.044。

（5）光能传递效率——有效光度率：应给出表征光能传递效率的有效光度率名义值。有效光度率的测定值应不大于 $5cd/m^2$。

（6）照明光源和观察视场的重合性：在工作距离处，照明光斑应充满视场，无明显的亮暗分界线。

（7）视向角 θ：应标注视向角的名义值，允差±10°。

（8）单位相对畸变（V_{U-z}）：应给出评价视场面形状下单位相对畸变 V_{U-z} 的控制量的名义值。单位相对畸变 $|V_{U-z}|$ 的控制量≤25％。

单位相对畸变一致性差应符合表 10-6 的要求。

表 10-6　畸变一致性要求

单位相对畸变范围	一致性差，U_V
$|V_{U-z}|$≤25％	≤4％（绝对差）
25％＜$|V_{U-z}|$	≤16％（相对差）

注：绝对差表示单位相对畸变最大值与最小值相减的结果；相对差表示单位相对畸变的绝对差与单位相对畸变均值之比的结果。

在一次性套管的设计研发中，关键技术主要包括以下四点。

（1）支气管镜与套管配合时会增加支气管的外径，想要尽量减小外径，只能使套管壁越薄越好。

（2）套管要有防护功能，整个套管在使用过程中密封性能要好，可以有效地阻隔支气管镜在使用过程中的细菌、体液、血液等污染。

（3）与支气管镜配合使用时，目视不出带与不带套管之间的区别；在体内观察时，不应产生影响观察的雾气。

（4）套管在套入支气管镜时或者进入体内时，阻力大，不方便操作，需要在套管内外壁增加超滑涂层，增加套管本身的润滑度。

三、光学染色功能支气管镜研发

自体荧光成像（auto fluorescence imaging，AFI）和窄带成像（narrow band imaging，NBI）技术是具有光学染色功能的支气管镜的主要技术，它们与传统的白光内窥镜相比，在癌前病变和早期癌症的诊断上有很大的优势，为早期病变提供靶向作用，这两项技术代表了最先进的电子内窥镜诊断技术。

(一)自体荧光成像(AFI)支气管镜

白光成像内窥镜和自体荧光成像内窥镜两种成像方式的图像对比见图 10-5。在白光成像内窥镜中,正常组织与癌变组织的对比不明显,在诊断过程中容易漏诊;在自体荧光成像中,正常组织呈现绿色,病变组织呈现品红色,而深部的血管则呈现深绿色,成像对比非常明显。因此,自体荧光成像内窥镜对于区分癌前病变及早期肿瘤的效果明显优于白光成像内窥镜。

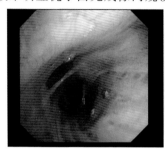 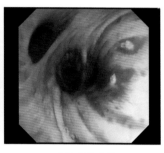

白光成像 自体荧光成像

图 10-5 正常组织和病变组织在两种成像方式下的对比

自体荧光成像检测的基本原理是人体组织中的某些分子,如氨基酸、结构蛋白等,在特定波长的激发光照射下,能够产生与吸收光相应的自体荧光辐射信号。这些能够产生荧光信号的分子被称为荧光分子。病变过程中,荧光分子的浓度和分布、黏膜层的厚度等会发生变化,从而产生不同的荧光辐射信号,荧光辐射信号通过换能器可以转换为图像或者光谱以用于检测。该技术用于诊断时,不会损伤病变组织的生理状态和正常细胞的生理功能,是一种无侵袭诊断技术。基于自体荧光光谱技术的自体荧光成像系统可以使医生对肿瘤的分析和诊断变得相对容易、高效。自体荧光技术原理如图 10-6 所示。

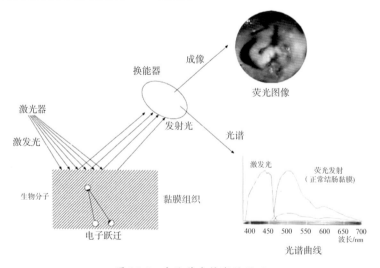

图 10-6 自体荧光技术的原理

自体荧光成像系统的结构框图如图 10-7 所示。自体荧光成像系统主要由图像采集模块、控制处理模块、传输模块和显示模块四个部分组成。图像采集模块包括图像传感器、光源及光学镜头等,光源激发人体组织中的荧光分子,产生自体荧光,图像传感器通过镜头感知图像信息,并进行 AD 转换、增益控制和曝光控制等操作,产生数字图像数据。控制处理模块中,电源模块实现电路中各芯片的供电,当前成像系统的控制和处理单元通常采用 FPGA 实现,包括 LED 光源的驱动、图像数据的处理、USB 芯片控制和系统时钟管理。传输模块通常选用 USB 方式进行传输。显示模块中,上位机接收图像数据,进行图像数据的恢复和显示。图像采集模块中,图像传感器可以选用 CMOS 或者 CCD;光源采用紫外专用 LED,大功率的选型满足激发条件,且相比大型光源(如汞灯、氙灯等)尺寸大大减小且功耗降低。

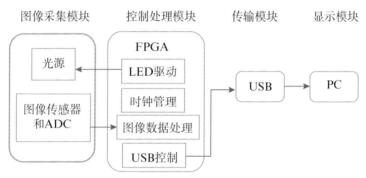

图 10-7　自体荧光成像系统结构框图

(二)窄带成像(NBI)支气管镜

自体荧光成像虽然在癌症临床诊断上有很大的优势,但是容易受一些混杂因素的影响,图像质量有待进一步提高。窄带成像技术同时具有放大内窥镜和色素染色的双重作用,其可在放大内窥镜的基础上,将普通白色照明光过滤成窄带的蓝光和绿光,对黏膜表层的毛细血管和黏膜形态可显示得更加清楚。因此,自体荧光成像内窥镜联合窄带成像技术可以提高病变诊断的阳性率、敏感度和特异度。

窄带成像和白光成像放大后的图像对比见图 10-8。窄带成像突出强调黏膜构造的细微改变,它可以充分显示浅表层黏膜的血管分布状况。在普通观察中,内窥镜光源发出宽波光,能够展现黏膜的自然原色,但是对黏膜浅表血管或黏膜组织状态的细微变化的强调效果并不明显。为加强对比,提高检出率,窄带成像技术特别采用了符合黏膜组织及血色素光谱特性的窄波光,使图像的对比性能得到改善,结合出色的可视性,提高诊断的准确性。

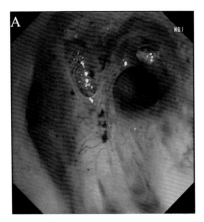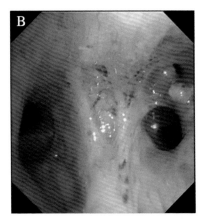

图 10-8   白光成像和窄带成像两种成像方式下的对比。A：白光成像；B：窄带成像

窄带成像系统的结构框图与自体荧光成像的结构框图类似。在支气管内镜中，通常选用蓝/绿滤光片，产生中心波长分别为 415nm 和 540nm 左右，带宽为 30nm 的蓝绿窄带光波作为光源照明，并配合放大内窥镜进行诊断，放大内窥镜在内窥镜前端安装了不同放大倍数的镜头，可使消化道病变细节放大 60～170 倍，接近显微镜的放大倍数。

(三)具有光学染色功能的内窥镜实例

目前，推出了窄带成像和自体荧光成像系统的公司有奥林巴斯、宾得和富士能。其中，奥林巴斯公司 2 个系统都是奥林巴斯 Evis Lucera Spectrum 电子内窥镜系统，冷光源型号为 CLV-260SL，图像处理中心型号为 CV260SL；宾得公司推出了型号为 SAFE-3000 的自体荧光内窥镜系统，该系统的冷光源和图像处理中心是一个整体；富士能公司推出了类似窄带成像技术的"电子染色"内窥镜系统，其采用智能分光比色技术，实际上是通过软件合成窄带图像的，其型号为 EPX-4400。

图 10-9 所示是奥林巴斯研制的 Evis Lucera Spectrum 电子内窥镜系统，该系统具有窄带成像和自体荧光成像两种检查模式，并兼容了目前高清晰度视频 HDTV 功能，充分发挥了奥林巴斯引以为豪的光学数字技术优势，从而增进内窥镜诊断效果，提高检查效率。

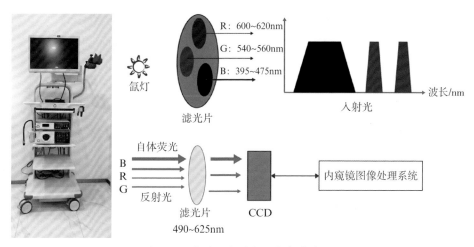

图 10-9 奥林巴斯的电子内窥镜系统

奥林巴斯研制的电子内窥镜系统,窄带成像与自体荧光成像技术对比如表 10-7所示。

表 10-7 窄带成像与自体荧光成像技术参数对比

系统名称	关键技术	标准配置	图像特征
窄带成像系统	将中心波长分别为 415nm、540nm,带宽为 30nm 的蓝绿窄带光波作为光源照明	CLV260S、CV260SL、 H260Z（放大内窥镜）	提高了浅表血管及微血管与消化道黏膜的对比度,实现了"电子染色"功能
自体荧光成像系统	将波长为 395～475nm 的蓝光结合波长为 540 ～ 560nm、600 ～ 620nm 的绿红窄带光作为激发光源,并需在专用荧光内镜 CCD 前安装只需允许波长 400 ～ 625nm 光线通过的截止滤光片	CLV260SL、CV260SL、GIF-FQ260 或者 CF-FH260AZI（荧光内窥镜）	正常黏膜和血管呈绿色,而病灶部分呈紫红色;探测深度更深

第六节 超细支气管及用于早期中央型肺癌筛查的临床试验设计

一、背景介绍

肺癌是死亡率最高的恶性肿瘤。全球每年约有 176 万人死于肺癌。在中国,仅 2018 年就有约 77 万例肺癌新发病例,有 69 万名患者死于肺癌。肺癌总的 5 年生存率在19%左右,但不同分期的预后有显著性差异:有局部侵犯的肺癌5年生存率约为56%;而有局部转移和远处转移的肺癌5年生存率分别仅为30%和5%。发表于新英格兰杂志上的美国国家癌症筛查试验研究结果证明,相对于X线检查,应用低剂量螺旋CT可以显著降低肺癌的死亡率。低剂量螺旋CT的普及提高了肺癌的检出率,特别是在早期肺癌筛查方面,能够有效地发现以肺结节为表现的周围型早期肺癌,其病理以腺癌为主,实现了周围型肺癌的早诊早治。但是对于中央型肺癌,CT影像受肺门血管、支气管等影响,其敏感性较差,有局限性。对病变较小、仅局限于管腔上的部分早期中央型肺癌,常规胸部CT平扫往往有其局限性,CT表现可以无明显异常。因此,针对早期中央型肺癌,目前尚无有效的筛查手段。

支气管镜检查是诊断肺癌的重要方法之一,对怀疑是肺癌的患者均应行纤维支气管镜检查。纤维支气管镜检查的广泛应用大大提高了肺癌的诊断率,其对中央型病灶的敏感率达88%,并且该检查有助于了解肿瘤浸润深度、位置、大小、声带运动能力及气道情况,指导外科医师制定正确的手术方案。纤维支气管镜直视下通常可以发现黏膜病变或管腔内新生物,其病理类型以鳞癌为主,腺癌次之,临床症状上表现为不同程度的咳嗽、咯血、活动性气促或胸闷。相较于普通支气管镜,带有光学染色功能的纤维支气管镜(包括自发免疫荧光、窄带成像及光学相干断层扫描等)可以显著提高对支气管黏膜病变的检出率,更易于发现早期病变。

目前,临床上早期中央型肺癌多是由偶然行支气管镜检查发现的,而在CT上未看到明显病灶。支气管镜检查对发现早期中央型肺癌的效果更好,是早期中央型肺癌筛查的理想手段。我们建议,对中央型肺癌高危人群常规进行支气管镜筛查,以期发现早期病变,达到中央型肺癌的早期发现、早期治疗,降低疾病负担。

中央型肺癌高危人群标准主要包括以下几个方面。

1.年龄≥40岁且有以下任意危险因素者:①吸烟≥20包/年或曾经吸烟≥20包/年,戒烟<15年;②有环境或高危职业暴露史(如石棉、铍、铀、氡等接触者);③合并慢性阻塞性肺疾病、弥漫性肺纤维化或既往有肺结核病史者;④既往罹患恶性肿瘤或有肺癌家族史者。

2.男性≥40岁,女性≥50岁,且伴有顽固性咳嗽的时间>1个月。

3.近期痰中带血发生次数≥2次。

目前,支气管镜检查多以诊断及治疗为主,存在设备笨重、耐受性差、价格较高、消毒繁琐、不便于大量筛查等问题,且目前国内外尚无用于肺癌筛查的产品。基于上述问题,我们将自主研发用于早期中央型肺癌筛查的超细支气管镜,其具有便携性好、耐受性佳、配套一次性套管免消毒、费用更低及光学染色等特点,以期提高中央型肺癌的检出率,实现中央型肺癌的早诊早治,提高肿瘤治愈率,降低患者癌症负担。

二、试验设计

(一)临床研究的目的

开展中央型肺癌高危人群临床筛查,总结中央型肺癌高危人群筛查数据,完成早期中央型肺癌筛查用支气管镜临床使用报告。

(二)临床研究的内容

通过对主要评价指标、次要评价指标、安全性评价指标进行比较分析,来评价一次性电子支气管镜对中央型肺癌高危人群筛查的有效性和安全性。

(三)临床研究所需的受试者数量

本临床试验计划共纳入 500 例受试者,在浙江大学医学院附属第一医院进行试验,实际情况可根据区组进行适当调整。

(四)纳入人群标准

1.入选标准

(1)年龄 18~75 周岁(含),性别不限。

(2)符合中央型肺癌高危人群标准(符合条件①,且符合任意条件②或③者):①年龄≥40 岁且有以下任意危险因素者:吸烟≥20 包/年或曾经吸烟≥20 包/年,戒烟＜15 年;有环境或高危职业暴露史(如石棉、铍、铀、氡等接触者);合并慢性阻塞性肺疾病、弥漫性肺纤维化或既往有肺结核病史者;既往罹患恶性肿瘤或有肺癌家族史者。②男性≥ 40 岁,女性≥50 岁,且伴有顽固性咳嗽＞1 月。③近期痰中带血≥2 次。

(3)自愿参加本临床试验,并签署受试者知情同意书。

2.受试者排除标准

(1)颈椎疾病,无法使用支气管镜者。

(2)严重肺动脉高压、活动性大咯血、多发性肺大疱者。

(3)气体交换功能障碍、吸氧或经呼吸机给氧后动脉血氧分压仍低于安全范围者。

(4)凝血功能障碍者(APTT＞1.5 倍上限)或 2 周内使用过抗凝药物者(肝素、华法林和枸橼酸钠)。

(5)筛选期心律失常、心绞痛、心功能不全(NYHA 分级≥Ⅲ级)者。

(6)高血压危象(收缩压≥200mmHg 或舒张压≥120mmHg)患者。

(7)疑有动脉瘤以及全身极度衰竭等患者。

(8)对利多卡因过敏者。

(9)妊娠期、哺乳期妇女及经期女性。

(10)有癫痫病史、精神异常者。

(11)本次试验开展前1个月内参加过其他干预性临床试验者。

(12)研究者认为其他不适合参加临床试验者。

(五)研究终点

1.主要研究终点

器械使用有效率:器械使用有效率＝(有效例数/总例数)×100%

评价标准:根据支气管镜检查的适应证,完成相应的支气管镜检查治疗操作,各项指标均为优或者良,则为满足临床需求,记为有效。反之,无法完成检查治疗操作或任何项指标评为差,则为无效(见表10-8)。

表 10-8　器械使用有效率评价

项目	评价标准	结果
表面质量	优:无污迹、平整、光滑、无脱胶、裂纹、锋棱、毛刺; 良:轻微的突起、裂纹等,能够满足临床需求; 差:粗糙或有锋棱、毛刺等瑕疵,会损伤人体组织	优□ 良□ 差□
照明质量	优:照明分布均匀,无明显的亮暗分界线; 良:性能尚可,基本满足临床需求; 差:照明分布不匀,显色性不良	优□ 良□ 差□
成像质量	优:视野清晰,细节可分辨; 良:性能尚可,基本满足临床需求; 差:模糊、黑点或黑斑,方位混淆,超出视野,丢失视场	优□ 良□ 差□
拍照录像	优:拍照很清晰,效果满意,录像顺畅,画面放大功能自如; 良:性能尚可,基本满足临床需求; 差:经常卡顿,拍照模糊,不能满足临床需求	优□ 良□ 差□
手柄性能	优:握持有力、控制精准、插入部快速到达目标部位; 良:性能尚可,基本满足临床需求; 差:滑脱或费力,部件连接松动	优□ 良□ 差□
弯角性能	优:可控弯曲范围大、摆臂灵活、力度均匀; 良:性能尚可,基本满足临床需求; 差:难以掌控,卡顿费力,容易偏出手术视野	优□ 良□ 差□
标识性能	优:插入管的线条、字体,手轮弯角操控方向标记清晰; 良:性能尚可,基本满足临床需求; 差:标识不清或错误,影响临床操作	优□ 良□ 差□

续表

项目	评价标准	结果
稳定性	优:连续使用无断电、黑屏、雪花、闪动、卡顿; 良:性能尚可,基本满足临床需求; 差:经常黑屏、闪动,无法连续工作	优□ 良□ 差□
显示部件/ 外接显示器	优:连接牢靠,无卡阻; 良:性能尚可,基本满足临床需求; 差:经常松动或卡阻,无法正常使用	优□ 良□ 差□
兼容性能	优:与监视器等辅助设备配合使用,性能优异; 良:与监视器等辅助设备配合使用,基本满足临床需求; 差:与监视器等辅助设备配合使用,不能满足临床需求	优□ 良□ 差□
便携操作性能	优:携带方便,性能优异,能满足大多数手术的需求; 良:便携度不高,性能优异,能满足大多数手术的需求; 差:便携度不高,性能一般,只能进行极少数手术操作	优□ 良□ 差□
吸引性能	优:吸引应畅通,无液体倒喷现象; 良:性能尚可,基本满足临床需求; 差:经常出现按钮卡住或液体倒喷等现象	不适用□ 优□ 良□ 差□
送水(气)性能	优:衔接紧密,液体或气体流动顺畅; 良:性能尚可,基本满足临床需求; 差:通道堵塞,液体、气体无法送入	不适用□ 优□ 良□ 差□
密封性能	优:密封良好,完全无渗水、漏气现象; 良:性能尚可,基本满足临床需求; 差:有渗水、漏气现象,视场中出现水珠或彩条	不适用□ 优□ 良□ 差□
通道性能	优:器械进出通道顺畅,移动灵活; 良:稍有卡阻,基本满足临床需求; 差:不匹配、卡顿、无法进出、不方便操作	不适用□ 优□ 良□ 差□
配套器械 性能	优:配套器械控制自如,操作便捷; 良:性能尚可,基本满足临床需求; 差:不方便操作,无法正常使用	不适用□ 优□ 良□ 差□
其他性能 (如数据传输)	优:功能设计,性能优异; 良:性能尚可,不影响临床操作; 差:性能太差,无法正常使用	不适用□ 优□ 良□ 差□

评价时间:治疗当天(0 天)。

2.次要研究终点

(1)中央型肺癌高危人群阳性结果检出率

评价标准:研究者对受试者使用一次性支气管镜检查发现气管、支气管有新生物、疑似黏膜病变等情况,认为需进一步使用常规支气管镜灌洗、刷检、活检等明确诊断的患者,为阳性结果检出病例。中央型肺癌高危人群阳性结果检出率＝(阳性结果例数/总例数)×100％。

记录时间点:治疗当天(0 天)。

(2)产品满意度评分

评价标准:根据治疗操作过程的体验,研究者对试验用器械或对照器械满意度的综合评价(见表10-9)。

记录时间点:治疗当天(0 天)。

表 10-9 产品满意度评分标准

等级	标准	评分
1	非常满意:操作方便,性能优异,能满足大多数筛查的需求	5
2	满意:操作方便,性能尚可,能满足大多数筛查的需求	4
3	一般:操作方便,性能只能满足特定筛查的临床需求	3
4	不满意:操作不方便,只能进行极少数筛查操作	2
5	非常不满意:操作不方便,且性能不能满足筛查需求	1

(3)患者感受评分

评价标准:根据治疗操作过程的体验,受试者对操作过程感受的综合评价(见表10-10)。

记录时间点:治疗当天(0 天)。

表 10-10 患者感受评分

请根据本次超细支气管镜筛查过程中您的个人感受作答(1～5)。					
感受体验	完全不符合(5)	不太符合(4)	不确定(3)	基本符合(2)	完全符合(1)
01. 操作导致我感到咽部有明显的异物感					
02. 操作导致我感到咽部十分疼痛					
03. 操作导致我出现了剧烈的咳嗽					
04. 操作导致我有严重的窒息感					
05. 操作导致我感觉阵阵恶心					
06. 操作导致我出现了严重的呕吐					
07. 操作导致我整体上十分难过					
08. 您既往是否接受过支气管镜、胃镜、喉镜检查?(请打钩) □支气管镜 □胃镜 □喉镜 □以上均无					
与您既往所受过的内窥镜检查(以打钩的第一项为准)相比,请选择符合您个人感受的选项					
感受体验	完全不符合(5)	不太符合(4)	不确定(3)	基本符合(2)	完全符合(1)
09. 相比之下,本次操作过程中我的咽部异物感更加明显					
10. 相比之下,本次操作过程中我的咽痛更加严重					
11. 相比之下,本次操作过程中我的咳嗽更加剧烈					
12. 相比之下,本次操作过程中我的窒息感更加强烈					
13. 相比之下,本次操作过程中我的恶心感更加频繁					
14. 相比之下,本次操作过程中我的呕吐更加无法控制					
15. 相比之下,本次操作过程中我的整体感受是更加难过的					

参考文献

[1] Anantham D,Siyue MK. Endobronchial ultrasound[J]. Respiratory Medicine，1997,51(7):620—629.

[2] Andolfi M,Potenza R,Capozzi R,et al. The role of bronchoscopy in the diagnosis of early lung cancer:a review[J]. J Thorac Dis,2016,8(11):3329—3337.

[3] Cheng TY,Cramb SM,Baade PD,et al. The International Epidemiology of Lung Cancer：Latest Trends,Disparities,and Tumor Characteristics[J]. J Thorac Oncol,2016,11(10):1653—1671.

[4] Ernst A,Anantham D,Eberhardt R,et al. Diagnosis of mediastinal adenopathy-real-time endobronchial ultrasound guided needle aspiration versus mediastinoscopy[J]. Journal of Thoracic Oncology,2008,3(6):577—582.

[5] 蒋文丽.电子支气管镜在儿童重症肺炎治疗中的作用[D].长春:吉林大学,2014.

[6] Ikeda N,Hayashi A,Iwasaki K,et al. Comprehensive diagnostic bronchoscopy of central type early stage lung cancer[J]. Lung Cancer,2007,56(3):295—302.

[7] 李敏,胡成平,许娟,等.经支气管镜确诊CT隐性肺癌[J].中华肿瘤杂志,2014,36(7):529—531.

[8] Siegel RL,Miller KD,Jemal A. Cancer statistics,2019[J]. Ca-a Cancer Journal for Clinicians,2019,69(1):7—34.

[9] Skřičková J,Kadlec B,Venclíček O,et al. Lung cancer[J]. Cas Lek Cesk,2018,157(5):226—236.

[10] Woodard GA,Jones KD,Jablons DM. Lung cancer staging and prognosis[J].Cancer Treatment and Research,2016,170:47—75.

[11] 许尤玲.无痛支气管镜与常规支气管镜在呼吸疾病中的应用探讨[J].现代医学与健康研究电子杂志,2019,3(16):113—114.

[12] Yasufuku K,Pierre A,Darling G,et al. A prospective controlled trial of endobronchial ultrasound-guided transbronchial needle aspiration compared with mediastinoscopy for mediastinal lymph node staging of lung cancer[J]. J Thorac Cardiovasc Surg,2011,142(6):1393—1400. e1.

[13] Yang L,Wang N,Yuan Y,et al. Secular trends in incidence of lung cancer by histological type in Beijing,China,2000—2016[J]. Chin J Cancer Res,2019,31(2):306—315.

第十一章　胸腔镜辅助胸外科手术发展与创新

第一节　我国胸腔镜外科发展史

我国胸腔镜外科发展大体经历了萌芽期、发展期、成熟期三个阶段。

一、萌芽期(1992－1995年)

1992年11月,在美国外科公司和德国卡尔史托斯公司的资助下,美国得克萨斯州胸外科医师 Michael Mack 前往北京医科大学第一医院、上海交通大学医学院附属新华医院和中国人民解放军总医院(301医院)传授电视辅助胸腔镜手术(video assisted thoracic surgery,VATS)技术,培养了我国第一批胸腔镜外科医师。在1993年12月的北京胸心外科学会年终活动中,刘桐林代表北京医科大学第一医院胸外科报告了20例胸腔镜手术的治疗经验,是我国第一个关于VATS的学术报告,引起了北京同仁们的广泛关注。VATS具有患者创伤小、痛苦少,并且术后恢复快、符合美容要求的特点,这些特点深深吸引了当时新生代的胸外科医生。

二、发展期(1996－2005年)

1997年,由陈鸿义和王俊主编的我国第一部系统介绍VATS的胸外科专著《现代胸腔镜外科学》出版。同年,中华医学会胸心血管外科学分会胸腔镜外科学组成立。这是我国胸腔镜外科史上具有历史性意义的两件大事,对于推动我国VATS的健康快速发展起到了巨大的作用。前5年(1996－2000年)的时间,胸腔镜外科所完成的手术从简单的胸膜活检、肺活检、肺大疱切除、肺楔形切除逐渐走向较为复杂的胸腺切除、食管切除以及肺叶切除等。2000 年 5 月,我国第一个"胸部微创诊疗中心"在北京大学人民医院成立,以系统地开展胸腔镜、纵隔镜和电视激光硬性气管镜等一系列胸部微创技术的诊疗实践、临床研究和继续教育工作。并且,全国各种胸腔镜手术培训班如雨后春笋般举办,为我国 VATS 的技术普及和人才建设打下了坚实的基础。绝大多数胸腔镜外科医师经过这 10 年的技术磨练和积累,镜下手术操作已日趋熟练。在大多数常规手术中,辅助小切口的操作逐步被摈弃。但对于一些复杂胸外科手术,如肺癌、食管癌的根治性切除以及大胸腺瘤的切除等,只有少数单位的胸外科医生可实行完全腔镜下手术,多数还在探索阶段,往往需要小切口辅助配合直视操作。

三、成熟期(2006 年至今)

2006 年,美国国家综合癌症网络(National Comprehensive Cancer Network,NCCN)首次将 VATS 治疗肺癌写入临床指南,使其成为国际上肺癌治疗的标准术式之一。也正是在这一年,全胸腔镜下肺叶切除术在北京大学人民医院开始规模化临床应用并逐步向全国推广,用于早期肺癌及支气管扩张症等疾病的外科治疗。在随后几年,全胸腔镜肺叶切除及淋巴结清扫术成为我国胸外科学术会议、专业期刊报道和临床实践中的最大热点,从而掀起了胸腔镜临床应用的又一高潮。鉴于肺癌肺叶切除术成为当代胸外科的主流手术,这标志着 VATS 开始取代传统开胸手术在胸外科的核心地位,成为胸外科临床最常用的手术技术;同时也标志着 VATS 技术成熟期的到来,其胸外科领域主角色的转变已实现。

第二节　胸腔镜外科手术的技术创新

近 10 年来,随着低剂量 CT 筛查的普及和越来越多小结节的发现,胸外科手术也出现了众多新的技术创新,例如 3D(包括裸眼)胸腔镜技术,术前三维重建技术及 3D 打印技术,Tubeless(无管化)技术,术前定位及导航技术,单孔胸腔镜技术,无管化胸腔镜技术,细径胸腔镜技术等。这些技术从术前、术中、术后管理等多个方面提升了胸腔镜手术的技术和内涵,并进一步使手术精准化、微创化、人性化,是胸腔镜手术技术的又一次飞跃。本节将对这些新技术做相应概括和总结。

一、术前三维重建技术及 3D 打印技术

肺的血管、支气管解剖变异较多,使手术难度增加,一般认为舌段、背段的解剖

相对简单,而右上肺及左上肺固有段的分段、左右肺下叶基底段分段解剖复杂、变异多,辨别血管、支气管较为困难,段间裂分离难度大,给这些肺段切除带来了很大困难。基于三维计算机血管扫描成像(three-dimensional computerized tomography angiography,3D-CTA)或高分辨率 CT 的肺血管、支气管重建,可清晰地呈现肺段的气管、血管解剖结构。将该技术应用到复杂肺段切除术中,可进行术前模拟肺段切除,术中参考重建的图像进行精准肺段切除,对降低手术风险、实现精准手术意义重大。3D-CTA 在胸腔镜肺段切除中的临床意义大体有以下几个方面。

1.判断肺结节的肺段归属

对于处于邻近肺段交界处的肺结节,普通 CT 有时难以准确判断结节位于哪个肺段,从而可能导致错误的肺段切除。另外,虽然病灶有时也包含在标本中,但这样的肺段切除与楔形切除无异。我们利用上述三维重建技术,根据肺结节与重建的血管、支气管的关系,参照肺段支气管、血管相对固定的解剖,判断结节位于哪个肺段,可以直观、准确地判断结节的肺段归属。

2.判断结节与血管的关系

在重建图像上,根据结节与动、静脉的密切程度,判断需要切断和保留的血管。特别是观察结节与段间静脉的关系,决定肺段切除的范围。段间静脉是肺段间平面的分界线,是需要保留的血管,误断可能导致术后咯血等并发症,如相应段间静脉受累,则需要扩大肺段切除的范围。

3.术前发现解剖变异

肺血管、支气管的解剖变异较多,这些变异对肺段切除的影响大于对肺叶切除的影响,如能在术前发现,在术中仔细辨认,防止误判,可提高手术的精确性和安全性。

4.判断肺段切缘

根据现有研究,为确保肿瘤学疗效,对恶性结节行肺段切除的切缘宽度(肿瘤与切缘的最小距离)应≥2cm 或结节直径。按照结节部位及大小,可在重建图像上模拟肺段切除的范围,解剖性切除此范围内的血管、支气管,并且根据此范围判断肺段切除的方式,行单一肺段、扩大肺段、肺段联合亚段或联合肺段切除等。

吴卫兵、朱全等进行了一项研究回顾性分析,对该院 2012 年 9 月—2014 年 8 月 29 例拟行复杂肺段切除的患者,术前行 3D-CTA 重建肺血管、支气管,根据病灶大小、部位、病理确定肺段切除方式,术中按照重建图像精准切断靶段血管、支气管,保留段间静脉,根据膨胀萎陷交界分离段间平面。术前利用 3D-CTA 重建图像协助判断 8 例(27.6%)定位困难的肺结节肺段归属,发现 2 例(6.9%)存在肺段动脉变异、1 例(3.4%)存在靶段支气管变异。根据术前 3D-CTA 模拟肺段切除标注的血管,术中准确辨认靶段动脉 27 例(93.1%)、靶段静脉 25 例(86.2%)、靶段支气管 29 例(100%)。共施行右上肺分段切除 9 例,左上肺固有段分段切除 13 例,双侧基底段分段切除 7 例,其中亚肺段切除 6 例,所有肺段切缘距离均≥2cm。平均病灶直径(1.35±0.80)cm,平均手术时间(190.53±50.83)分钟,平均术中出血量(26.90±32.24)mL。中转手术方式 3 例,无转开放病例,无严重并发症及死亡病例。他们认为,对于较为复杂的胸腔镜肺段切除术(如右肺上叶各分段切除、左肺上叶固有段分段切除、双侧肺基底段分段切除),术前行 3D-CTA 重建检查,参考肺血管、支气管重建图像,有助于精准地进行解剖性肺段切除,使手术安全、便利。

需要注意的是,虽然通过 3D-CTA 重建血管、支气管可直观清晰地观察肺段解剖,但术前的 3D 成像解剖与术中的实际解剖仍有差异,有时难以达到一一对应。因为在 3D-CTA 检查时,双侧肺处于膨胀的正常功能状态,而在胸腔镜手术时一般单肺通气、术侧肺处于萎陷状态,肺的血管、支气管走行在两种不同状态下有较大差异,且 3D-CTA 重建存在一定程度的细小误差,所以仍需要积累经验,才能准确辨认。

二、细径胸腔镜技术

胸腔镜外科手术通常使用直径为 1.0cm 的胸腔镜,切口通常需要撑开 1.0～1.2cm 左右的肋间宽度。在手术操作过程中,可能因切口需要切断或磨损肋间神经而造成明显局部疼痛。因此,减小胸腔镜设计尺寸,有望减少手术对肋间神经的损伤,减轻术后疼痛,提高术后患者生活质量。并且细径胸腔镜占用空间小,在操作时可能避免器械拥挤,增加手术的操作舒适度,降低操作难度。但目前国内外相关产品较少,仅有有限的企业在做相关研发,值得进一步关注。

三、单孔胸腔镜技术

近年来,随着手术方式的不断改进及腔镜器械的不断更新,胸腔镜手术的入路逐渐由四孔法转为三孔法,再到双孔法甚至单孔法。2011 年,Gonzalez 等在国际上首先报道了单孔胸腔镜肺叶切除术,并在此后陆续报道了更为复杂的单孔 VATS 肺癌切除,如肺段切除术、全肺切除术、肺叶切除＋肺动脉成形术、肺叶切除术＋部分胸壁切除、Pancoast 瘤切除、支气管袖式成形肺叶切除术、支气管肺动脉双袖式成形肺叶切除术等。至此,单孔 VATS 已基本覆盖肺癌切除的各类主要术式。随后,该技术在全世界范围内逐渐普及。目前,单孔胸腔镜技术在全世界胸外科得到迅速发展,几乎涵盖了传统胸腔镜肺癌手术的所有术式。研究表明,单孔胸腔镜肺叶切除术安全、可行,并可以达到肿瘤根治的效果。

在肺癌切除手术中,胸腔镜技术具有较高的安全性和有效性,近年来已被广泛应用于肺癌的临床手术治疗。不同切口选择、不同切除范围的胸腔镜肺癌根治术难度不同,因此学习曲线也不一样。例如,王光宇等报道,单操作孔电视胸腔镜肺叶切除术治疗早期肺癌的学习曲线约为 40 例。另有研究报道,胸腔镜肺叶切除术治疗早期肺癌的学习曲线大约为 30 例。郑轶峰等报道,全胸腔镜肺叶切除术治疗肺癌的学习曲线约为 50 例。王波等报道,单向式全胸腔镜下肺段切除术治疗早期非小细胞肺癌的学习曲线约为 30 例。与传统多孔胸腔镜技术相比,单孔胸腔镜技术具有较多优势,如切口小、出血量和并发症少等,是胸腔镜肺癌切除技术的"升华"。

单孔胸腔镜技术不仅符合切口美观的要求,而且大大减轻了术后疼痛程度,并且使住院时间明显缩短。越来越多的胸外科医生选择用单孔胸腔镜治疗常见的肺部及纵隔疾病。单孔胸腔镜切口的选择,上肺手术可选择在第 4 肋间,下肺手术可选择在第 5 肋间,这样胸腔镜可更好地显露需要操作的部位,并给术者留出更多的操作空间。手术切口 2.5～3.5cm,手术切口常规应用切口保护套,可减少切口出血。扶镜手将镜身紧靠切口后缘,将前方空间留给术者,右手固定镜体,如需要协助术者固定手术其他器械时,则用左手协助固定器械,右手单手扶镜,此时也可随时调整镜头角度及距离,从而使手术仅需 2 名手术医生即可。但由于因所有器械及胸腔镜均在同一孔内,所以手术操作复杂,在行肺段切除术时更为明显。单孔胸腔镜手术操作时,不必遵循固定的处理顺序,根据术中解剖变异情况及叶间裂发育情况决定具体手术顺序即可。在用超声刀或电凝钩游离血管或气管时,应注意处理组织不宜过厚,避免损伤血管或气管,遇到游离血管或气管角度较为刁钻时,需反复多次调整器械角度,即使游离成功,往往也会遇到进枪困难,可以将血管或气管带线后提起,暴露血管或气管后方空间再进枪;若仍较困难,可将切割缝合器前端套入 24 号胸管内,先将胸管穿过血管或气管后方,再在胸管引导下将枪置入,这样可以大大降低大出血的风险。对于段间平面的确认,目前一般采用肺膨胀萎陷法。在清扫淋巴结时,我们建议应用超声刀清扫或采样,可有效减少术后渗血及降低乳糜胸的发生率。当遇到游离困难或进枪困难时,禁忌暴力操作,宁愿增加切口甚至行开放手术,以降低发生致命性出血的风险。

将单孔胸腔镜应用于胸部手术的初衷是因为传统三切口胸腔镜手术的腋后线切口有些不足:①由于背部肌肉层次多、血供丰富,所以易出血且不易止血;②术后腋后线切口肌肉及神经受损伤,患者常有明显疼痛感,且有感觉异常和运动轻度障碍;③患肺良性疾病的青年人多,切口过多则对生理和心理的影响大。因此,单操作孔切口设计主要是取消腋后线切口,而相对延长腋前线切口,所有操作器械包括胸腔镜镜体均由一个操作孔进出。同时,腋前线切口部位多为肋间肌,胸壁肌肉层次少,易止血且弹性高,故腋前线切口相对延长后不会对机体造成较大的损伤,术后疼痛轻,对患者感觉和运动的影响也较小。另外,切口数量减少,且尽量选择相对隐匿的部位,如腋窝和乳房下缘,切口美观度较好。有研究表明,对于心肺功能相对差的患者,单孔胸腔镜和局部麻醉也降低了手术风险。单孔胸腔镜手术视野与器械在同一投射面,保留了视觉纵深性,视觉与操作在同一矢状面,更易判断操作距离;操作支点从胸壁移往胸内,在更接近于靶区的地方形成"操作三角",更接近于传统开胸操作。

单孔胸腔镜手术也存在一些缺点。①所有操作器械均由一个操作孔进出,器械之间存在相互干扰,经常发生一个器械进入胸腔后,其他器械无法进入或进入后无法运动的情况。②电刀或电凝产生的烟雾无法顺利排出(因为操作时无法再放入吸引器,所以只能暂停手术来排出烟雾)。③对于靠近背侧或膈肌附近的病灶,显露差,给操作造成困难,器械需要反复交换进出,从而增加手术时间。④如遇到胸腔内严重粘连、术中发生大出血等情况,可能无法继续处理。初学者不易掌握,且容易造成周围器官及组织损伤。由于手术切口设计本身有一定的缺陷,所以病例的选择十分重要,否则无法顺利完成手术。单孔胸腔镜对左、右隆突下淋巴结的清扫均较困难且风险大。对叶间裂发育不全的病例,单孔胸腔镜操作也有较大的困难。对于开展单孔胸腔镜手术,合适病例的选择是至关重要的。

四、TUBELESS 胸腔镜技术

近年来,加速康复外科(enhanced recovery after surgery,ERAS)理念在外科领域得到了广泛认可和推广。ERAS是指运用各种有效手段对围手术期患者进行处理,以最大限度地减少手术相关应激,预防器官功能障碍,并加快患者术后恢复,改善预后,从而达到更好的疗效。Tubeless,顾名思义,即无管化,该技术使肺部手术实现术中及术后免气管插管、免尿管、免胸腔闭式引流管,达到治疗最有效、创伤最小、痛苦最小、恢复最快,符合ERAS的理念。

Tubeless胸腔镜技术通常采用保留患者自主呼吸,喉罩静脉麻醉+胸段椎管内麻醉+胸内肋间神经阻滞+胸内迷走神经阻滞的方法,为患者施行麻醉。术中可采取膈神经及迷走神经阻滞、肺表面利多卡因麻醉等方式,减少手术刺激。喉罩静脉麻醉不仅可以避免气管插管对患者的损伤,而且可以消除患者因体位不适而致的躁动,以及因穿刺、手术牵拉等造成的不良刺激,防止术中知晓。而神经阻滞消除了因肺组织牵拉变形引起的咳嗽、喉返神经刺激引起的膈肌运动和因胸膜刺激导致迷走神经兴奋而诱发的心律失常等情况。并且非气管插管保留自主呼吸麻醉方式不使用肌松药物,只用极少量的镇痛药物来进行局部麻醉,更有助减小静脉镇痛镇静药物的用量,减小对患者胃肠道的影响。同时,术中创伤小,不留置导尿管、胸腔引流管,术后疼痛和并发症减少,配合围手术期 ERAS 措施,可以缩短患者住院时间,实现快速康复,并且有助于降低医疗费用。

目前,胸外科通过 Tubeless 技术开展的肺部常见胸腔镜手术包括肺大疱切除术、肺叶切除术、楔形切除术等。

五、荧光胸腔镜技术

近 10 年间,肺段切除术发展迅猛,但肺段支气管、动脉、静脉结构存在诸多变化,精确定位并游离肺段的上述解剖学结构难度较大,导致该术式的推广受到很大限制。在进行肺段切除术时,临床上最常用的段间平面判断方法是膨肺萎陷法,该方法看似简单但也存在许多弊端:①需要熟练的麻醉师予以高度的配合;②肺通气膨胀时会阻挡视野,并减小手术操作空间,大大增加手术难度;③当患者存在肺气肿或胸腔粘连时,肺萎陷十分困难;④通气时,气体可经 Kohn 孔扩散至附近肺段,从而影响分界的准确性。许多研究者也提出过改良方案,包括在肺通气后结扎目标肺段的支气管进行排气,或通过选择性支气管喷射通气保持目标肺段膨胀。尽管这些改良方法能确保手术区域的清晰,但仍属于通气法的范畴,依然无法解决上述的各种缺点。近年来,有学者通过内镜彩色和近红外荧光腔镜融合成像系统,采用静脉注射外源性荧光造影剂,如吲哚菁绿(indocyanine green,ICG),在 VATS 肺段切除和术中结节定位方面发挥明显的优势。

(一)技术原理

ICG 是一种荧光染色剂,经国家食品药品监督管理局批准,目前已被广泛应用于脑外科及普外科。在静脉注射后,ICG 会迅速与血浆蛋白结合,并通过肝脏代谢,以原型通过胆汁排出。当 ICG 结合蛋白受到 $750\sim810nm$ 光源激发时,会发出峰值约 840nm 的荧光。由于血红蛋白或水不会吸收此种波长的光,所以相关设备可以捕捉含有 ICG 的组织。2014 年,Tarumi 等首次成功实施静脉注射 ICG 结合近红外成像系统技术,完成多孔胸腔镜下肺段切除术,该方法无须术中通气,因而不会影响胸腔镜手术的操作,为段间平面的划分发展了新方法。ICG 荧光染色法不同于传统的段支气管划分方法,而是按照肺动脉对肺段进行划分,本质是对不同肺段组织血流灌注的差异进行可视化分析而辨别肺段分界,所以能摆脱通气方法的诸多不足。目前根据文献报道,静脉注射 ICG 使用最多的剂量是 12.5mg/kg,其次是 7.5mg/kg 及 0.5mg/kg。由于 ICG 通过肝脏代谢和肾脏排泄,且半衰期较短(为 $150\sim180s$),所以在同一台手术中可以多次重复使用。Lee 等建议 ICG 的最大用量不应超过 1mg/kg。ICG 的不良反应可分为轻度、中度、重度 3 个等级。轻度不良反应,即短暂不适,包括恶心、呕吐、打喷嚏、皮肤瘙痒,无须任何治疗,没有后遗症;中度不良反应,即发生暂时的不良反应,有时需要某些形式的治疗,这种不良反应不会威胁患者生命安全,可痊愈并且没有后遗症,包括荨麻疹、晕厥、出疹、发热、局部组织坏死、麻痹;重度不良反应,即持续的不良反应,需要急救,并会威胁患者生命安全,恢复程度因人而异,包括喉痉挛、过敏、休克、心肌梗死、强直性痉挛以及死亡。在注射 ICG 前,建议进行碘过敏试验,虽然 ICG 使用的安全性较高,ICG 注射后发生的过敏率非常低,但是,据报道在 34 年间也有过 2 例因 ICG 过敏死亡的病例,应当引起重视。

(二)肺段切除术中的应用方法

通过静脉注射 ICG,荧光染色可以准确地显示段间平面。然而,在分离肺段时,因为肺段平面显像时间较短,所以难以确保将所有染色的肺实质保留下来。为了克服这种时间的局限性,有学者提出了一个暂时阻断包括肺段所在肺叶的回流静脉技术,在 ICG 荧光染色实时引导下完成解剖性肺段切除。该方法于肺门处将目标肺段的肺段动脉、肺段静脉和肺段支气管进行分类。然后将所在肺叶的肺静脉用彩带(血管夹)固定,准备夹紧。在静脉注射 ICG(5mg/次)并确认在目标肺段形成荧光造影缺损后,阻断回流肺静脉。关于阻断肺静脉的最佳时间,通常认为在 ICG 染色后 30 秒,当 ICG 染色对比变得清晰时。常规染色时,荧光染色将在短时间内消失。而我们的方法可以使要保留的肺段一直保持染色,直到停止肺静脉阻断。在 ICG 荧光影像导航下,沿着解剖性段间平面外围,利用电钩烧灼,结合切割吻合器即可轻松完成解剖性肺段切除术。同时,结合三维重建方法,在术前充分了解每例患者的解剖结构,不仅有利于精确定位病灶,而且还可避免因不熟悉解剖结构而造成的误判,最大限度地减少患者创伤。

此外,还可配合磁导航或 CT 引导下经皮肺穿刺,术前进行肺结节的荧光剂注射,术中用荧光镜观察定位结节,从而实现精准切除。此方法适用于周围型、贴近肺膜的小结节,CT 值较低,估计术中难以触摸时。

六、胸腔镜手术相关定位及导航技术

随着低剂量螺旋 CT(low-dose computed tomography,LDCT)扫描检查越来越普及,许多孤立性周围型肺小结节(subcentimeter pulmonary small nodule,SPSNS)(结节直径＜1cm)被筛检出。由于这种肺结节存在一定的恶性概率,所以针对此类结节的诊断和治疗已经成为临床医生关注的重点。对于肺小结节,传统的检查手段,如穿刺活检术、支气管镜检查、正电子发射断层显像-X 线计算机体层成像(PET-CT)等,难以明确诊断。近年来,电视胸腔镜手术(video-assisted thoracoscopic surgery,VATS)已经成为肺小结节诊断及治疗的重要手段。因此,如何在术中尽快对肺小结节进行精确定位,同时最大限度地精准地切除结节以及最大限度地保护肺功能,是胸外科医生面临的重要挑战。以下总结了目前胸外科手术术中定位及导航技术的进展。

(一)CT引导下经皮穿刺辅助定位技术

1.经皮穿刺Hookwire定位法

目前,经皮技术中应用最多的是Hookwire定位方法。Hookwire是一种穿刺定位针,针对肺小结节定位多用21G穿刺针。Hookwire定位针分为两个部分,针头部分为钩子,展开长度为1cm,后接30cm金属线。首先经高分辨率CT(high resolution CT,HRCT)扫描确定肺小结节的位置,然后选择穿刺入路,常规消毒、铺巾,2%利多卡因皮肤局部麻醉后,再将Hookwire套管针经皮肤穿刺进入肺组织内,在初次穿刺完毕后,再重复CT扫描以确定Hookwire位于目标位置后,再向内推进3~5mm,将套筒针尖斜面朝向病灶方向,释放金属丝并回收套管针,前端金属钩展开,固定在结节周围。注意应避免直接穿刺病灶,建议定位针与病灶的距离<2cm。固定完毕后,应在1~2小时进行VATS手术。Hookwire定位失败的主要原因是金属丝易移位甚至脱落。

2.经皮穿刺弹簧圈定位法

经皮穿刺弹簧圈定位法的操作方法与Hookwire定位法基本相同。术前CT扫描确定进针入路,定位位置与结节的距离应<1cm。再次CT扫描确认进针位置无误后,释放弹簧圈入肺内,因其无倒钩设计,依靠弹簧圈与肺组织的摩擦力而确保固定可靠。目前,最常用的弹簧圈定位法有两种:一种是将弹簧圈定位于肺内;另一种则是将弹簧圈尾部定位于脏层胸膜外。两种方法的成功率及并发症发生率并无显著差别。最后,需再次行CT扫描确认定位位置,以及是否存在血胸、气胸等并发症。

3.经皮穿刺液体材料注射定位法

在CT引导下经皮穿刺注射液体材料,包括碘油、医用胶、亚甲蓝、吲哚菁绿等。建议注射位置与肿瘤的距离应<1cm。在抽出针芯后,注射器回抽无血液及空气,排除穿刺针进入血管或者支气管之后,注入液体材料。碘油材料容易获取,注射定位后弥散范围小、持续时间长,作为一种脂溶性不透射线的对比剂,其与肿瘤发生免疫反应的概率低。由于碘油自身密度较高,注入肺组织内成团块状,术中可准确感知病灶位置,且碘油本身的性质稳定,所以定位后无须立即进行手术,可在1~2天完成手术。医用胶生物安全性好,注射定位后弥散范围小,注入肺组织内成团块状,术中可准确感知病灶位置。但是由于其具有一定的刺激性气味,所以如果注射速度过快,该气味可能随着患者的呼吸进入气管造成刺激性咳嗽,同时,穿刺定位有轻度胸痛。亚甲蓝价廉,材料容易获取,操作过程疼痛较轻,但是亚甲

蓝注射定位在色素沉积的肺表面难以识别,并且亚甲蓝弥散速度快,故应在穿刺后1~2小时进行手术。此外,亚甲蓝也存在过量后影响定位的缺点。临床已证实,Hookwire与亚甲蓝联合定位肺小结节安全有效,既克服了亚甲蓝弥散速度较快、不易识别的缺点,又避免因Hookwire脱落导致的定位失败。也有碘油和亚甲蓝混合液定位的临床应用。近年来,近红外光下吲哚菁绿标记肺小结节也得到了应用。与前者相比,吲哚菁绿标记法染色持久、无脱钩导致定位失败的风险,同时吲哚菁绿作为一种水溶性物质,体内代谢较快,其安全性也得到验证,结合术前3D辅助打印定位技术,可有效减少传统定位过程中不必要的射线暴露。

(二)支气管镜下穿刺辅助定位技术

1.电磁导航支气管镜下穿刺定位技术

电磁导航支气管镜(electromagnetic navigation bronchoscopy,ENB)是在薄层CT重建图像的基础上,利用体外电磁定位板来引导支气管内带微传感器的探头进行病灶定位,从而使得ENB系统突破超细支气管镜(ultrathin bronchoscope,UB;外径2.8~3.5mm)的限制,进入更细的支气管分支,以到达病灶周围,并通过穿刺进行定位,注射染料、硬化剂、吲哚菁绿等标记病灶位置。ENB对肺外周病变(7级以上支气管内)的定位,特别是对直径在1cm左右的肺结节具有独特优势。如中山大学附属肿瘤医院张兰军教授团队报道的经电磁导航支气管镜染色定位辅助下的亚肺叶切除。此外还有国外学者利用导航支气管镜,肺内穿刺注射吲哚菁绿定位标记,在荧光胸腔镜下进行手术切除。

2.虚拟支气管镜导航定位技术

虚拟支气管镜导航定位技术,又称虚拟肺图定位(virtual assisted lung mapping,VAL-MAP),最早由日本的Masaaki Sato等于2014年提出并应用于临床,其指的是利用支气管镜向小病灶周围注射荧光染料,再通过计算机3D构图进行同时标记,即绘制肺图(lung mapping)。这种技术除可用于定位肿瘤外,还可以依靠肺图提供的肺表面几何信息为胸腔镜下亚肺叶切除以及选择安全充分的切除边缘提供导航。术前24小时内,在咽喉局部麻醉或全身麻醉下,引导支气管镜到达病灶周围,注射在X线下可显影的靛胭脂染料,再通过CT扫描重建绘制肺图,以标定手术切除范围。目前,虚拟肺图定位仅在国外进行了小范围的验证与应用,国内鲜有相关报道。据国外报道,虚拟肺图定位已在直径<1cm的孤立及多发肺结节的楔形切除术、常规肺段切除术(通过肺段动脉定位)、非常规肺段切除术(亚肺段切除、通过肺动脉定位的肺段切除、扩大肺段切除等)、肺叶切除术以及双侧肺段切除术等中完成了超过100例病例的验证,并表现出良好的安全性与可操作性。目前,可用的虚拟支气管镜导航(virtual bronchoscopy navigation,VBN)包括Lung Point系统和Directpath系统。对于不存在引导通道的病灶,可以经肺实质建立隧道抵

达病灶,即经支气管-肺实质病灶路径(bronchoscopic transparenchymal nodule access,BTNA)。

(三)CT 虚拟 3D 辅助定位技术

1.3D 打印辅助定位技术

目前,已有研究者尝试通过计算机软件行肺部及定位模板重建后,利用 3D 打印技术打印定位模板,行肺小结节经皮穿刺定位,并在临床研究中初步验证了该技术的安全性和有效性。

2.虚拟现实辅助定位技术

虚拟现实辅助定位技术是指通过计算机软件,快速、准确地将患者的 CT 影像重建为 3D 图像,通过可穿戴式虚拟现实设备,向术者直观地展示动脉、静脉、气管、支气管、肺组织和病灶的相对位置,精确测量管径和距离,显示肺段解剖边界,辅助划定手术切缘。

七、3D 胸腔镜技术

全胸腔镜下肺叶切除术具有创伤小、恢复快等优点。近年来,全胸腔镜下肺叶切除术已成为早期非小细胞肺癌的治疗标准手术方式。目前,临床上常用的胸腔镜系统是 2D 图像系统,仅能显示平面图像,无法呈现胸腔内各组织结构的自然深度,降低了术者的手眼协调性,增加了手术难度,导致胸腔镜手术学习曲线较长,手术风险加大,术者需要有很高的操作技术。而 3D 胸腔镜系统还原了手术野的立体视觉,提供更加贴近现实的影像,胸腔内各组织结构的位置和方向变得十分明确,让术者能更好地观察到精细的解剖结构,定位更加精准,能更好地避免器械打架现象,同时切割、分离、缝合、打结等操作变得相对容易些,易于被初学者所掌握。手术中,术者无须修正二维平面与现实之间的差异,可以增强术者信心,更加精准地暴露血管、气管及其与周围组织之间的间隙,使血管、气管的游离更加精巧,尽可能避免副损伤的发生,也有助于缩短手术时间。同时,在清扫肺门及纵隔淋巴结时,3D 胸腔镜系统可以呈现近似自然状态下的三维关系,快速准确地识别邻近相关组织,明显降低解剖难度,最大限度地减少意外损伤,淋巴结的清扫更加安全、快速。当然,3D 胸腔镜系统也存在不足之处,例如,术者应用中容易体会到双眼存在立体视差,在早期应用 3D 胸腔镜系统时容易发生视觉疲劳、头晕等轻微不适。但随着手术量的增加,上述不适可基本消除。目前,3D 胸腔镜系统模拟三维成像,其显示效果无法与手术机器人相比,也限制了其发展,还需要进一步解决。在国内,3D 胸腔镜系统还处于试用阶段,相关文献报道不多,其手术效果与 2D 胸腔镜系统的比较尚缺少前瞻性多中心随机对照临床试验验证,有待临床进一步对比研究。

参考文献

[1] Buehrer G,Taeger CD,Ludolph I,et al. Intraoperative flap design using ICG monitoring of a conjoined fabricated anterolateral thigh/tensor fasciae latae perforator flap in a case of extensive soft tissue reconstruction at the lower extremity. Microsurgery,2015,35(1):1—5.

[2] 陈鸿义,王俊. 现代胸腔镜外科学. 北京:人民卫生出版社,1997.

[3] Congregado M,Merchan RJ,Gallardo G,et al. Video-assisted thoracic surgery (VATS) lobectomy:13 years' experience. Surg Endosc,2008,22(8):1852—1857.

[4] Eguehi T,Takasuna K,Kitazawa A,et al. Three-dimensional imaging navigation during a lung segmenteetomy using an iPad. Eur J Cardiothorac Surg,2012,41(4):893—897.

[5] Guehi T,Takasuna K,Kitazawa A,et al. Three-dimensional imaging navigation during a lung segmenteetomy using an iPad. Eur J Cardiothorac Surg,2012,41(4):893—897.

[6] Gonzalez-Rivas D,Fieira E,Mendez L,et al. Single-port video-assistedthoracoscopic anatomic segmentectomy and right upper lobectomy. Eur J Cardiothorac Surg,2012,42(6):e169—e171.

[7] Gonzalez-Rivas D,Fieira E,Delgado M,et al. Uniportal video-assisted thoracoscopic lobectomy. J Thorac Dis,2013,5(Suppl 3):S234—S245.

[8] Gonzalez-Rivas D,Fernandez R,Fieira E,et al. Uniportal video-assisted thoracoscopic bronchial sleeve lobectomy:first report. J Thorac Cardiovasc Surg,2013,145(6):1676—1677.

[9] 会议纪要:首届全国胸腔镜外科学术交流会会议纪要. 中华外科杂志,1994,32(10):598.

[10] Hachey KJ,Digesu CS,Armstrong KW,et al. A novel technique for tumor localization and targeted lymphatic mapping in early-stage lung cancer. J Thorac Cardiovasc Surg,2017,154(3):1110—1118.

[11] Kijima Y,Yoshinaka H,Hirata M,et al. Oncoplastic surgery combining partial mastectomy and immediate volume replacement using a thoracodorsal adipofascial cutaneous flap with a crescent-shaped dermis.

Surg Today,2014,44(11):2098－2105.

［12］李运,王俊,刘军,等.胸腔镜下肺叶切除术 40 例临床分析.中华外科杂志, 2008,46(6):405－407.

［13］Liu CY,Lin CS,Shih CH,et al. Single-port video-assisted thoracoscopic surgery for lung cancer. J Thorac Dis,2014,6(1):14－21.

［14］刘成武,刘伦旭.单孔胸腔镜:微创肺癌切除的再次升华.中国肺癌杂志, 2014,17(7):527－530.

［15］Lee BT,Matsui A,Hutteman M,et al. Intraoperative near-infrared fluorescence imaging in perforator flap reconstruction:current research and early clinical experience. J Reconstr Microsurg,2010,26(1):59－65.

［16］Larscheid RC,Thorpe PE,Scott WJ. Percutaneous transthoracic needle aspiration biopsy:a comprehensive review of its current role in the diagnosis and treatment of lung tumors. Chest,1998,114(3):704－709.

［17］Luo K,Lin Y,Lin X,et al. Localization of peripheral pulmonary lesions to aid surgical resection:a novel approach for electromagnetic navigation bronchoscopic dye marking. Eur J Cardiothorac Surg,2017,52(3):516－ 521.

［18］Miyoshi K,Toyooka S,Gobara H,et al. Clinical outcomes of short hook wire and suture marking system in thoracoscopic resection for pulmonary nodules. Eur J Cardiothorac Surg,2009,36(2):378－382.

［19］Okura T,Suzuki T,Suzuki S,et al. Endoscopic transthoracic sympathectomy with a fine（2-mm）thoracoscope in palmar hyperhidrosis:a case report. J Laparoendosc Adv Surg Tech A,1998,8(3):161－165.

［20］Oizumi H,Kato H,Endoh M,et al. Techniques to define segmental anatomy during segmentectomy. Ann Cardiothorac Surg,2014,3(2):170－175.

［21］Okada M,Mimura T,Ikegaki J,et al. A novel video-assisted anatomic segmentectomy technique:selective segmental inflation via bronchofiberoptic jet followed by cautery cutting. J Thorac Cardiovasc Surg,2007,133(3):753－758.

［22］Tam JK,Lim KS. Total muscle-sparinguniportal video-assisted thoracoscopic surgery lobectomy. Ann Thorac Surg,2013,96(6):1982－1986.

［23］Tarumi S,Misaki N,Kasai Y,et al. Clinical trial of video-assisted thoracoscopic segmentectomy using infrared thoracoscopy with indocyanine green. Eur J Cardiothorac Surg,2014,46(1):112－115.

［24］Tan BB,Flaherty KR,Kazerooni EA,et al. The solitary pulmonary nodule.

Chest,2003,123(1 Suppl):89S—96S.

[25] Ueda K,TanakaT,Hayashi M,et al. What proportion of lung cancers can be operated by segmenteetomy? A computed-tomography-based simulation. Eur J Cardiothorae Surg,2012,41(2):341—345.

[26] 吴卫兵,唐立钧,朱全,等.3D-CTA 重建肺血管、支气管在胸腔镜复杂肺段切除中应用[J].中华胸心血管外科杂志,2015,31(11):649—652.

[27] Wang BY,Liu C Y,Hsu PK,et al. Single-incision versus multiple-incision thoracoscopic lobectomy and segmentectomy: a propensity-matched analysis.[J]. Annals of Surgery,2015,261(4):793—799.

[28] 尹荣,许林,黄兴,等.3D 高清胸腔镜在肺外科手术中的应用.中华胸心血管外科杂志,2014,30(8):490.

[29] 赵珩.中国电视胸腔镜外科发展简史.中国微创外科杂志,2011,11(4):295—297.

第十二章 手术机器人研发、转化与应用

第一节 机器人外科手术系统的历史

"机器人"一词的第一个定义是由美国机器人学会在 1979 年发布的,是指一种可重编程的多功能机械手,旨在移动材料、零件、工具或专用设备,通过各种编程动作来执行各种任务。机器人在外科手术中的应用源于现代人对实现两个目标的需求,即远程呈现和执行重复准确的任务。第一个目标于 1951 年由雷蒙德·戈尔茨实现,其致力于为原子能委员会服务,并设计了第一台远程操作的机械手臂用于处理危险放射性物质。第二个目标是在 1961 年实现的,当时乔治·德沃和约瑟夫·恩格尔伯格开发了第一台工业机器人,称为通用汽车 Unimate。这些成功的实验决定了机器人技术在世界所有其他工业领域的应用。

在患者中使用的第一个"机器人外科医生"是可编程的通用机组件 (programmable universal machine for assembly,PUMA),由维克多·沙因曼于 1978 年开发,并于 1985 年由 Kwoh 用来执行神经外科活检。但是,实际上,PUMA 并不是一台专用的手术机器人,而是一台关节式的臂式工业机器人。1986 年,美国 IBM 的托马斯·约翰·沃森(Thomas J. Watson)研究中心和加利福尼亚大学合作开发,推出第一个被美国食品药品监督管理局(Food and Drug Administration,FDA)认证通过的手术机器人——ROBODOC。该手术机器人在外科医师的操作下可完成全髋骨替换、髋骨置换及修复和膝关节置换等手术。这些手术机器人必须根据每个患者的固定解剖标志进行预编程,而不能用于胃肠道等移动性大的器官。

1993 年,美籍华人王友仑先生在美国加利福尼亚州创办了摩星公司,并于 1994 年开发了第一代用于最佳定位的自动内窥镜系统(automated endoscopic system for optimal positioning,AESOP),又称伊索声控机器人手术辅助系统。这

也是第一台真正意义上的外科手术机器人。随后,FDA 批准了将 AESOP 作为由外科医生的语音命令控制的内窥镜相机,以代替传统的助手协助操作该项任务。之后,一些文献报道了 AESOP 在腹腔镜胆囊切除术、疝成形术、胃底折叠术和结肠切除术中的应用。

1998 年,摩星公司研制出了宙斯机器人手术系统。该系统主要由伊索声控内窥镜定位器、赫米斯声控中心、宙斯机器人手术系统(左右机械臂、术者操作控制台、视讯控制台)、苏格拉底远程合作系统这几个部分组成,能够再现外科医生手臂动作,由外科医生控制手臂和手术器械进行操作。

几乎在伊索系统、宙斯系统研发的同一时期,麻省理工学院(原名斯坦福研究学院)发明了一种远程手术系统,即 SRI 系统。随后,美国直觉外科公司(Intuitive Surgical)、国际商业机器公司(International Business Machines,IBM)、麻省理工学院和 Heartport 公司共同研发了达芬奇手术机器人系统(Da Vinci surgical system),并于 2000 年获得 FDA 批准。达芬奇手术机器人系统凭借裸眼 3D、抖动滤过、机械臂高灵活性等优势,迅速进入各临床专科,在泌尿外科、妇科、胸心外科、腹部外科等外科手术中得到了广泛应用。

第二节　机器人外科手术系统的现状和特点

目前,在国内外手术机器人市场中,达芬奇系统占据绝对优势,其历经不断更新优化,现已发展到第五代。美国直觉外科公司于 1996 年推出了第一代达芬奇机器人。之后,2006 年推出的第二代机器人,允许医生在不离开控制台的情况下进行多图观察。2009 年推出的第三代机器人,相比第二代机器人,增加了双控制台、模拟控制器、术中荧光显影技术等功能。2014 年推出的第四代机器人,在灵活度、精准度、成像清晰度等方面有了质的提高。2014 年下半年,还开发了远程观察和指导系统。截至 2019 年底,达芬奇机器人全球装机总数超过 5000 台,其中超过半数在美国,在中国也已经安装超过 100 台。

以达芬奇机器人为例,机器人一般由以下三个部分组成:外科医生控制台(见图 12-1)、床旁机械臂系统(见图 12-2)、成像系统(见图 12-3)。精准操作是达芬奇手术机器人的重要优势。尽管现有设备的机械臂仍较为粗壮、体积较大,但是因为手术机器人的核心处理器以及图像处理设备对手术视野具有 10 倍以上的放大倍数,所以能很好地提升手术精确度。

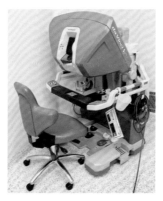

图 12-1 外科医生控制台

图 12-2 床旁机械臂系统

图 12-3 成像系统

一、达芬奇手术机器人的技术优势

1.达芬奇手术机器人可提供清晰放大的 3D 视野,有效手术视野范围大,并具有荧光显影技术,画质的改善有助于提高手术质量和保障患者生命安全。

2.机器人操作臂较人手小,具有 7 个自由度且可转腕的手术器械,可过滤直接操作时的手部颤动,在狭窄腔体内的操作更加灵活、精准,操控范围大,改进了腔镜下的缝合技术。

3.操作者可以坐着完成手术,不易疲劳,在完成手术时间长、难度高的复杂手术时相对轻松。可节省传统腹腔镜手术或开腹手术因暴露视野而需要的 2～3 名助手。

二、达芬奇手术机器人的技术劣势

1.达芬奇手术机器人自身仍存在一定的缺陷,比如:触觉反馈体系缺失;手术机器人的器械臂固定以后,其操作范围受限;整套设备的体积过于庞大,安装、调试比较复杂;系统技术复杂,在使用过程中可能发生各种机械故障,如半路宕机等;医生与系统的配合需要长时间的磨合;手术前的准备及术中更换器械等操作耗时较长等。

2. 使用成本高。其购置费用高,目前国内第三代四臂达芬奇手术机器人的总体购置费用在 2000 万元以上;手术成本高,机器人手术中专用的操作器械每用 10 次就需强制性更换,而更换一个操作器械需花费约 2000 美元;维修费用高,手术机器人需定期进行预防性维修,每年维修保养费用也是一笔不菲的开支。机器人手术使用成本高的原因通常被认为是其生产商通过收购竞争对手和专利保护等手段在这一领域形成了垄断,而这也成为制约手术机器人进一步发展的一个重要原因。

3. 缺乏胸外科专科机器人。现有的达芬奇机器人,最初主要为泌尿外科设计,未能整合胸外科的专科特点。比如早几代的达芬奇机器人,甚至未自带肺部手术最常使用的切割闭合器,导致重要血管、支气管及肺段平面的离断必须由助手完成。现有的单孔机器人,套管直径为 2.5cm,超过了肋间隙的宽度,因此难以完成经肋间的单孔机器人手术,必须经由剑突下、肋弓下等异化微创切口完成。

4. 非智能化。尽管被称为手术机器人,但现有的达芬奇系统及 Hugo Ras 等系统,其本质仍仅是一个带有裸眼 3D 效果的灵活的机械臂,远未能达到理想的智能手术机器人的程度。

总体而言,手术机器人的发展如火如荼,国内外越来越多的医疗中心开始引进手术机器人。这也吸引越来越多的企业加入手术机器人领域的竞争,包括美敦力、强生等行业巨头,试图打破达芬奇手术机器人对行业的垄断。此外,手术机器人覆盖的医疗场景也不断扩大,涵盖了普外科、胸外科、泌尿外科、头颈外科甚至心脏外科等。

第三节　机器人外科手术系统在临床各专科的应用与转化研究

一、机器人外科手术系统在泌尿外科的应用

目前,开放性手术仍然是部分肾切除术的标准术式。然而,开放性部分肾切除术与高并发症发生率相关。腹腔镜部分肾切除术的引入旨在降低与开放性手术相关的并发症的发生率。与开放性部分肾切除术相比,腹腔镜部分肾切除术具有住

院时间短、手术失血量减少和手术时间短的优点。但是,腹腔镜部分肾切除术与术后泌尿外科并发症的发生率更高以及后续手术数量增加有关。此外,丰富的外科专业知识和先进的技术是腹腔镜部分肾切除术的前提。因此,较长的学习曲线限制了其应用。而机器人辅助部分肾切除术有望改善这些缺陷。与腹腔镜部分肾切除术相比,机器人辅助部分肾切除术可提供与根治性肾切除术相似的肿瘤学结果,并且学习曲线较短,并发症发生率较低。已有研究报道,机器人辅助部分肾切除术是一种安全可行的替代方法。

二、机器人外科手术系统在普外科中的应用

机器人外科手术在普通外科手术中的应用一直在发展。在过去 10 年中,机器人外科手术数量一直在增长,特别是在减肥手术、胃底折叠术和肝胆外科手术中。

对于体型大、肝脏大、腹壁厚和有大量内脏脂肪的患者,减肥手术可能是复杂且具有挑战性的,暴露、解剖和重建会变得困难。1998 年,比利时的外科医生进行了第一个机器人减肥手术——可调节的胃束带手术。机器人减肥手术有利于降低吻合口漏的发生率,降低了需要进行后续手术的风险,并且降低了中转开放率。关于机器人手术治疗肝细胞癌的可行性和安全性,已有研究显示出其有利的短期结果,包括:医院死亡率和并发症发生率分别为 0% 和 7.1%,平均住院天数为 6.2 天,2 年总生存率和无病生存率分别为 94% 和 74%。但是,其长期的随访结果仍然需要进一步研究。

三、机器人外科手术系统在心脏外科中的应用

第一例机器人心脏手术于 1999 年在美国进行,是机器人手术的最早应用之一。有研究比较了机器人手术、部分胸骨切开术和完全胸骨切开术治疗二尖瓣疾病的效果,发现机器人手术的中位体外循环时间比完全胸骨切开术长 42 分钟,比部分胸骨切开术多 39 分钟,比右胸前外侧小切口长 11 分钟。此外,与传统手术相比,机器人手术的中位心肌缺血时间更长。然而,机器人手术组的房颤和胸腔积液发生率最低,住院时间最短(比完全胸骨切开术短 1.0 天,比部分胸骨切开术短 1.6 天)。该研究表明,机器人手术修复后二尖瓣叶脱垂与常规方法一样安全有效。机器人手术修复的技术复杂性和操作时间较长,可以通过较低的侵入性和较短的住院时间进行补偿。

第四节　机器人外科手术系统在胸外科的
应用与转化研究

　　微创手术是现代胸外科手术发展的方向。随着机器人手术在微创手术应用中的日益发展,其在胸外科的各个亚专科(食管外科、纵隔外科和肺外科)中也得到越来越多的青睐。

　　2001—2003 年,因斯布鲁克医科大学的 Bodner 等用达芬奇机器人对 20 例胸腔内病变患者(包括 15 例纵隔病变、4 例食管癌和 1 例肺癌)和 16 例严重胃食管反流病(gastroesophageal reflux disease,GERD)患者进行手术。该团队利用机器人总共进行了 10 次胸腺切除术、16 次胃底折叠术、4 次食管解剖、5 次良性纵隔肿块切除和 1 次右下叶切除术。结果显示,整体手术过程和术后恢复均较平稳,患者在术后 3～8 天出院。使用机器人手术可以安全地执行高级的常规胸腔手术,从而可以在难以到达的区域进行精确解剖。这种好处在胸腺切除术中最为明显。胸部的解剖比较固定,似乎是机器人手术的理想条件。

一、机器人外科手术系统在食管外科的应用和转化研究

　　目前,机器人外科手术系统在食管外科方面的应用主要是经胸食管切除术加淋巴结切除术和经裂孔食管切除术。Boone 等报告了 47 例经胸机器人食管切除术的经验。根据他们的结果,在 76.6% 的患者中实现了 R_0 切除,淋巴结切除个数的中位数是 29 个(8～68 个)。这些患者的中位手术时间为 450 分钟,中位失血量为 625mL,平均住院时间为 18 天。在 47 例患者中,共有 21 例患者出现肺部并发症,3 例患者在住院期间死亡。

　　Dunn 等介绍了经裂孔食管切除术用于胸段食管剥离的经验。在 40 例可切除的食管癌患者中,94.7% 的患者实现了 R_0 切除,共有 5 名患者从机器人手术转为开放手术。这些患者中位手术时间为 311 分钟,估计失血量为 97.2mL。术后常见并发症有吻合口狭窄、喉返神经麻痹、吻合口漏、肺炎、胸腔积液等;住院死亡率是 0,30 天死亡率为 2.5%(1/40)。

　　Clark 等对机器人辅助切除食管癌的文献进行了系统综述。根据该综述的报道,R_0 切除率为 76%～100%,淋巴结清扫个数为 12～38 个,中转开放率为 0%～14%,术后并发症发生率为 30%～64%,只有 3 篇文献报道了 3 例死亡病例(每个研究各报道 1 例)。

机器人辅助食管切除术是一个不断发展的领域,许多研究证明了其安全性和可行性,但较长的手术时间和高昂的成本限制其进一步发展。随着机器人手术领域的进一步研究,技术的进步和成本的降低可能会使机器人手术在食管外科中得到广泛的应用。

二、机器人外科手术系统在纵隔外科的应用和转化研究

机器人外科手术系统似乎非常适合于前纵隔病变,其可以使患者免于胸骨切开术。

最常见的机器人纵隔手术是胸腺切除术。胸腺瘤是一种罕见的胸腺肿瘤,在切除胸腺瘤时需要特别注意避免肿瘤细胞扩散的风险。此外,胸腺瘤可能导致重症肌无力,需要扩大胸腺切除术才能完全缓解该疾病。因此,在胸腺切除术中需要有较高的解剖精度。

Ismail 等报告了 9 年期间共 317 名患者接受机器人胸腺切除术的研究结果,包括 273 例重症肌无力患者和 56 例胸腺瘤患者。除右侧胸腺瘤患者外,所有患者均通过三套管针左侧入路进入胸腺。结果显示,在重症肌无力患者中,机器人胸腺切除术后累积的完全稳定缓解率达到了 57%;在胸腺瘤患者中,无术后复发病例。

总的来说,由于机器人外科手术系统具备出色的三维放大视野和广泛的操作空间,有助于在有限的区域(如前纵隔)内进行平稳的操作,所以机器人手术用于胸腺切除术可以有积极的手术效果,能很好地改善胸腺瘤患者的肿瘤学结局和重症肌无力缓解率。在全球范围内,机器人手术正逐渐成为治疗重症肌无力和临床 Ⅰ～Ⅱ 期胸腺瘤的首选。

三、机器人外科手术系统在肺外科的应用和转化研究

近年来,随着肺癌发生率的不断升高,机器人手术在肺部手术中的应用日益增多。

淋巴结清扫的数量是证实肺癌手术效果的间接指标。目前认为,电视辅助胸腔镜手术(video-assisted thoracoscopic surgery,VATS)清扫的淋巴结数目少于开放手术,尤其在 N_2 淋巴结的清扫上,劣势较为明显。部分研究表明,机器人手术中清扫得到的淋巴结数目显著超过胸腔镜手术,与传统的开放手术相当。对于影像学上无明显淋巴结肿大的肺癌患者,Park 等的研究表明,13% 的 Ⅰ 期患者通过机器人辅助胸腔镜手术(robotic-assisted thoracoscopic surgery,RATS)明确为 N_1 淋巴结转移,显著超过 VATS。类似地,Wilson 等通过多中心的肺段及肺叶切除数

据,发现 RATS 的淋巴结分期准确性与开放手术类似,显著优于 VATS。

在手术耗时上,达芬奇机器人的优势仍有争议。对于肺叶切除,目前报道的手术时间多在 100~228 分钟,总体来说并不具备显著优势。一方面,对于达芬奇机器人而言,机械臂仍相对笨重,置入胸腔所需的时间显著超过 VATS;另一方面,现有机器人的切割闭合器必须由助手操作,减慢了手术的速度。新一代机器人的应用可显著缩短手术时间。同时,机器人手术流程的进一步优化也有助于提高效率。

在术后恢复方面,已有多个研究证实,接受机器人手术的患者,术后平均住院时间为 4.5 天左右,其中胸腔引流管的放置时间平均为 3 天,均较接受胸腔镜手术的患者短。

在术后疼痛上,尽管机器人手术需经过多个肋间,但不同于胸腔镜,机器人的机械臂并不造成胸壁组织受力,因而对组织尤其肋间神经的损伤较轻,反映在临床实践中,接受机器人手术的患者术后平均镇痛药摄入量较胸腔镜手术患者显著降低。此外,相比于常规的胸腔镜,机器人因其设计上的显著优势,所以医生的学习曲线显著缩短。对于经验丰富的胸外科医生,经过 20~40 台机器人肺叶切除手术的练习即可熟练掌握机器人肺部手术的操作。而掌握胸腔镜技术一般需要 50 台以上手术的学习。对于机器人手术的学习,一般建议从相对简单的纵隔肿瘤切除开始,逐渐过渡到肺叶切除等手术。

越来越多的研究表明,与胸腔镜手术相比,机器人手术不增加肺部手术术中出血的风险,手术死亡率、并发症等指标亦无显著性差异,并且机器人手术可降低术中转开放的比例、减少术中出血量等。

Wei 等用系统综述和 Meta 分析方法,比较 RATS 和 VATS 用于肺叶切除治疗非小细胞肺癌(non-small cell lung cancer,NSCLC)的有效性和安全性。他们检索了 PubMed、Embase、Web of Science 等 6 个数据库,共纳入 12 篇研究,包含 4727 名接受 RATS 的患者和 56232 名接受 VATS 的患者。该 Meta 分析结果发现,RATS 的患者死亡率显著低于 VATS。在围手术期并发症(包括长时间气胸、心律不齐、肺炎等)方面,RATS 和 VATS 肺叶切除没有显著性差异。总体来说,该研究表明对非小细胞肺癌患者而言,RATS 肺叶切除术是一种安全可行的手术;并且与 VATS 肺叶切除术相比,RATS 肺叶切除术可以达到同等的短期手术疗效。此外,Li 等回顾性分析接受肺叶切除治疗的 I 期肺癌患者临床资料,结果显示,与 VATS 肺叶切除术相比,RATS 肺叶切除术在清扫淋巴结数目、术后引流管留置时间、术后第 1 天引流量等方面表现更优。

在远期生存上,Park 等在纪念斯隆凯特琳癌症中心进行的研究是目前仅有的机器人肺部手术远期肿瘤学治疗效果的研究。该多中心研究纳入了意大利和美国共 3 个中心 2002—2010 年的 325 例机器人肺叶切除病例,其中 I、II、III 期的肺癌患者分别占 76%、18%、6%。经过平均 27 个月的随访,5 年总体生存率为 80%。具体到不同分期,ⅠA、ⅠB、Ⅱ、ⅢA 期的肺癌患者,5 年生存率分别为 91%、88%、49% 和 43%,与现有的开放手术及胸腔镜手术相当,初步证实了机器人手术的远期肿瘤学治疗效果。目前,多个 RATS 相关的多中心前瞻性临床研究正在开展,部分已经结束患者招募,相信随着这些研究陆续到达研究终点,RATS 在肺癌手术中的地位将进一步明确。

近几年,机器人手术在国内各大胸外科中心也如火如荼地开展。为进一步发展机器人手术在胸部手术中的应用,2020 年,中国医师协会医学机器人医师分会胸外科专业委员会组织国内相关专家,制定了《机器人辅助肺癌手术中国临床专家共识》,并发表在《中国胸心血管外科临床杂志》上。该共识采用 GRADE 系统评价法、Delphi 调查法及专家讨论的方式,针对 RATS 肺切除手术的适应证、学习曲线、手术技术、术中及术后并发症处理等问题取得初步共识,为国内机器人手术在肺癌手术中的应用提供了规范和标准。

第五节　机器人外科手术系统的安全性问题

在机器人手术快速发展的同时,其安全性也受到很大的重视。2000—2013 年,美国共实现机器人手术 174.5 万例。在美国,制造商和用户设施设备体验(the Manufacturer and User Facility Device Experience,MAUDE)的数据库已经形成,可疑的医疗器械不良反应报告会被发送到这个数据库。根据该数据库,在 2000—2013 年,共有 10624 个与机器人设备相关的意外结果(死亡、受伤、故障和其他未分类的)被报告。并且,从 2006 年起,每年的报告数量增加数十倍。2013 年,数据库中记录的机器人手术相关的死亡人数为 58 人,受伤人数为 938 人,故障病例数为 4124 人。从 2004 年到 2011 年,平均每 10 万例手术中有 550 例(95%CI:410～700 例)发生意外结果,而在 2013 年是 1000 例。

机器人手术开辟了外科医学的新领域。这是一个非常新的手术领域,相关病例也没有得到足够长时间的随访,因此这种手术方式的相关指征、器械、并发症、费用等问题都还没有得到很好的定义和解决,存在未知的风险及潜在的法律问题。

第六节　机器人外科手术系统的成本问题

机器人外科手术系统高昂的成本可能是限制其大范围应用的重要因素之一。

尽管某些医疗中心可以享受折扣,但一个新的达芬奇机器人系统通常每个单元的成本约为 200 万美元(100 万~250 万美元),而每年的维护成本约为成本的 10%。此外,耗材成本也很高,包括附着在机械臂上的器械,这主要是因为该器械只能按照公司的规定进行有限次数的消毒和重复使用,而不论其在给定的使用期限内如何操作。最后,机器人的折旧费用也很高。

除机器人本身的成本外,医疗单位还需要投入外科医生培训的相关费用。一些专家认为,见习医生应首先在模拟器上熟悉,再进入双控制台,以便熟练地切换机械臂、使用机械腕和进行手术操作。而一台模拟器的价格通常在 3.5 万~15.8 万美元,并且通常与机器人一起销售。第二个控制台的引入会使得成本增加到 300 万美元左右,但它能使学员获得一个专业的机器人外科医生的实时指导。

机器人手术对患者的支出影响也是需要考虑的一个重要因素。Park 等分析了用不同手术方式进行肺叶切除的成本,包括 267 例开放手术、87 例 VATS 手术和 12 例机器人辅助手术。他们发现,机器人手术的平均费用比 VATS 多 3981 美元,而比开放式手术少 3988 美元。Nasir 等报道了外科医生单人操作在机器人辅助手术方面的经验,发现机器人辅助的肺癌肺叶切除术具有出色的淋巴结清除效果,且并发症和疼痛的发生率很低,但其成本高于 VATS。

关于机器人手术成本,也有不同的研究报道。Dylewski 等回顾性分析和比较了 176 例机器人辅助的肺叶切除术和 76 例 VATS 肺叶切除术,发现前者平均手术费用比 VATS 低 560 美元。费用节省的主要原因是住院时间缩短了和整体护理成本降低了。

第七节　机器人外科手术系统未来发展和转化

目前,全球对机器人的使用量在不断增加。随着机器人外科手术系统在医疗机构中的普及,使用该技术进行的手术数量呈指数级增长。迄今为止,机器人技术已经取得了巨大的进步。人们都期待机器人辅助手术的实际应用在不久的将来有更进一步的发展。

机器人手术未来发展的第一个趋势是单孔技术。随着单孔技术的迅速发展,胸腔镜手术正在迅速增多,这是机器人辅助手术在发展过程中无法避免的一个挑战。事实上,通过一个 4~6 厘米长的切口,熟练的胸外科医生可以在 VATS 的辅助下进行一系列的胸部手术,比如肺大部切除、血管重建及淋巴结清扫。相比于传统的三孔电视辅助外科手术,这种方法的侵入性更小,因此越来越受到患者的青睐。因此,机器人技术也已经开始向单孔操作方面发展,如 2011 年的达芬奇单孔手术平台。然而，尽管该手术平台在许多方面具有潜在优势，但由于技术上的限制（例如缺乏兼容的机械腕），迄今为止还没有开发出任何与胸外科相关的应用。复杂的单孔机器人设备正在开发胸外科相关手术应用，并可能在不久的将来进入市场。

机器人手术未来发展的第二个趋势是荧光的应用。2011年，一种新的光学系统被开发出来并集成到达芬奇手术系统中——吲哚菁绿（一种荧光活性染料，被广泛应用于心脏、循环、肝脏、眼科等领域，如荧光素血管造影术），其能够发射近红外范围的激光，使得荧光引导下手术成为现实。吲哚菁绿通过静脉给药，根据患者的肝功能，从体内排出的半衰期约为3~4分钟。吲哚菁绿在通过皮内、皮下、血清下或黏膜下注射时，可以通过淋巴管网络排出：10~20分钟内，到达第一个淋巴结；1~2小时后，到达局部淋巴结。Pardolesi等报道了吲哚菁绿在肺段切除中的作用。在不久的将来，吲哚菁绿的应用可以扩展到对纵隔淋巴结的识别。

机器人手术未来发展的第三个趋势是网络疗法。这源于以人机一体化为目标的计算机和机器人科学的发展，如微创手术、介入内镜和介入放射学融合成为一种混合的治疗模式。影像引导下的微创手术可以进一步扩大手术的范围，有可能对有针对性的非侵入性治疗进行管理。影像引导下的混合型微创手术结合了不同的技术——术前手术计划和患者个性化三维建模，允许医生在术前计划手术干预方案，选择最佳的治疗方法，并在术中把术前数据叠加到真实的患者视图上。这种增强现实技术为外科医生提供了一个透明的患者视图，通过术中三维医学图像采集，使他们能够跟踪仪器并改进病理定位。该领域未来的发展可能是手术过程机器人化，用机器人自动化的手势取代人类的手势。

关于机器人未来的发展，Ghezzi等把它总结为以下5个方面。

（1）新平台和机器人手术技术：目前正在开发和测试具有空前技术资源的新型机器人手术系统。①触觉反馈系统：包括荷兰埃因霍温科技大学的SOFIE研究，德国机器人和机电一体化研究所的DLR-MIRO研究；②处理电视摄像机的眼球跟踪系统：意大利SOFAR公司的Telelap ALF-X内窥镜机器人手术系统；③机器人单孔手术：加拿大泰坦医疗公司单孔机器人技术（single port orifice robotic technology，SPORT）手术系统。

（2）活体微型机器人：为了通过小切口引入内腔进行远程操作而创建。目前，这些机器人正在动物模型中进行开发测试。

（3）机器人手术模拟训练系统和特定培训课程的创建和验证：达芬奇外科手术机器人在21世纪初被迅速采用，进而开发了模拟训练系统和特定培训课程，例如机器人手术的基本技能，美国结肠和直肠外科医生协会和欧洲机器人结肠直肠外科学会也正在编辑一些项目。

（4）降低成本：达芬奇机器人的专利期将陆续到期，以及新的机器人平台陆续发布，将成为降低购买和维护机器人成本的决定性因素，从而使该技术可为更多的医院所使用。

（5）机器人手术临床应用的科学研究：应进行随机临床试验，以确定机器人手术的高成本和较长的手术时间是否合理，例如切除肿瘤的预后、患者的机体功能等。

当前，结合大数据、人工智能的迅速发展，我国对高新科学技术发展的新规划以及胸外科对手术机器人的需求，我们总结了手术机器人未来发展的几个要素。

（1）智能化。尽管现有的以达芬奇机器人为代表的手术机器人已经被冠以机器人的名称，但其本质仍只是一个带有 3D 成像系统的高度灵活的机械臂，完全不具备人的特征——智能化。未来的手术机器人应具备学习能力。机器人可以向"阿尔法狗"学习，有学习功能，在完成既定数目的手术后，知道这个手术怎么做，同时可以在危险的地方给医生一些警示，提示附近的重要解剖结构。通过术前影像，实现肿瘤精准定位。同时，随着机器人完成手术例数的增加，其手术能力可以进一步提升，不断学习优化，不同手术机器人之间可以实现数据共享。对于肺部疾病来说，未来的手术机器人是否可以整合快速病理，除诊断肺部病灶的良恶性外，还可以判断淋巴结是否存在阳性等。

（2）交互化。所谓交互，主要是指机器—机器、机器—人、人—人之间即时交换信息，即人工智能和人的交互。随着 5G 网络、云服务等互联网技术的快速发展，这种交互逐渐成为可能。未来的智能机器人将识别器官、组织和手术目标，以自动监督并实时识别手术过程中发生的情况，可以利用其巨大的潜力大大辅助外科医生做出正确的手术决策。

（3）微型化。正如计算机从最初的体积巨大且运算能力低下的，发展到当今体积较小、运算速度更快的家用计算机，实现了计算机的普及。当今的手术机器人，体积庞大，不利于手术室的布局，对空间要求高。如果使用体积小且至少部分可移动的机器人，那么可以在更大的区域完成操作，而无须任何人手动旋转机器人。

（4）专科化。随着医学专科的进一步细分化发展，不同医学专科对手术机器人也提出了截然不同的要求。比如神经外科侧重于定位和显微操作，胃肠外科注重吻合。对于胸外科来说，则要求器械必须要小，能够通过肋间并减少对肋间神经的刺激。不同的需求必将催生机器人的专科化发展。

（5）国产化。手术机器人的国产化是重要的发展方向。作为进口替代的一部分，我国在手术机器人的道路上需要奋勇直追。在政策层面，国家陆续出台了多个战略规划和政策促进机器人产业的健康和快速发展，包括《中国制造 2025》《机器人产业发展规划（2016－2020 年）》等。北京天智航医疗科技股份有限公司自主研发的骨科手术机器人现已通过国家药品监督管理局（National Medical Products Administration，NMPA）认证，以治疗设备及器械类唯一的"国际原创"产品入选了科技部《创新医疗器械产品目录（2018）》，并已在多家医院开展临床应用。截至2021年底，该机器人已累计完成上万例手术。国产化产品的崛起，必将进一步拉动手术机器人市场价格的下调，降低使用成本，促进手术机器人的普及和应用。

在过去的20多年中，手术机器人初露锋芒，得到越来越多医生的青睐。然而，从总体来看，目前手术机器人的发展只是在初级阶段，远远未达到智能机器人的要求。随着科学技术的迅速发展，相信在不久的将来，手术机器人能更好地辅助外科医生，也能给患者带来更好的获益。

参考文献

［1］Abboudi H，Khan MS，Aboumarzouk O，et al. Current status of validation for robotic surgery simulators-a systematic review［J］. BJU international，2013，111（2）：194－205.

［2］Boone J，Schipper ME，Moojen WA，et al. Robot-assisted thoracoscopic oesophagectomy for cancer［J］. The British journal of surgery，2009，96（8）：878－886.

［3］Brunaud L，Reibel N，Ayav A. Pancreatic，endocrine and bariatric surgery：the role of robot-assisted approaches［J］. Journal of visceral surgery，2011，148（5 Suppl）：e47－53.

［4］Clark J，Sodergren MH，Purkayastha S，et al. The role of robotic assisted laparoscopy for oesophagogastric oncological resection：an appraisal of the literature［J］. Diseases of the esophagus：official journal of the International Society for Diseases of the Esophagus，2011，24（4）：240－250.

［5］Dunn DH，Johnson EM，Morphew JA，et al. Robot-assisted transhiatalesophagectomy：a 3-year single-center experience［J］. Diseases of the Esophagus，2013，26（2）：159－166.

［6］Dylewski MR，Lazzaro RS. Robotics—The answer to the Achilles' heel of VATS pulmonary resection. Chinese Journal of Cancer Research，2012，24（4）：259－260.

［7］Ismail M，Swierzy M，Rückert RI，et al. Robotic thymectomy for myasthenia Gravis. 2014，24（2）：189－195.

[8] Kumar A，Asaf BB. Robotic thoracic surgery：the state of the art[J]. Journal of Minimal Access Surgery，2015，11(1)：60－67.

[9] 罗清泉，王述民，李鹤成，等(代表中国医师协会医学机器人医师分会胸外科专业委员会). 机器人辅助肺癌手术中国临床专家共识[J]. 中国胸心血管外科临床杂志，2020(27)：1119－1126.

[10] Lai EC，Yang GP，Tang CN. Robot-assisted laparoscopic liver resection for hepatocellular carcinoma：short-term outcome [J]. American Journal of Surgery，2013，205(6)：697－702.

[11] Li JT，Liu PY，Huang J，et al. Perioperative outcomes of radical lobectomies using robotic-assisted thoracoscopic technique vs. video-assisted thoracoscopic technique：retrospective study of 1,075 consecutive p-stage I non-small cell lung cancer cases[J]. Journal of Thoracic Disease，2019，11(3)：882－891.

[12] Leal Ghezzi T，Campos CO. 30 Years of Robotic Surgery. World Journal of Surgery，? 2016，40(10)：2550－2557.

[13] Marengo F，Larraín D，Babilonti L，et al. Learning experience using the double-console da Vinci surgical system in gynecology：a prospective cohort study in a University hospital[J]. Archives of Gynecology and Obstetrics，2012，285(2)：441－445.

[14] Nasir BS，Bryant AS，Minnich DJ，et al. Performing robotic lobectomy and segmentectomy：cost，profitability，and outcomes[J]. The Annals of Thoracic Surgery，2014，98(1)：203－209.

[15] Nasir BS，Bryant AS，Minnich DJ，et al. Performing robotic lobectomy and segmentectomy：cost，profitability，and outcomes. The Annals of Thoracic Surgery，2014，98(1)：203－209.

[16] Park BJ，Flores RM，Rusch VW. Robotic assistance for video-assisted thoracic surgical lobectomy：technique and initial results. General Thoracic Surgery，2006，131(1)：54－59.

[17] Park BJ. Robotic lobectomy for non-small cell lung cancer (NSCLC)：Multi-center registry study of long-term oncologic results. Annals of cardiothracic surgery，2012，1(1)：24－26.

[18] Park BJ，Folres RM. Cost comparison of robotic，video-assisted thoracic surgery and thoracotomy approaches to pulmonary lobectomy. Thoracic Surgery Clinics，2008，18(3)：297－300.

［19］Pardolesi A，Veronesi G，Solli P，et al. Use of indocyanine green to facilitate intersegmental plane identification during robotic anatomic segmentectomy. The Journal of Thoracic and Cardiovascular Surgery，2014，148（2）：737 —738.

［20］Swanson SJ，Miller DL，Mckenna RJ Jr.，et al. Comparing robot-assisted thoracic surgical lobectomy with conventional video-assisted thoracic surgical lobectomy and wedge resection：results from a multihospital database（Premier）［J］. The Journal of Thoracic and Cardiovascular Surgery，2014，147（3）：929—937.

［21］Terashima M，Tokunaga M，Tanizawa Y，et al. Robotic surgery for gastric cancer［J］. Gastric Cancer，2015，18（3）：449—457.

［22］Trinh QD，Sammon J，Sun M，et al. Perioperative outcomes of robot-assisted radical prostatectomy compared with open radical prostatectomy：results from the nationwide inpatient sample［J］. European Urology，2012，61（4）：679—685.

［23］Turchetti G，Palla I，Pierotti F，et al. Economic evaluation of da Vinci-assisted robotic surgery：a systematic review［J］. Surgical Endoscopy，2012，26（3）：598—606.

［24］Usluoğullari FH，Tiplamaz S，Yayci N. Robotic surgery and malpractice［J］. Turkish Journal of Urology，2017，43（4）：425—428.

［25］Veronesi G，Novellis P，Voulaz E，et al. Robot-assisted surgery for lung cancer：State of the art and perspectives［J］. Lung Cancer（Amsterdam，Netherlands），2016，101：28—34.

［26］Wei S，Chen M，Chen N，et al. Feasibility and safety of robot-assisted thoracic surgery for lung lobectomy in patients with non-small cell lung cancer：a systematic review and meta-analysis［J］. World Journal of Surgical Oncology，2017，15（1）：98.

［27］Wilson JL，Louie BE，Cerfolio RJ，et al. The prevalence of nodal upstaging during robotic lung resection in early stage non-small cell lung cancer. The Annals of Thoracic Surgery，2014，97（6）：1901—1907.

［28］Yang HX，Woo KM，Sima CS，et al. Long-term survival based on the surgical approach to lobectomy for clinical stage Ⅰ nonsmall cell lung cancer：comparison of robotic，video-assisted thoracic surgery，and thoracotomy lobectomy［J］. Annals of Surgery，2017，265（2）：431—437.

［29］ Zhang Y，Liu S，Han Y，et al. Robotic anatomical segmentectomy：an analysis of the learning curve［J］. The Annals of Thoracic Surgery，2019，107（5）：1515－1522.

［30］ Zirafa CC，Romano G，Key TH，et al. The evolution of robotic thoracic surgery［J］. Annals of Cardiothoracic Surgery，2019，8（2）：210－217.

附　录

专利的申请与转化/项目组专利汇编

一、专利分类

在中国,发明创造包括三种类型,分别是发明、实用新型和外观设计。在申请阶段,分别称之为发明专利申请、实用新型专利申请和外观设计专利申请。获得授权之后,分别称之为发明专利、实用新型专利和外观设计专利。

1.发明专利

针对产品、方法或者产品、方法的改进所提出的新的技术方案,可以申请发明专利。

2.实用新型专利

针对产品的形状、构造或者其结合所提出的适于实用的新的技术方案,可以申请实用新型专利。

3.外观设计专利

针对产品的形状、图案或者其结合以及色彩与形状、图案的结合所做出的富有美感并适于工业应用的新设计,可以申请外观设计专利。

二、如何申请专利

专利申请是获得专利权的必需程序。一项发明创造必须由申请人向政府主管部门(中华人民共和国国家知识产权局)提出专利申请,经中华人民共和国国家知识产权局依照法定程序审查批准后,才能取得专利权,成为相应专利的专利权人。

(一)程　序

根据《中华人民共和国专利法》等规定,专利从开始申请到最后授权必须经历的程序有两种情况。实用新型或外观设计专利申请程序中没有发明专利申请过程中的公布与实质审查两个程序,而是经过初审合格后可直接授权。

1.发明专利授予程序

申请→受理(申请号、申请日)→初步审查→公布→实质审查→授权发证(公告,专利有效期 20 年),有六个阶段。

2.实用新型专利和外观设计专利授予程序

申请→受理(申请号、申请日)→初步审查→授权发证(公告,专利有效期 10 年),有四个阶段。

(二)途 径

1.委托国家认可的专利代理机构办理。

2.申请人直接到中国国家专利局办理。

(三)授予专利原则

按照专利法的基本原则,对于同一个发明只能授予一个专利权。当出现两个以上的人就同一发明分别提出专利申请的情况时,有两种处理的原则:一个是先发明原则,一个是先申请原则。先发明原则是指,同一发明如有两个以上的人分别提出专利申请,应把专利权授予最先做出此项发明的人,而不问其提出专利申请时间的早晚,目前只有美国、加拿大和菲律宾等少数国家采用这种专利申请原则。先申请原则是指,当两个以上的人就同一发明分别提出申请时,不问其做出该项发明的时间的先后,而按提出专利申请时间的先后为准,即把专利权授予最先提出申请的人,中国和世界上大多数国家采用这一原则。

(四)专利审查制度

各国对专利申请的审查有不同的要求,基本上实行两种不同的制度。有的国家实行形式审查制,即只审查专利申请书的形式是否符合法律的要求,而不审查该项发明是否符合新颖性等实质性条件。有些国家则实行实质审查制,即不仅审查申请书的形式,而且对发明是否具备新颖性、先进性和实用性等条件进行实质性的审查,只有具备上述专利条件的发明,才授予专利权。中国和世界上大多数国家采用实质审查制。

三、申请专利的原因

申请专利是在市场经济条件下保护发明创造知识产权的一项法律制度。凡具备专利条件的发明创新都应及早申请专利,以获得国家的法律保护。申请专利的最终目的是获得专利权,一旦发生专利侵权或者其他专利诉讼,可以向人民法院提起诉讼或向专利管理机关请求,调查处理。

四、专利的维持和维护

(一)专利维持

专利维持是指在专利法定保护期内,专利权人依法向专利行政部门缴纳规定数量维持费使得专利继续有效的过程。专利维持时间是指专利从申请日或者授权之日至无效、终止、撤销或届满之日的实际时间（我国专利维持时间是从专利申请日开始起算）。专利申请被授予专利权后，专利权人应于每一年度期满前一个月预缴下一年度的年费。期满未缴纳或未缴足，专利局将发出缴费通知书，通知专利权人自应当缴纳年费期满之日起 6 个月内补缴，同时缴纳滞纳金。滞纳金的金额按照每超过规定的缴费时间 1 个月，加收当年全额年费的 5% 计算；期满未缴纳的或者缴纳数额不足的，专利权自应缴纳年费期满之日起终止。

A. 发明专利的年费：1～3 年，900 元；4～6 年，1200 元；7～9 年，2000 元；10～12 年，4000 元；13～15 年，6000 元；16～20 年，8000 元。

B. 实用新型和外观设计专利的年费：1～3 年，600 元；4～5 年，900 元；6～8 年，1200 元；9～10 年，2000 元。

（二）专利维护

专利维护是指在专利权被颁发后，未经专利权人的同意，不得对创造进行商业性制造、运用、承诺销售、销售或者进口，在专利权遭到侵害后，专利权人经过洽谈、请求专利行政部门干预或诉讼的办法维护专利权的行为。《中华人民共和国专利法》规定，发明专利权的维护期限为 20 年，实用新型专利权、外观设计专利权的维护期限为 10 年，均自申请日起计算。专利维护期限届满即无法律保护。未缴付年费，专利维护将提早停止。一个国家或一个区域所颁发的专利维护权仅在该国或地区的范围内有效，在除此之外的国家和地区不发生法令效力，专利维护权是不被确认与认可的。

五、如何实现专利转化？

在我国，专利成果转化是一个薄弱环节。我国专利申请量居世界榜首，但是专利转化率却不足 10%，而发达国家的专利转化率达到了 40%。大量的专利成果造成了巨大的浪费，不能使专利发挥应有的价值与作用，殊为遗憾。对此，社会各界应高度重视，不断探索知识产权成果转化的模式与途径，充分发挥专利的科技价值，为社会也为权利人带来财富与荣誉。

（一）专利出资

专利出资是指以专利技术成果作为资本，以出资入股的形式与其他形式的财产（如货币、实物、土地使用权等）相结合，按照法定程序组建企业的一种经营行为。专利是无形财产，而且属于高附加值的无形资产，为鼓励科技创新，促进科技发展，以知识产权进行投资已得到《中华人民共和国公司法》《中华人民共和国合伙企业法》等法律法规明确肯定，为专利出资提供了法律依据。作为出资的专利，必须符合法律规定的条件：技术确定性、权利合法性、价值可评估性、权利可转让性。专利出资的方式有两种。①以转让所有权方式出资：是将专利的所有权转让给公司所有，《中华人民共和国商标法》和《中华人民共和国专利法》都规定用商标或专利技术转让方式出资，应将特定商标或专利权整体完全转让。②以使用许可方式出资：专利权人采用使用许可的方式向其他企业出资，不转让专利的所有权，用作出资的专利权不发生全部权利的转移，受让人对该知识产权仅享有一定期限和一定范围内的使用权。

(二)专利融资

专利融资即专利资金的融通，是以专利为标的进行质押贷款、专利引资、技术入股、融资租赁等行为的总称。质押贷款是指企业或个人以合法拥有的专利权中的财产权经评估后作为质押物，向商业银行申请贷款融资的行为。专利引资指企业通过专利权吸引合作第三方投资，企业通过出让股权换取第三方资金，共同获利。技术入股是指拥有专利技术、专有技术的企业或者个人，通过知识产权的价值评估后，与拥有资金的第三方机构合作成立新公司的一种方式，使得拥有专利技术的企业或者个人获得企业股权；也指企业股东或者法人将自主拥有的专利，通过知识产权的价值评估后，转让到企业，从而增加其持有的股权。专利权融资租赁是承租方获得专利权的除所有权外的全部权利，包括各类使用权和排他的诉讼权。租赁期满，若专利权尚未超出其有效期，根据承租方与出租方的合同约定，确定专利权所有权的归属。知识产权的融资租赁在我国属于尚未开拓的全新融资方式。

(三)专利实施许可

专利实施许可是指专利技术所有人或其授权人许可他人在一定期限、一定地区、以一定方式实施其所拥有的专利，并向他人收取使用费用。专利实施许可仅转让专利技术的使用权利，并不转让专利的所有权，实施许可后转让方仍拥有专利的所有权，受让方只获得了专利技术实施的权利，并没有得到专利所有权。专利实施许可是以订立专利实施许可合同的方式许可被许可方在一定范围内使用其专利，并支付使用费的一种许可贸易。专利实施许可的作用是实现专利技术成果的转化、应用和推广，有利于科学技术进步和发展生产，从而促进社会经济的发展和进步。

(四)专利权转让

专利权转让是指专利权人作为转让方，将其发明创造专利的所有权或使用权转移受让方，受让方支付约定价款的行为。专利权一经转让，受让人取得专利权人地位，转让人丧失专利权人地位。专利权转让合同不影响转让方在合同成立前与他人订立专利实施许可合同的效力。除合同另有约定的以外，原专利实施许可合同所约定的权利义务由专利权受让方承担。另外，订立专利权转让合同前，转让方已实施专利的，除合同另有约定以外，合同成立后，转让方应当停止实施。根据专利法的规定，专利在申请过程中或取得专利权后都可以转让，专利权转让包括专利权转让和专利申请权转让。

六、国内国外专利的区别

每个国家在专利申请上都会存在不一样的地方。下面以美国专利为例来阐述我国与国外专利之间的区别。

1.专利划分不同

美国专利分为三种,实用专利(相当于中国的发明专利)、外观设计专利和植物专利;我国专利分为三种,发明专利、外观设计专利和实用新型专利。

2.机构的设置上不同

在美国,专利与商标的申请由商标局统一处理;而我国的专利与商标是由不同机构分工合作处理,我国设立有商标局、专利局(即为知识产权局)和版权局。

3.获得在先权利的原则不同

同一个发明创造只能授予一项专利权。当同时存在一个以上的申请人就同一个发明创造分别提出专利申请时,世界上有两种处理原则:一个是先申请原则,一个是先发明原则。中国采用的是先申请原则,而美国目前采用的是先发明原则。

4.专利申请人的资格不同

在中国,职务发明创造的申请权归属单位而不是发明人,单位是法定的申请人;但根据美国《专利法》的划定,即使是雇员完成的职务发明,单位也没有权利提出申请,必须以雇员名义提出专利申请后再将专利申请权转让给单位。

5.给予的新颖性宽限期不同

一般来说,在专利申请前公开发明创造会导致专利申请丧失新颖性而不能被授权。固然中国《专利法》给予了 6 个月的新颖性宽限期,但公开行为只限于在中国政府主办或承认的国际博览会上展出、在划定的学术会议和技术会议上发表以及他人未经申请人同意而泄露的内容;相对于中国严苛的宽限期,美国《专利法》给予申请人极为宽松的宽限期,允许申请人在首次公开该发明后 1 年内保留对其的专利申请权,也就是说在公开自己发明后在 1 年内,发明人仍然可以对此项发明进行专利申请。不仅宽限期长达 1 年之久,而且几乎对公开形式没有任何限制。

6.专利申请被驳回后处理方式不同

在中国,专利申请被驳回后只能通过启动复审程序来处理。在美国,当专利申请被驳回后,申请人有多种处理方式可供选择,例如:提出继承审查哀求、提出继承申请或部门继承申请、直接上诉到申诉委员会。

7.专利权利超项费的收取标准不同

在美国,出现以下情况需收取专利权利超项费:专利权利总数超 20 项(多重附属权利要求需要拆分)、独立权利超 3 项、出现多重附属权利;而在中国,专利权总数超过 10 项后会被收取超项费。

8. 其他

美国《专利法》有临时专利申请,但在临时专利申请 1 年之类必须提出正式申请,否则临时申请将会被视为无效;而在中国则没有临时申请制度。美国专利申请有延续申请、延续审查;中国专利申请则没有。

美国专利审查过程要求申请人提供已知的现有技术给美国专利局,如有隐瞒将会使专利权无效;中国专利局没有此强制要求。

美国专利提交申请同时必须要求检索及审查;中国专利无检索,提实审期限为优先权日起 3 年内。

七、项目专利清单

整个项目里的专利总数为 133 项,其中已授权专利 108 项,申请中专利 25 项;优亿公司 92 项,我院胸外科 16 项,我院医工科 24 项,其他医院 1 项;国内专利 125 项,国际专利 8 项。

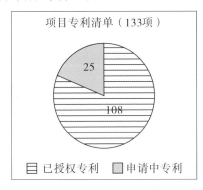
项目专利清单中,已授权专利和申请
中专利的数目

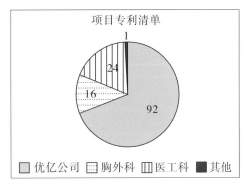
项目专利清单中,优亿公司、我院胸外科、我院
医工科及其他医院专利的数目

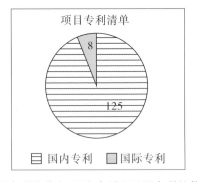
项目专利清单中,国内专利和国际专利的数目

1.已授权专利清单

已授权专利中(108 项),其中发明专利 16 项,实用新型专利 61 项,外观设计专利 31 项;优亿公司 72 项,我院胸外科 13 项,我院医工科 22 项,其他医院 1 项。

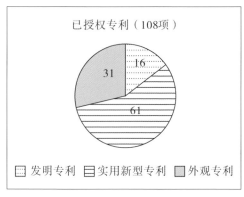

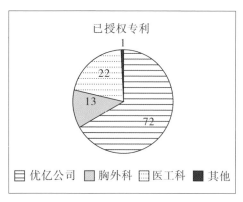

已授权专利中,发明专利、实用新型专利和外观设计专利的数目

已授权专利中,优亿公司、我院胸外科、我院医工科及其他医院专利的数目

(1)发明专利 16 项:优亿 8 项、胸外科 2 项、医工科 6 项。

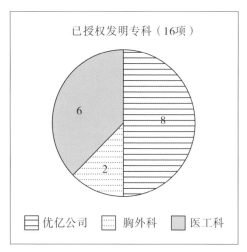

已授权发明专利中,优亿公司、我院胸外科、我院医工科的专利数目

序号	专利名称	专利类型	申请号	申请日	授权日	发明人
1	一种计算机模拟定标活检方法及装置	发明专利	ZL2008100627934	2008年7月4日	2010年2月3日	姒健敏、刘济全、冯靖祎、陈淑洁、王良静、吴加国、吕轶
2	一种用于胰岛干细胞分离全程温度控制系统及应用	发明专利	ZL2010102286397	2010年7月16日	2012年10月10日	胡亮、冯靖祎
3	联接式电子可视喉镜	发明专利	ZL201010525619.6	2010年11月1日	2012年6月27日	王卫东、李岳胜
4	一种纳米磁性硅橡胶及其制备方法和应用	发明专利	ZL2012102016819	2012年6月19日	2014年2月19日	闫夏轶、杨轶娜
5	适用于多规格气管插管的硬质管喉镜	发明专利	ZL201210286227.8	2012年8月13日	2015年2月4日	薛富善、陈爱华、杨本全、王卫东、李岳胜、赵燕勇、朱福斌、周旭林、张文銮
6	可以调整插入方向的电子可视软管喉镜	发明专利	ZL201310324787.2	2013年7月30日	2016年6月1日	罗和国、薛富善、姚尚龙、王卫东、李岳胜、张家智、朱福斌、杨本全、陈爱华、张文銮、赵燕勇
7	逆行胃管	发明专利	ZL201510460333.7	2015年7月30日	2018年2月6日	胡坚、曹隆想、张翀、吕颖莹
8	一种快接式电子可视内窥镜装置	发明专利	ZL201610055029.9	2016年1月27日	2017年1月18日	江春才、薛富善、朱威灵、黄闻晶、徐乐天、蒋孝伟
9	医用硬质镜管	发明专利	ZL201610296304.6	2016年5月6日	2018年2月16日	朱威灵、黄闻晶、袁洪文
10	一种插接式电子可视镜片组内窥镜结构	发明专利	ZL201611221061.6	2016年12月27日	2018年10月12日	陆静、江春才、陈盛、袁洪文、朱威灵、李卫平
11	呼吸机气流输出控制系统	发明专利	ZL2017100732889	2017年2月10日	2019年1月11日	钱家杰、袁含光、陈立峰、钱元诚
12	一种用于医用内窥镜镜头的超亲水涂层及制备方法	发明专利	ZL201910156735.6	2019年3月1日	2020年8月21日	郑骏、楼理纲、陈斯尧、李均、冯靖祎

续表

序号	专利名称	专利类型	申请号	申请日	授权日	发明人
13	一种应用于医用内窥镜的二元复合自修复硅胶管	发明专利	CN201910157424.1	2019年3月1日	2021年1月19日	郑骏、陈斯尧、李均、楼理纲、冯靖祎
14	用于医用内窥镜防护钬激光破坏的中空纤维套管及其应用	发明专利	ZL201910562249.4	2019年6月26日	2020年6月23日	郑骏、李均、楼理纲、陈斯尧、毛彬、冯靖祎
15	电子支气管镜	发明专利	ZL201930734277.0	2019年12月27日	2020年6月23日	夏棋强、黄旭清、王刚、毛国兴、王卫东、李宏博
16	电子可视喉镜	发明专利	ZL201010290613.5	2020年9月26日	2012年5月16日	王卫东、李岳胜、朱福斌

（2）实用新型专利61项：优亿35项（2项国际）、胸外科9项、华西1项、医工科16项。

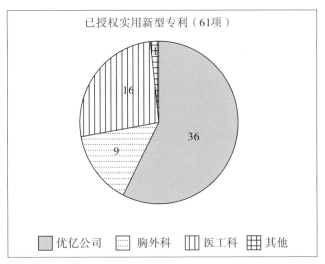

已授权实用新型专利中，优亿公司、我院胸外科、我院医工科及其他医院的专利数目

序号	专利名称	专利类型	申请号	申请日	授权日	发明人
1	一种医疗设备维修多功能电源车	实用新型	ZL2009201168428	2009年4月2日	2010年5月12日	胡亮、冯靖祎
2	便捷式电子视频喉镜	实用新型	ZL201020050096.X	2010年1月13日	2010年11月10日	姚尚荣、薛富善、杨磊、李岳胜、武庆平、姚承烨

续表

序号	专利名称	专利类型	申请号	申请日	授权日	发明人
3	一种用于胰岛干细胞分离全程温度控制系统	实用新型	ZL2010202609257	2010年7月16日	2011年6月8日	胡亮、冯靖祎
4	视频喉镜	实用新型	ZL201020584404.7	2010年11月1日	2011年5月18日	王卫东
5	多功能喉镜	实用新型	ZL201120028755.4	2011年1月26日	2011年10月5日	王卫东
6	一种血透机数据采集器	实用新型	ZL2011200258621	2011年1月26日	2011年9月14日	姚向峰、冯靖祎、吕颖莹
7	电子成像喉镜	实用新型	ZL201120028739.5	2011年1月26日	2011年9月21日	王卫东
8	内窥镜驱雾装置	实用新型	ZL201120382681.4	2011年11月10日	2012年5月30日	陈爱华、杨本全、李岳胜、朱福斌、周旭林、张文銮
9	可更换刀头式手控胸腔镜电刀钩	实用新型	ZL2012200083072	2012年1月9日	2012年9月5日	闫夏轶、何哲浩、胡坚
10	带起搏导丝的胃管	实用新型	ZL2012200079109	2012年1月9日	2020年10月3日	闫夏轶、胡坚、沈军华、艾则麦提如斯旦木
11	手汗症专用双管迷你型电凝棒	实用新型	ZL2012200487536	2012年2月13日	2013年3月13日	金成华
12	软管喉镜	实用新型	ZL201220090322.6	2012年3月12日	2012年10月3日	薛富善、王卫东、李岳胜、赵燕勇、朱福斌、杨本全、陈爱华、周旭林、张文銮
13	具有一定刚性的软管喉镜	实用新型	ZL201220156734.5	2012年4月15日	2012年11月14日	薛富善、王卫东、李岳胜、赵燕勇、朱福斌、杨本全、陈爱华、周旭林、张文銮
14	视频喉镜	实用新型	ZL201220265735.3	2012年6月7日	2012年12月16日	薛富善、王卫东、李岳胜、赵燕勇、朱福斌、杨本全、陈爱华、周旭林、张文銮
15	医用磁力导航装置	实用新型	ZL2012202959495	2012年6月20日	2013年1月30日	闫夏轶、戴晓娜

序号	专利名称	专利类型	申请号	申请日	授权日	发明人
16	适用于多规格气管插管的硬质管喉镜	实用新型	ZL201220398841.9	2012年8月13日	2013年1月30日	薛富善、陈爱华、杨本全、王卫东、李岳胜、赵燕勇、朱福斌、周旭林、张文銮
17	双关节卵圆钳	实用新型	ZL201220401962.4	2012年8月14日	2013年3月6日	胡坚、闫夏轶
18	墙式可伸缩多功能医用设备架	实用新型	ZL2012204182927	2012年8月22日	2013年6月5日	郑骏、陈华、冯靖祎、秦仲凯
19	VL300喉镜系列（德国）	实用新型	ZL202012104046.8	2012年10月20日	2012年10月29日	
20	TD-C喉镜系列（一次性镜片）（德国）	实用新型	ZL202012104047.6	2012年10月20日	2012年10月29日	
21	一种婴儿防盗系统	实用新型	ZL201220635883X	2012年11月22日	2013年7月3日	冯靖祎、吕颖莹
22	连接式电子可视内窥镜	实用新型	ZL201320180252.8	2013年4月12日	2013年9月18日	薛富善、罗和国、王卫东、李岳胜、赵燕勇、朱福斌、杨本全、陈爱华、周旭林、张文銮
23	具有加药通道的电子可视软管喉镜	实用新型	ZL201320180250.9	2013年4月12日	2013年11月6日	罗和国、薛富善、王卫东、李岳胜、赵燕勇、朱福斌、杨本全、陈爱华、周旭林、张文銮
24	可以调整插入方向的电子可视软管喉镜		ZL201320458950.X	2013年7月30日	2014年1月22日	罗和国、薛富善、姚尚龙、王卫东、李岳胜、张家智、朱福斌、杨本全、陈爱华、张文銮、赵燕勇
25	一种腔镜取物器	实用新型	ZL201420316053X	2014年6月13日	2014年12月10日	闫夏轶
26	腔体免缝针引流系统	实用新型	ZL201420474357.9	2014年8月21日	2015年1月14日	汪路明、胡坚、柳金兴
27	可塑形的硬管喉镜	实用新型	ZL201520150937.7	2015年3月18日	2015年8月12日	严敏、薛富善、姚尚龙、王天星、黄闻晶、朱威灵、夏棋强

续表

序号	专利名称	专利类型	申请号	申请日	授权日	发明人
28	吸氧计	实用新型	ZL2015204481250	2015年6月24日	2015年12月9日	朱双灵、王吉鸣、徐旭东、包涛
29	逆行胃管	实用新型	ZL2015205643163	2015年7月30日	2016年3月10日	胡坚、曹隆想、张翀
30	可以快速连接的内窥镜	实用新型	ZL201520582684.0	2015年8月6日	2015年12月16日	朱威灵、夏棋强、江春才、于海坤
31	便携式电子可视内窥镜装置	实用新型	ZL201521094037.1	2015年12月25日	2016年8月31日	朱威灵、薛富善、江春才、黄闻晶、陈盛、蒋孝伟
32	插接式电子可视内窥镜装置	实用新型	ZL201620080253.9	2016年1月21日	2016年6月1日	江春才、薛富善、朱威灵、黄闻晶、陆静、徐乐天
33	安全充电式电子可视内窥镜	实用新型	ZL201620080254.3	2016年1月27日	2016年7月6日	江春才、周灵华、朱威灵、黄闻晶、徐乐天、蒋孝伟
34	一种充电式电子可视内窥镜装置	实用新型	ZL201620080252.4	2016年1月27日	2016年7月6日	朱威灵、薛富善、江春才、黄闻晶、陈盛、蒋孝伟
35	一种双级可穿戴家用心电记录器	实用新型	ZL201620173700.5	2016年3月7日	2016年9月28日	冯靖祎、郑骏、李顶立、楼理纲、毛彬、王吉鸣、吕颖莹
36	可塑性可视化硬管镜	实用新型	ZL201620399724.2	2016年5月6日	2016年12月14日	王明仓、黄闻晶、朱威灵、徐乐天
37	用于闭合切割器的引导套头	实用新型	ZL2016206176702	2016年6月22日	2017年6月22日	闫夏轶
38	一种插接式电子可视镜片组内窥镜结构	实用新型	ZL201621439216.9	2016年12月17日	2018年2月2日	陆静、江春才、陈盛、袁洪文、朱威灵、李卫平
39	可视异物钳	实用新型	ZL201720016540.8	2017年1月7日	2019年11月8日	倪关森、蒋孝伟、江春才、袁洪文、朱威灵、李卫平
40	一种阻断器	实用新型	ZL2017201992944	2017年3月2日	2018年9月7日	严盛、周波、陈立峰、张启逸、徐世国、厉智威、邵益、丁元
41	便携式电子可视化鼻咽喉镜	实用新型	ZL201720503122.1	2017年5月9日	2018年9月11日	薛富善、夏棋强、于海坤、徐乐天、袁洪文、李卫平

序号	专利名称	专利类型	申请号	申请日	授权日	发明人
42	具侧漏结构的便携式电子鼻咽喉镜	实用新型	ZL201720503131.0	2017年5月9日	2018年10月2日	夏棋强、干海坤、徐乐天、袁洪文、朱威灵、李卫平
43	一种肝后隧道疏通器	实用新型	ZL2017215013198	2017年11月10日	2019年9月10日	严盛、丁元、陈立峰、吴天春、孙忠权、马玺、姜源聪、王伟林
44	气囊式肝门阻断器	实用新型	ZL2018203529222	2018年3月15日	2019年7月22日	严盛、陈立峰、高珍珍、丁元、厉智威、吴天春
45	一种内窥镜的调焦系统	实用新型	ZL201820767665.9	2018年5月22日	2019年5月31日	江春才、田志红、黄运东、朱巍、季颖波
46	内置光源模块的内窥镜	实用新型	ZL201820767536.X	2018年5月22日	2019年5月31日	江春才、黄运东、田志红、朱巍、季颖波
47	便携式可视异物钳	实用新型	ZL201820977028.4	2018年6月25日	2019年10月22日	倪关森、田志红、江春才
48	一种胸腔镜外科手术的多功能剥离钳	实用新型	ZL2018214950380	2018年9月13日	2019年8月23日	王允、刘丹、张小芳
49	可视内窥镜红白光源切换控制电路	实用新型	ZL201821776110.7	2018年10月31日	2020年2月4日	熊利泽,周灵华,袁洪文,叶峰
50	结构改良的可视器以及具备该可视器的医疗器械	实用新型	ZL201822216335.3	2018年12月27日	2019年8月13日	项腾、李芳柄、周灵华、夏帮凑、郑成杰、狄观友、夏大卫、王刚、吕娜、应佳乐
51	一种内窥镜用吸引按钮	实用新型	ZL201920402100.5	2019年3月27日	2020年4月10日	夏棋强,干海绅、王刚,张辉,郑俊杰
52	带安抚奶嘴的儿童雾化面罩	实用新型	ZL2019204052145	2019年3月28日	2020年4月3日	陈立峰、吕颖莹、孙静
53	血氧导联连接线保护套	实用新型	ZL2019204052817	2019年3月28日	2020年1月14日	陈立峰、王吉鸣、郑骏
54	拉链式监护仪接线外层保护套	实用新型	ZL201920405215X	2019年3月28日	2020年1月14日	陈立峰、吴韬、冯靖祎

续表

序号	专利名称	专利类型	申请号	申请日	授权日	发明人
55	收展性监护仪存放台	实用新型	ZL2019204052304	2019年3月28日	2020年3月31日	陈立峰、黄亨杰、冯靖祎
56	一种储液装置	实用新型	ZL2019210071764	2019年7月1日	2020年5月12日	陈立峰、楼丹峰、钱家杰、高知远
57	一种导流装置	实用新型	ZL2019210068719	2019年7月1日	2020年5月12日	陈立峰、楼丹峰、钱家杰、高知远
58	一种喉镜	实用新型	ZL201921203119.3	2019年7月29日	2020年9月29日	孙建良、李日照、张玄玄、张家智、李宏博、王卫东
59	喉镜插管以及喉镜	实用新型	ZL201921303032.3	2019年8月12日	2020年8月28日	田志红、江春才、黄运东
60	单孔腹腔镜穿刺器的多通道平台	实用新型	ZL201921648996.1	2019年9月29日	2020年8月28日	夏大卫、李宏博、邱志欣、黄旭清、熊雪锐
61	可视器以及可视医疗器械	实用新型	ZL201921951053.6	2019年11月12日	2020年8月28日	薛富善、姚尚龙、左明章、黑子清、王卫东、项腾、夏帮凑、熊雪锐、李宏博、王桃红

(3)外观设计专利 31 项：优亿 29 项（国际 6 项）、胸外科 2 项。

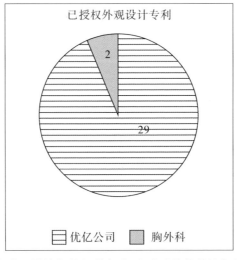

已授权外观设计专利中，优亿公司、我院胸外科的专利数目

序号	专利名称	专利类型	申请号	申请日	授权日	发明人
1	喉镜	外观设计	ZL201030517091.9	2010年9月16日	2011年4月20日	王卫东、李岳胜、朱福斌、周旭林
2	电子可视喉镜	外观设计	ZL201030559722.3	2010年10月19日	2011年5月4日	王卫东、李岳胜、高宏杰
3	翻盖可视喉镜	外观设计	ZL201130024775.X	2011年2月18日	2011年7月6日	王卫东
4	TD-C喉镜系列（欧盟）	外观设计	NO 001988718－0002		2012年2月8日	
5	VL300喉镜系列（欧盟）	外观设计	NO 001988718－0004		2012年10月9日	
6	TRS喉镜系列（欧盟）	外观设计	NO 002115584－0001		2012年10月9日	
7	可视硬性喉镜（美国）	外观设计	US D708,327 S	2012年10月15日	2014年7月1日	王卫东、薛富善、陈爱华、杨本全
8	可视喉镜（美国）	外观设计	US D708,326 S	2012年10月15日	2014年7月1日	王卫东、薛富善、陈爱华、杨本全
9	喉镜	外观设计	ZL201130422390.9	2011年11月16日	2012年5月30日	王卫东、李岳胜、朱福斌
10	硬管可视喉镜（S形）	外观设计	ZL201230331664.8	2012年7月22日	2012年11月28日	薛福善、王卫东、李岳胜、赵燕勇、朱福斌、杨本全、陈爱华、周旭林、张文銮
11	可视喉镜	外观设计	ZL201230334437.0	2012年7月24日	2012年12月26日	薛福善、王卫东、李岳胜、赵燕勇、朱福斌、杨本全、陈爱华、周旭林、张文銮
12	双关节卵圆钳	外观设计	ZL201230380333.3	2012年8月14日	2013年3月6日	胡坚、闫夏轶
13	血管钳	外观设计	ZL201230409577.X	2012年8月28日	2013年3月6日	胡坚、闫夏轶
14	可视喉镜（一）	外观设计	ZL201230420238.1	2012年9月4日	2013年1月2日	薛富善、王卫东、李岳胜、赵燕勇、朱福斌、杨本全、陈爱华、周旭林、张文銮

续表

序号	专利名称	专利类型	申请号	申请日	授权日	发明人
15	软管喉镜	外观设计	ZL201230558562.X	2012年11月17日	2013年4月10日	罗和国、薛富善、王卫东、李岳胜、赵燕勇、朱福斌、杨本全、陈爱华、周旭林、张文銮
16	可视软性喉镜（欧盟）	外观设计	NO 002434076－0001		2014年3月27日	
17	喉镜（RG）	外观设计	ZL201330591382.6	2013年12月1日	2014年4月23日	罗和国、薛富善、王卫东、李岳胜、赵燕勇、朱福斌、杨本全、陈爱华、周旭林、张文銮
18	可视软性喉镜（美国）	外观设计	USD752,744S	2014年3月14日	2016年3月29日	罗和国、薛富善、王卫东、李岳胜、张家智、朱福斌、杨本全、陈爱华
19	喉镜（TDC-C）	外观设计	ZL201430238909.1	2014年7月15日	2014年12月10日	王天星、王卫东、黄洪景、朱威灵、李岳胜
20	硬管镜	外观设计	ZL201430357253.5	2014年9月25日	2015年3月18日	薛富善、姚尚龙、王天星、黄闻晶、夏棋强
21	喉镜（VL360）	外观设计	ZL201430360058.8	2014年9月26日	2015年3月28日	宋青、姚尚龙、江春才、何国利、朱威灵、王天星、王卫东、李岳胜
22	轻巧型硬管镜	外观设计	ZL201530007136.0	2015年1月10日	2015年8月12日	严敏、薛富善、夏棋强、董立杰、朱威灵、王天星
23	软性喉镜	外观设计	ZL201530064373.0	2015年3月18日	2015年6月10日	薛富善、严敏、姚尚龙、王天星、夏棋强、何国利、朱威灵
24	五官镜	外观设计	ZL201530449657.1	2015年11月12日	2016年5月18日	江春才、薛富善、朱威灵、黄闻晶、陆静、陈盛、魏东升

续表

序号	专利名称	专利类型	申请号	申请日	授权日	发明人
25	简易硬管镜	外观设计	ZL201530449656.7	2015年11月12日	2016年3月30日	袁洪文、薛富善、朱威灵、刘天炎、黄闻晶、魏东升
26	五官镜	外观设计	ZL201630088574.9	2016年3月24日	2016年8月31日	江春才、薛富善、朱威灵、黄闻晶、刘天炎、蒋孝伟
27	电子鼻咽喉镜(带通道)	外观设计	ZL201730101631.7	2017年3月31日	2018年2月9日	夏棋强、袁洪文、干海绅、徐乐天、刘天炎、朱威灵
28	电子鼻咽喉镜	外观设计	ZL201730101514.0	2017年3月31日	2017年9月29日	刘天炎、徐乐天、夏棋强、干海绅、袁洪文、李卫平
29	耳鼻喉镜	外观设计	ZL201930202268.7	2019年4月28日	2019年12月24日	江春才、黄运东、王刚、姚滢、夏大卫、李宏博、李芳柄、邱志欣、项腾、王卫南
30	电子支气管镜	外观设计	ZL201930734277.0	2019年12月27日	2020年6月23日	夏棋强、黄旭清、王刚、毛国兴、王卫东、李宏博
31	喉镜(新款)	外观设计	ZL202030006451.2	2020年1月6日	2020年5月26日	张玄玄、张家智、黄旭清、王卫东、李宏博

2.申请中专利清单

申请中专利里(25项),其中发明专利11项,实用新型专利12项,外观设计专利2项;优亿公司20项,我院胸外科3项,我院医工科2项。

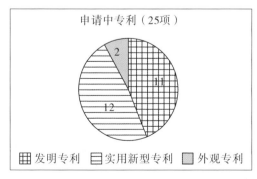

申请中专利里,发明专利、实用新型专利和外观设计专利的数目

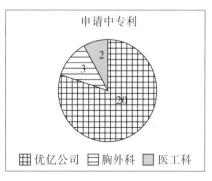

申请中专利里,优亿公司、我院胸外科、我院医工科专利的数目

(1)发明专利 11 项:优亿 8 项、胸外科 2 项、医工科 1 项。

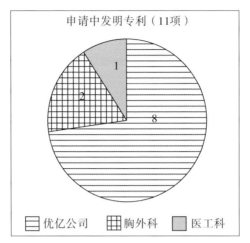

在申请中的发明专利里,优亿公司、我院胸外科、我院医工科的专利数目

序号	专利名称	专利类型	申请号	申请日	授权日	发明人
1	医用磁力导航装置	发明专利	ZL2012102106497	2012 年 6 月 20 日		闫夏轶、戴晓娜
2	一种腔镜取物器	发明专利	ZL2014102640036	2014 年 6 月 13 日		闫夏轶
3	内置光源模块的内窥镜	发明专利		2018 年 5 月 22 日		江春才、黄运东、田志红、朱巍、季颖波
4	喉镜插管以及喉镜	发明专利		2019 年 8 月 12 日		田志红、江春才、黄运东
5	可视喉镜装置以及阻挡件	发明专利		2020 年 3 月 23 日		姚尚荣、黄运东、张家智、张玄玄、王卫东、郑志平、黄秋媛、季颖波、吴志坚、黄梦雅、江春才
6	可视喉镜镜片、镜片组件以及可视喉镜	发明专利		2020 年 3 月 23 日		王明仓、陈玲阳、曹建斌、黄运东、杨本全、张家智、黄梦雅、李宏博、王卫东
7	一种医疗设备除尘器	发明专利	ZL2020106525738	2020 年 7 月 8 日		陈立峰、冯靖祎、吕颖莹

序号	专利名称	专利类型	申请号	申请日	授权日	发明人
8	一种关节探视器	发明专利		2020年7月20日		傅德皓、姚尚龙、黄运东、张家智、黄梦雅
9	具有可视功能的阴道扩张器	发明专利		2020年8月25日		陈肖敏、叶惠琴、姚钧、童彬、姚滢、熊雪锐、黄梦雅、李宏博、夏帮凑、王永锋
10	摄像组件、可视医疗器械以及可视医疗系统	发明专利		2020年9月14日		夏大卫、龚青明、熊雪锐、黄梦雅、王刚、张家智、李宏博、王卫东、王桃红
11	双腔内窥镜套以及内窥镜组件	发明专利	ZL202022808269.6	2020年11月27日		姚滢、夏帮凑、王永锋、夏棋强、于海绅、黄梦雅、张家智、李宏博、王卫东、王桃红

（2）实用新型专利12项：优亿10项、胸外科1项、医工科1项。

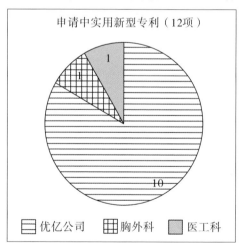

在申请中的实用新型专利里，优亿公司、我院胸外科、我院医工科的专利数目

序号	专利名称	专利类型	申请号	申请日	授权日	发明人
1	可视喉镜装置以及阻挡件	实用新型		2020年3月23日		姚尚龙、黄运东、张家智、张玄玄、王卫东、郑志平、黄秋媛、季颖波、吴志坚、黄梦雅、江春才
2	可视喉镜镜片、镜片组件以及可视喉镜	实用新型		2020年3月23日		王明仓、陈玲阳、曹建斌、黄运东、杨本全、张家智、黄梦雅、李宏博、王卫东
3	一种关节探视器	实用新型		2020年7月20日		傅德皓、姚尚龙、黄运东、张家智、黄梦雅
4	具有镜套的关节探视器	实用新型		2020年7月20日		傅德皓、姚尚龙、黄运东、张家智、黄梦雅
5	具有可视功能的阴道扩张器	实用新型		2020年8月25日		陈肖敏、叶惠琴、姚钧、童彬、姚滢、熊雪锐、黄梦雅、李宏博、夏帮凑、王永锋
6	摄像组件、可视医疗器械以及可视医疗系统			2020年9月14日		夏大卫、龚青明、熊雪锐、黄梦雅、王刚、张家智、李宏博、王卫东、王桃红
7	双腔内窥镜套以及内窥镜组件	实用新型	202022808269.6	2020年11月26日		姚滢、夏帮凑、王永锋、夏棋强、干海绅、黄梦雅、张家智、李宏博、王卫东、王桃红
8	一种简便的内窥镜操控系统	实用新型		2020年11月26日		夏棋强、王刚、干海绅、张家智、李宏博、王卫东、王桃红
9	蛇骨控制装置以及具有其的内窥镜	实用新型	ZL202022789161.7	2020年11月26日		夏棋强、王刚、干海绅、张家智、李宏博、王卫东、王桃红

序号	专利名称	专利类型	申请号	申请日	授权日	发明人
10	带有自动回弹功能的内窥镜	实用新型	ZL202023082843.0	2020 年 12 月 18 日		干海绅、夏棋强、张家智、张辉、郑俊杰、李宏博、王卫东、王桃红
11	一种多角度立体式医用纤维耳鼻喉镜镜头结构	实用新型	CN202120078222.0	2021 年 1 月 12 日		卢如意、孙静、冯靖祎、张倩、熊伟、潘瑾
12	全胸腔镜下肋骨骨折胸腔内固定器械组件	实用新型	ZL202120216885.4	2021 年 1 月 26 日		吴丹、刘佳聪、胡坚

（3）外观设计专利 2 项：优亿 2 项、胸外科 0 项。

序号	专利名称	专利类型	申请号	申请日	授权日	发明人
1	全抛喉镜	外观设计		2020 年 8 月 25 日		黄旭清、张家智、郑志平、田志红、李波
2	全包喉镜	外观设计		2020 年 10 月 27 日		姚尚龙、黄旭清、田志红、张家智、李宏博、王卫东、王桃红